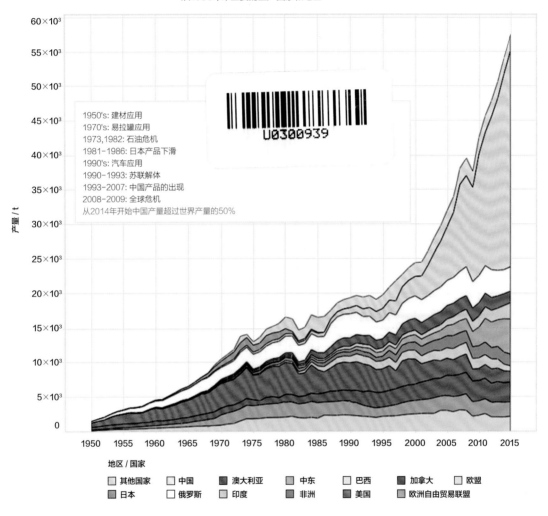

原铝的历史产量
从1950年来主要的生产国家和地区

产量/t

1950's: 建材应用
1970's: 易拉罐应用
1973,1982: 石油危机
1981-1986: 日本产品下滑
1990's: 汽车应用
1990-1993: 苏联解体
1993-2007: 中国产品的出现
2008-2009: 全球危机
从2014年开始中国产量超过世界产量的50%

U0300939

地区 / 国家

其他国家　中国　澳大利亚　中东　巴西　加拿大　欧盟
日本　俄罗斯　印度　非洲　美国　欧洲自由贸易联盟

图1.1　1950~2015年全球原铝产量[1]

(a) 常规铸造　　　　　　　　　　　　　　(b) 电磁搅拌铸造

图5.32　晶粒图：白色线表示取向差在5°~10°的亚晶界，黑色线表示取向差大于10°
的高角度晶界（浇注温度为660°）[19]

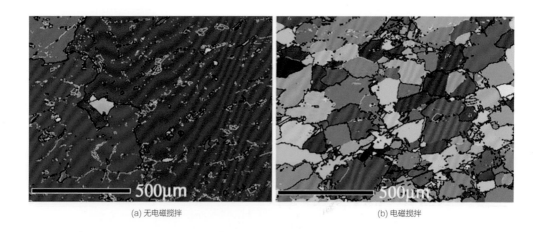

(a) 无电磁搅拌　　　　　　　　　　　　　(b) 电磁搅拌

图5.33　EBSD晶粒图：白色线和黑色线分别表示大于1.5°和10°的晶界
角度取向差（660°浇注温度）[19]

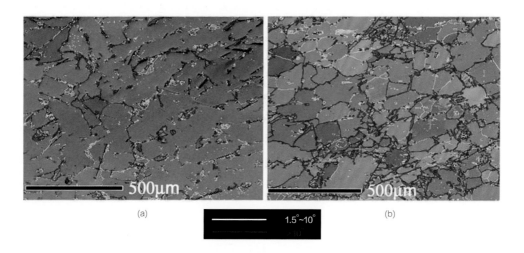

(a)　　　　　　　1.5°~10°　　　　　　　(b)

图5.36　(a)无电磁搅拌和(b)电磁搅拌样品的EBSD晶界图：白色线表示取向差在
1.5°~10°的亚晶界，红色线表示取向差＞10°的高角度晶界（浇注温度为660°）[19]

Semi-Solid Processing of Aluminum Alloys

铝合金半固态加工技术

（加）沙罗兹·纳菲思（Shahrooz Nafisi）
（澳）雷扎·高马仕奇（Reza Ghomashchi）　　著

山东省科学院新材料研究所　　组织翻译

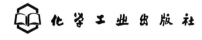

化学工业出版社

·北京·

本书汇集了作者13年来对SSM工艺的研究成果，包含了被国际金相学协会和金相学奖项委员会授予2013年"布勒科技论文优异奖"的最新出版物，还涵盖了全球许多研究人员和著名的研究中心的研究成果。

全书共分为8章，第1章介绍了铝行业及其在经济发展中的作用，并给出了有价值的统计数据；第2章讨论了迄今为止所有的半固态金属成形技术；第3章主要介绍了Al-Si合金SSM成形过程中的凝固、搅拌和合金分布；第4章介绍了半固态坯料制备过程中的组织演变和流动行为的特征（如流变特性）；第5章主要介绍了SSM研究中Al-Si合金的流变铸造，其中流变铸坯通过低浇注温度、电磁搅拌（EMS）和旋转熔平衡装置（SEED）制备；第6章介绍了最新的SSM坯料熔体处理技术；第7章介绍了触变铸造的最新研究进展；第8章介绍了SSM成形工艺在生产高质量工程部件方面的一些工业应用。

本书适宜从事铝合金成形研究的技术人员参考。

图书在版编目（CIP）数据

铝合金半固态加工技术/（加）沙罗兹·纳菲思（Shahrooz Nafisi），（澳）雷扎·高马仕奇（Reza Ghomashchi）著；山东省科学院新材料研究所组织翻译.—北京：化学工业出版社，2019.7

书名原文：Semi-Solid Processing of Aluminum Alloys

ISBN 978-7-122-34281-2

Ⅰ.①铝⋯ Ⅱ.①沙⋯②雷⋯③山⋯ Ⅲ.①铝合金-金属加工-教材 Ⅳ.①TG146.2

中国版本图书馆 CIP 数据核字（2019）第 067871 号

Translation from the English language edition：
Semi-Solid Processing of Aluminum Alloys
by Shahrooz Nafisi and Reza Ghomashchi
Copyright©Springer International Publishing Switzerland 2016
This Springer imprint is published by Springer Nature
The registered company is Springer International Publishing AG
All Rights Reserved

北京市版权局著作权合同登记号：01-2018-8007

责任编辑：邢　涛　　　　　　　　　文字编辑：李　玥
责任校对：刘　颖　　　　　　　　　装帧设计：韩　飞

出版发行：化学工业出版社（北京市东城区青年湖南街13号　邮政编码100011）
印　　装：大厂聚鑫印刷有限责任公司
787mm×1092mm　1/16　印张18　彩插1　字数421千字　2020年1月北京第1版第1次印刷

购书咨询：010-64518888　　售后服务：010-64518899
网　　址：http://www.cip.com.cn
凡购买本书，如有缺损质量问题，本社销售中心负责调换。

定　　价：128.00元　　　　　　　　　　　　版权所有　　违者必究

▶ 序

　　本书的出版距 David B. Spencer 博士开创半固态金属（SSM）成形工艺刚好 45 年。近年来，半固态成形基础研究一直是业内的热点，其工业应用也得到持续发展。

　　本书的作者长期在凝固成形领域独立工作，并自 2003 年起在铝合金的凝固和冶金领域开展合作。本书是作者卓有成效的合作成果，书中详细地研究了铝合金半固态成形工艺。

　　本书的一个重要特点是强调基础理论，包括 SSM 微观结构如何演变，以及搅拌和热变量对微观组织和合金分布的影响。本书采用凝固基础理论来解释初生相颗粒的形核、生长以及分解。书中指出了 SSM 结构特征的要点，包括技术路线图、研究方法以及必要的工具和设备等。本书主要介绍流变成形工艺，同时也把触变成形工艺放在单独章节中进行了讨论。书中还介绍了 SSM 成形工艺的应用和发展现状。

　　Steve Midson 博士在本领域深耕数十年，在工业应用章节中概述了世界范围内技术的最新发展。其中，SSM 领域在中国的科研和应用最为先进，而亚洲其他国家和西方国家的相关技术也日趋成熟。然而，需要指出的是，诸如 SSM 等创新技术受到较高成本和中等利润率的制约，在工业领域应用还较为缓慢，且一直未能满足客户要求，需要承担的风险较高。

　　该技术的工业应用仍然相对较新，其工业利用率的提高还需要研究人员和生产人员的共同努力。

Merton C. Flemings

马萨诸塞州，剑桥

2016 年 6 月

金属及其合金的近净成形产品可以通过多种技术加工。一般而言，这些技术可以分为基于液态和基于固态的加工方式。铸造是从液体开始的工艺路线；而锻造、挤压和轧制则是典型的基于固态的成形技术。在20世纪的最后25年间，人们开发出一种新的金属加工技术，它结合了液态和固态加工的原理并继承了二者的技术特点。这种新的加工技术，被称为合金半固态成形技术，能够以较低的成本得到性能较高的产品。较低的成本主要与加工成本和能耗降低有关；而较高的性能是因为在加工成形过程中，较好地控制了材料的微观组织演变。

自从20世纪70年代早期，麻省理工学院提出半固态金属（SSM）成形技术并在技术上证明其切实可行以来，世界范围内的研究人员为了推动该技术的工业化应用开展了大量研究。该技术正逐步发展成为铸造或塑性加工的一个替代方案。半固态浆料的成形及其制备方法的相关基础知识（包括其中凝固科学的应用），对于SSM成形技术的进一步发展以及实际应用过程中工艺（包括具体工艺参数）的选择都是至关重要的。本书为SSM成形的工程技术人员和教师提供了详实的基础理论和技术指导。它也可用作金属及其合金凝固或铸造专业的本科生或研究生的教材。本书介绍了制备半固态金属的方法以及必要的工具和设备，并为读者提供了半固态金属成形的基础知识。

本书的第1章介绍了铝行业及其在经济发展中的作用，并给出了有价值的统计数据；第2章讨论了迄今为止所有的半固态金属成形技术；第3章主要介绍了Al-Si合金SSM成形过程中的凝固、搅拌和合金分布；第4章介绍了半固态坯料制备过程中的组织演变和流动行为的特征（如流变特性）；第5章主要介绍了SSM研究中Al-Si合金的流变铸造，其中流变铸坯通过低浇注温度、电磁搅拌（EMS）和旋转熔平衡装置（SEED）制备；第6章介绍了最新的SSM坯料熔体处理技术；第7章介绍了触变铸造的最新研究进展；第8章邀请了科罗拉多矿业学院的Steve Midson博士介绍了SSM成形工艺在生产高质量工程部件方面的一些工业应用。

本书汇集了我们过去13年来对SSM工艺的研究成果，包含了被国际金相学协会和金相学奖项委员会授予2013年"布勒科技论文优异奖"的最新出版物。本书还涵盖了全球许多著名研究人员和备受尊敬的研究中心的研究成果。在此非常感谢我们的同事和合作者以及其他研究人员，他们给我们提供了最新的研究成果，并许可将其纳入本书。我们特别感谢以下人员的帮助和建议，使本书出版成为可能：

- 加拿大 Omid Lashkari 博士
- 加拿大 Alireza Hekmat 博士
- 巴西 University of Campinas，Eugenio Jose Zoqui 教授
- 加拿大 CanmetMATERIALS，Natural Resources Canada/Government of Canada，Frank Czerwinski 博士
- 泰国 Prince of Songkla University，Jessada Wannasin 教授
- 加拿大 Peyman Ashtari 博士
- 瑞典 Jönköping University，Magnus Wessén 教授
- 英国 Zyomax 有限公司 Jayesh Patel 博士
- 美国 Jim Yurko 博士
- 瑞典 Thermo Calc 公司 Shan Jin 博士和 Hai-Lin Chen 博士
- 加拿大 STAS 公司 Pascal Coté
- 比利时 欧洲铝协会 Djibril René
- 加拿大 Trans-Al Network，Véronique Bouchard
- 美国铝业协会 Matt Meenan
- 澳大利亚 澳大利亚铝协会 Rosanna Boyd

本书定稿过程需要获得使用相关材料的许可，在此我们感谢下列人员的帮助：

- 英国 Sheffield University，Plato Kapranos 教授
- 澳大利亚 Queensland University，David St. John 教授
- 澳大利亚 University of Southern Queensland，Hao Wang 教授
- 美国 MIT，Merton Flemings 教授
- 美国 John Jorstad
- 意大利 Università degli Studi di Brescia，Annalisa Pola 教授
- 美国 Thixomat 公司 Stephen LeBeau
- 中国 南昌大学 Xiangjie Yang 教授
- 英国 Imperial College，K. M. Kareh 博士
- 美国 Phillips-Medisize 公司 Jon Olson
- 日本 Nobutaka Yurioka 教授
- 韩国 Division of Advanced Materials Science，Kongju National University，S. J. Hong 教授
- 韩国 Dong-A University，Dongyuu Kim 教授
- 还有 TTP and Scientific Net（Andrey Lunev 博士）、ASM International、NADCA、AFS、TMS、Elsevier、Maney（Routledge，Taylor&Francis 集团）、Springer 以及许多其他在此列表中未列出的人员。

感谢加拿大铝业国际（Rio Tinto-Alcan）、加拿大自然科学和工程研究委员会以及希库蒂米-魁北克大学对铝合金半固态成形工作的财务支

持。感谢希库蒂米-魁北克大学的 Andre Charrette 教授、蒙特利尔理工大学的 Frank Ajersch 教授、STAS 公司的 Bahadir Kulunk 博士的帮助。特别感谢加拿大铝业国际的 Joseph Langlais 博士长期的支持。

我们还要感谢加拿大自然资源部/加拿大政府 CanmetMATERIALS 中心的 Jennifer Jackman 博士、Mahi Sahoo 博士、Daryoush Emadi 博士和 Mahmoud T. Shehata 博士，他们提供 CanmetMATERIALS 的相关设施帮助我们完成 EMS 工作。

最后，还要特别感谢伊朗科技大学的 Jalal Hedjazi 教授，他激励着本书作者完成了凝固和铸造工作。

Shahrooz Nafisi
加拿大阿尔伯塔省埃德蒙顿
Reza Ghomashchi
澳大利亚南澳大利亚州阿德莱德

▶ 目 录

第 1 章

概　论

摘要：通过对最新的统计数据的分析，概括了铝合金生产和应用的总体情况。提出了全球铝工业和主要铝生产商面临的挑战，并指出了铝合金成形（特别是铸造领域）的未来发展方向。由于具有低能耗和低排放等优点，半固态金属铸造技术可望成为铝铸件降低环境影响的一个替代方案。

铝自 1854 年开始商业生产以来，作为地壳中含量最丰富的金属材料，因其具有重量轻、可塑性好、耐腐蚀和高比强度等特点，成为各种设计和工程应用的首选材料。目前，铝的使用量仅次于钢铁，位居金属材料的第二位。而且，铝合金也是包装、医疗、电子、摩托车和汽车等领域中回收最多的材料。由于铝可重复循环使用，现在世界上有近四分之三铝产品是再生铝。

铝工业对世界经济至关重要，2015 年世界铝产量为 5750 万吨。世界前六大铝产区依次为：中国（3120 万吨）、中东（510 万吨）、北美（450 万吨）、欧洲（440 万吨）、独联体国家（390 万吨）和亚洲其他地区（340 万吨）[1]。2014 年澳大利亚铝出口产值近 44 亿澳元[2]。加拿大作为世界第三大铝生产国，铝出口占 2013 年加拿大出口商品总值的 10% 以上[3]。图 1.1 展示了 1950 年以来的全球铝生产情况。图 1.2 的饼图显示 2015 年中国铝产量超过世界铝产量的一半[1]。

由于具有可持续资源的特征和潜力，目前在全球范围内都在开展铝合金的新工艺和新产品研制。为了充分发挥铝的优势，加拿大的铝工艺发展路线图[4,5]确定了几个急需开展的研究方向，其中，凝固、回收利用、加工和成品的内容特别详细；而结构/应力/应变的预测、结构和性能的关系、新制造工艺的开发、新的成形技术（如半固态铸造）则更为重要。路线图还指出了铝行业面临的主要挑战[5]：

① 开发更高生产率、性能优越的新型铝制品；

② 进一步建立产品的预测性能和实际性能之间的联系，以满足运输、建筑和能源等行业的严苛需求。

新产品可以通过不同的铸造工艺加工成形，而生产工艺必须适用于再生铝材料。铸造工

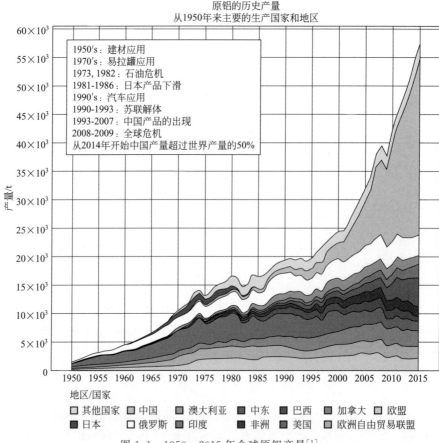

图 1.1　1950～2015 年全球原铝产量[1]

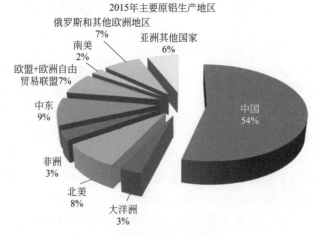

图 1.2　2015 年全球铝产量[1]

艺还需要考虑创新性和成本效益。工艺开发周期不能过长,并应以产品为导向开展研发。

　　过去几十年铝合金的研究重点先后集中在(按时间排序):初级产品及节能降耗的技术开发、成形工艺、铸造和变形铝合金、复合材料等方面[6-9]。上述研究加深了我们对铝产品的理解,同时也提出了新的问题,并开辟了新的研究方向。

再次兴起的铝合金乘用车车身及骨架，使得新型变形和铸造铝合金铸造技术成为研发热点，也包含新的熔体处理技术和合金控制技术，如 SSM 成形。近净成形铸造技术（如传统的高压压铸，HPDC），由于缺陷较多而无法在结构件中使用[10,11]，因而，还需要开发具有承载能力的零部件。为了提高铸件的质量，需要开发新型合金及其熔体处理技术。在本书中特别关注的是加拿大路线图[5]中第一个项目——铝合金的成形铸造，其中涉及半固态流变铸造结构部件合金的开发和薄壁铸件成形，前者是本书作者研究的主要目标之一。

进入 21 世纪以后，包括发达国家在内的国际社会密切关注着技术对环境的影响。突出的一点是，19 世纪和 20 世纪工业化时代开发的主要技术——如原材料生产（如冶炼钢铁和铝合金）和铸造过程中会排放大量的温室气体。

虽然铸造以最经济的方式将原材料转化为工程部件，然而，其潜能尚未完全开发，因为铸造影响环境，也影响产品的完整性。铸造技术未来朝哪个方向发展呢？SSM 成形技术给出了答案——其更便宜、能耗更低，并且质量更好。SSM 成形过程中较低的能量消耗也符合当前节能环保的主题，因此，有助于制造业向"绿色制造"转变。

在汽车和航空航天工业中应用这种轻质铸造产品，将进一步降低燃料消耗，从而减轻环境污染。

- 近净成形铸造（N2SC）

为了降低工程部件制造的能耗，可以从以下两个方面做出改进：

① 工艺路线，即更直接地将原材料转换为易于使用的工程部件；

② 工艺路线中的浆料。

对于铸造，上述两点尤为重要——可以把近净成形铸造工艺路线与半固态金属（SSM）加工的浆料结合起来。

如图 1.3 所示，铸造成形涉及很多步骤，但通常可分为设计阶段和生产阶段[12,13]。利用计算机辅助设计（CAD）和计算机辅助制造（CAM）软件包，可以有效地缩短设计时间。就生产而言，近年铸造模拟软件的大量使用对铸造设计和操作产生很大影响。通过预测工具的前期评估，制造合理铸件的机会明显增大。现在，铸造工程师将经验与可视化分析工具相结合，能够在较短的时间内确定降低废品率、提高铸件质量的关键参数。这最终缩短了产品周期，提高了质量。最重要的是大幅提高了生产效率。

在开放文献资料中，可以看到大量的凝固和铸造的建模和模拟原理[14,15]，并且市场上有多种用于铸造模拟的商业软件。从这些软件的模拟结果中，可以得到热流量、液体流量、模套填充、热辐射、热机械应力、微观组织预测和演变等详细信息。相关软件的设计与应用需要有良好的凝固原理知识和铸造合金的物性参数。

近净成形铸造包含了大部分铸造工序（图 1.3），但是近净成形产品不需要或仅需少量的后凝固、铸造处理工序，即图 1.3 中的虚线部分。这些工序包括：

- 切除浇冒口
- 清理和移除型芯
- 机加工
- 热处理

在这里，近净成形铸造（N2SC）大多采用金属模、专用的设备和工艺路线，因而关键词是"精密度"。

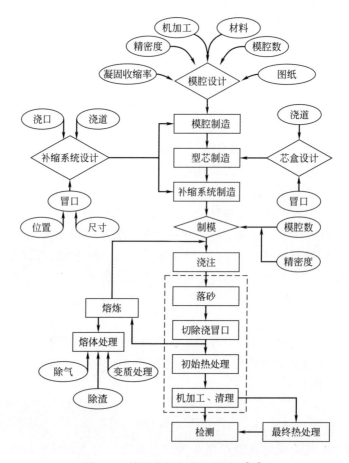

图 1.3 铸造产品生产过程流程[12]

采用 N2SC 工艺会减少产品制造过程中的能源消耗。如果把它与 SSM 工艺相结合起来，铸造件的制造就便宜得多，这是因为原料加热需要的能量相对较少，同时模具的维护成本也较低。

因此，本书旨在通过深入理解 SSM 成形工艺来进一步讨论给料的概念。通过多项专利 SSM 成形工艺的 SSM 坯料制备分析，研究了流变铸造和触变铸造工艺。这包括 Al-Si 合金熔体处理以及工艺参数对 SSM 浆料特性的影响，如固相含量、形态、合金分布和流变行为等。

◆ 参考文献 ◆

1. European Aluminium Statistics (2016), www.european-aluminium.eu
2. Australian Aluminium Council Ltd (2016), www.aluminium.org.au/statistics-trade
3. Facts & Figures of the Canadian Mining Industry, The Mining Association of Canada (2014), www.mining.ca
4. The Canadian Aluminium Industry Technology Roadmap, An initiative of The Government of Canada (2000)
5. Canadian Aluminium Transformation Technology Roadmap, National Research Council Canada (2006)

6. W. Zhang, H. Li, B. Chen, CO_2 emission and mitigation potential estimations of China's primary aluminum industry. J. Clean. Prod. **103**, 863–872 (2015)

7. K. Kermeli, P.H. ter Weer, W. Crijns-Graus, E. Worrell, Energy efficiency improvement and GHG abatement in the global production of primary aluminum. Energy Efficiency **8**, 629–666 (2015)

8. Aluminum Industry Vision—Sustainable solutions, US aluminum industry publication (2001), www.energy.gov

9. R. Love, M. Skillingberg, T. Robinson, Updating the aluminum industry technology roadmap. in *Conference: Symposium on Aluminum held at the TMS 2003 Annual Meeting*, ed. by S.K. Das (San Diego, 2003), Aluminum, 215–223 (2013)

10. R. Ghomashchi, Die filling and solidification of Al-Si alloys in high pressure die casting. Scandinavian J. Met. **22**(2), 61–67 (1993)

11. R. Ghomashchi, High pressure die-casting: effect of fluid flow on the microstructure of LM24 die-casting alloy. J. Mat. Proc. Tech. **52**, 193–206 (1995)

12. R. Ghomashchi, Solidification and foundry technology, Metallurgical Engineering Course, University of South Australia, Adelaide, Australia (1997–2000)

13. R. Ghomashchi, Process control and optimization of near net-shaped aluminum-silicon alloys premium cast products. in *Modeling, Control and Optimization in Nonferrous and Ferrous Industry*, ed. by F. Kongolie. Invited paper, Process Control and Optimization in Ferrous and Non-Ferrous Industry (TMS, Chicago, 2003)

14. Modeling of casting, welding and advanced solidification processes. in *Proceedings of the Tenth International Conference*, ed. by D.M. Stefanescu, J.A. Warren, M.R. Jolly (Destin, 2003)

15. B.L. Ferguson, R. Goldstein, S. MacKenzie, R. Papp (eds.), Thermal process modelling. in *Proceedings from the Fifth International Conference on Thermal Process Modeling and Computer Simulation* (Orlando, 2014)

第 2 章

金属半固态加工技术

摘要：本章讨论了半固态铸造的概念，着重介绍了流变铸造，并简要介绍了流变铸造过程中的组织演变机理。讨论了金属半固态加工，包括成熟工艺和正在开发的工艺现状，从而突出半固态加工的工程学特征。详细介绍流变成形路线以后，又提及了触变成形路线，从而对半固态成形技术在铸造铝和铸造工业领域的应用进行了展望。

作为传统铸造和锻造工艺的替代，金属半固态加工技术发展势头迅猛。该工艺综合了液态和固态成形的优点。在没有剪切力的情况下，半固态浆料类似于固态，例如自立性，然而在施加剪切力时，材料的黏度显著降低并可以像液体一样流动，这也就是触变行为；"半固态坯料具有双重特点，固态特点，并且在受到剪切作用时像液态一样流动。"这一独特的特性使得半固态工艺路线成为工业规模传统铸造工艺的有吸引力的替代者。

了解不同工艺路线的基本知识，理解浆料的形成机理，是不同应用场合选择最佳最适宜工艺的必要前提。本章涉及半固态工艺选取的基本原则，包括不同工艺路线的概述。

金属半固态加工技术大体分为两个基本大类（图 2.1）[1]：

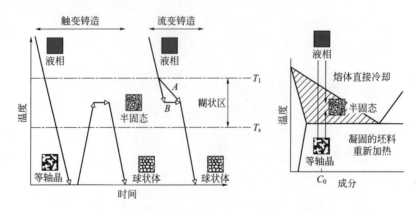

图 2.1　金属半固态加工技术示意[1]（经泰勒和弗朗西斯有限公司授权）

- 流变成形
- 触变成形

流变成形包括合金半固态浆料制备，并且直接转移到模具中进行工件成形。"需求浆料"（Slurry-on-Demand，SoD）这个词是工业界首创的，被用来描述铸造车间里浆料的制备，为成形提供持续的浆料供给。

触变成形基本上分为三个步骤。首先，原始坯料的制备。制备合适长度、重量的坯料，其显微组织为球状晶或等轴晶，或在后期加工过程可以转化为球状晶。然后，坯料重新加热到固相线和液相线温度（固液两相区，mushy zone）得到半固态组织。最后，将这种具有触变特性的半固态浆料成形。触变成形原始坯料有多种制备工艺：流变铸造、机械破碎粉末（例如镁合金）、喷射沉积粉末、晶粒细化法以及塑形变形法[2,3]。触变铸造是第一个可用于商业化的半固态加工工艺。然而，综合考虑坯料制备成本，生产设备、合金种类的限制，内部回收以及综合的高成本问题，这一工艺的竞争力大为降低。

当流变铸造首次被发现时，凝固过程的枝晶组织的机械破碎是形成球状组织的主要原因。然而，随着金属半固态（SSM）领域的研究与创新，有两种不同的金属半固态（SSM）制备工艺——机械加工和热加工。换句话说，可分别采用叶轮、电磁搅拌等强制熔体流动或通过对熔体热平衡进行精确控制来实现组织球化。在这些不同的工艺中，主要的球化机理不同。半固态金属浆料的制备过程组织演变机理如图 2.2 所示[1]。

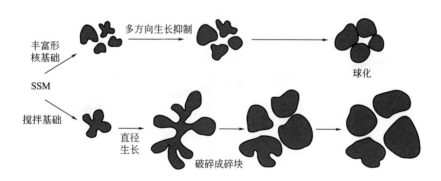

图 2.2　半固态金属浆料的制备过程组织演变机理[1]（经泰勒和弗朗西斯有限公司授权）

- 枝晶的机械和热机械破碎

凝固过程枝晶组织的转变的概念由 Flemings[3,4] 和 Doherty[5] 提出，后来由 Hellawell[6] 进行了详细阐述。这一概念也同样适用于金属半固态加工过程。随后，由于叶轮直接搅拌，或电磁搅拌（EMS），枝晶在最初的形核和生长过程，机械破碎，或者局部重熔，也被称作枝晶根部重熔。在熔体的持续剪切作用下，枝晶形貌转变为"莲花状"或"球状"。继续搅拌，在减小界面能的驱动下，颗粒发生熟化。

- 液相线附近创造多重形核限制多方向生长，爆发形核

这是一个热激活理论，在熔体中人工增加局部过冷度，从而导致"爆发形核"，这一理论类似于"爆炸"理论或"大量形核"理论，由 Elliot[7] 和 Chalmers[8] 最先提出。从凝固的观点来看，如果说由于大量形核导致形核核心之间自由路径变小，在边界过冷度层和多方向热流动的抑制作用下，晶粒生长速度变慢。这一凝固可能最终导致球状初生相颗

粒形成。

如图 2.2 所示，基于大量形核工艺更好一些，因为减少了一步工艺流程和时间，并且球状晶形貌更好。

2.1 流变成形技术

如前文所述，全世界有许多工艺已经获得专利保护或者正在研究。不管目前各种可用流变技术在技术和工艺上的区别，将最具有代表性的流变工艺总结如下。

2.1.1 机械搅拌

麻省理工学院（MIT）[9]最先开始研究搅拌对合金凝固过程的影响。熔体通常通过螺杆[10-12]、叶轮、桨，或者其他特殊的搅拌器[13-16]。熔体搅拌产生的剪切力形成非枝晶组织。这一工艺经过改进，由批次生产转化为连续生产。如图 2.3 所示，在这个简单的连续加工装置中，容器中的过热熔体在搅拌棒和圆筒外壁之间的缝隙流动，同时被搅拌和冷却。浆料从流变铸造装置的底部流出，直接成形（流变成形，rheocasting）或者凝固以后作为坯料，重新加热用于触变成形。

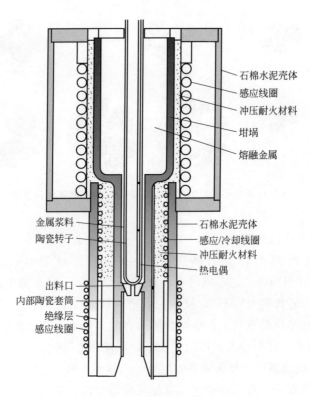

图 2.3　早期流变铸造装置图示[9]

尽管机械搅拌是最早的金属半固态加工技术，然而工业规模的应用受到限制，因为缺点非常明显，例如对搅拌棒的侵蚀（尤其是对于化学侵蚀性好的合金）、浆料被氧化夹渣污染、卷气、生产效率低并且工艺难以进行控制[2,17,18]。另外，用这一工艺生产的半固态浆料含有较大的熟化莲花状颗粒，并且均匀性比其他生产工艺差（图 2.4）。这种熟化颗粒之间包裹了很多液相，减少了有效液相分数，半固态浆料的流变行为变差。

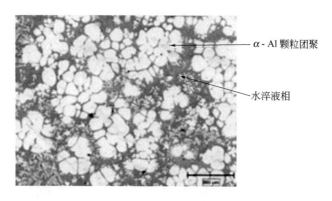

图 2.4　传统的机械搅拌 A356 合金（约 587℃水淬）

　　上述缺点导致新工艺的引入，在大部分情况下适用于螺旋螺杆；剪切与凝固在流变装置不同的部分进行。似乎提高了半固态浆料的显微组织均匀性。

　　图 2.5 展示了一种流变成形工艺，叫作直接浆料成形（direct slurry formation，DSF）[19,20]。这一工艺分为三个步骤：金属半固态浆料的形成、浆料的保持和浆料运输至压铸机。根据生产速度、过热度和希望得到的固相分数，散失的热量可以通过计算得出。下一步，由两个螺杆（螺旋钻和锚形转子）提供的剪切力，不仅足够将枝晶破碎，而且还促进初生相颗粒在半固态浆料中均匀分布。这种复杂的混合系统利用一个锚形转子垂直于炉壁的竖直剪切杆来刮除正在凝固的合金材料。最后，在真空系统的支持下，制备好的半

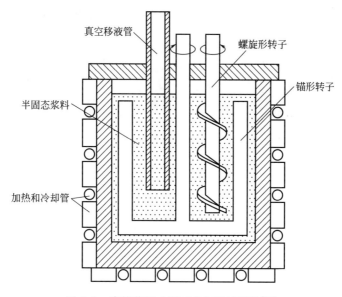

图 2.5　直接浆料成形工艺与机械部件[19]

固态浆料直接转移到冷室压铸机压室中。

图2.6(a)也示例了一种用于铝、镁合金流变铸造成形的设备，该设备成功地由布鲁内尔大学设计制造，定名为双螺旋搅拌流变压铸技术（rheo diecasting twin screw technology，RDC）[10]。在这一工艺中，熔体进入到设备以后，迅速冷却到设定温度，同时被一对紧密相互交叉的螺杆在设定速度下剪切。在这一条件下，熔体流动呈"8"字状，产生轴向推力，熔体受到多方向剪切作用［图2.6(b)］。图2.7对比了高压压铸（HPDC）和流变压铸（双螺旋搅拌技术）拉伸试样边缘到中心的组织。可以看出，机械搅拌试样的横截面显微组织更加均匀。

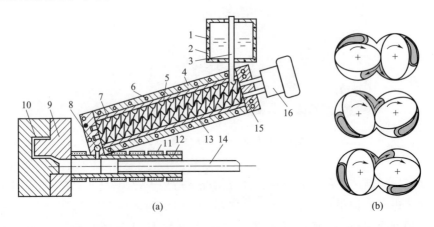

(a)　　　　　　　　　　　　　　(b)

图2.6　(a) 双螺旋搅拌流变压铸技术图示；(b) 挤出机截面半固态浆料流动模型[10]

1,5,11—加热单元；2—坩埚；3—停止杆；4—桶；6—冷却通道；7—桶衬；

8—转换阀；9—模具；10—模具型腔；12—压射缸；13—双螺旋；14—活塞；15—末端；16—驱动系统

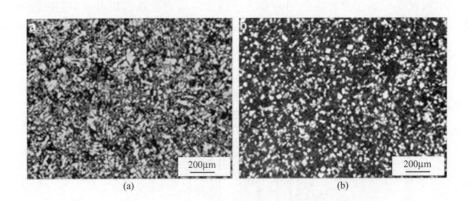

(a)　　　　　　　　　　　　　　(b)

图2.7　A380合金拉伸试样边缘到中心显微组织：

(a) 高压压铸；(b) 流变压铸（向Zyomax致敬）[21]

2.1.2　磁力搅拌或电磁搅拌

目前研究宣称，发展电磁搅拌工艺是为了克服直接机械搅拌的各种缺陷[22,23]。的确，铸造工艺过程中应用电磁搅拌并不是一项新技术，它借鉴于钢铁连续铸造工艺。结果表明，根据电磁搅拌（electro magnetic strring，EMS）单元在铸件中的位置（例如模具、模具下部、在凝固终了前），有多种不同的效果，包括消除中心线偏析、柱状晶向等轴晶转变、减少夹杂、热钢弯月板（horrer steel in meniscus）等[24]。

局部剪切力由一个动态电磁场产生，正在凝固的金属熔体作为转子。在这一过程中，熔体旋转产生的切应力作用于枝晶，导致其破碎。最后导致凝固界面前沿熔体的流动。在晶粒形核和长大过程中，新破碎的等轴晶颗粒和型壁晶核靠近凝固界面前沿，熔化成液相，再次进入循环。等轴晶的再循环导致枝晶臂的重熔，多次循环以后，产生球状晶粒。搅拌对熔体进行深度处理（过滤和除气），从而几乎消除了熔体的污染。打碎的枝晶、枝晶臂和新型核晶核通过强烈的搅拌，增加了在熔体中分布的均匀性，同时，半固态浆料的温度场更加均匀。

图 2.8 对比了过热度 230℃，没有使用和利用电磁搅拌（EMS）技术坯料的显微组织。通过平行对比，电磁搅拌（EMS）工艺对枝晶的破碎和球化过程中组织演变的作用是合理的。前期研究证实[25]，磁力搅拌（magneto hydro dynamic，MHD）工艺可以获得晶粒大小为 $30\mu m$ 左右的凝固组织。相比之下，机械搅拌的晶粒大小在 $100\sim400\mu m$。

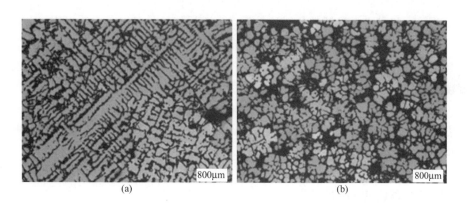

图 2.8　850℃铸造 A356 合金偏振光显微图像，展示电磁搅
拌（EMS）细化效果：(a) 无搅拌；(b) 电磁搅拌

有三种不同的电磁搅拌模式，分别可以实现熔体垂直、水平和螺旋流动。螺旋形流动 [图 2.9(c)] 是垂直和水平模式的结合。在水平流动模式中，固相颗粒沿着准等温面运动，所以机械剪切更加可能是枝晶破碎的机制 [图 2.9(a)]。在垂直流动模式中，枝晶在凝固界面前沿破碎，概率均等。然而，当枝晶再次循环到搅拌区域更热的区间时，会发生部分重熔。因此，热过程比机械搅拌起到更为主导的作用 [图 2.9(b)]。

连续铸造通过线圈的垂直或水平排列来实现，这由铸造方向与重力的位置来决定。垂直搅拌只被用于垂直铸件，水平搅拌用于垂直和水平铸件。另外，铸坯的显微组织受到线圈设计的影响。再者，电磁力场在整个区域分布不均匀，这有可能造成径向方向显微组织细化程度不同。

按照 Niedermaier 等人[26]的观点，水平搅拌最主要的优点包括成本效益和连续生产；

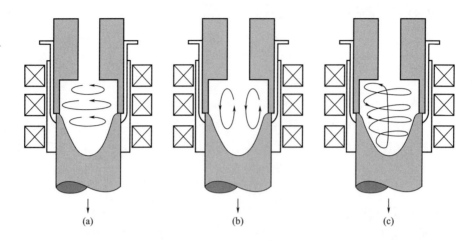

图 2.9 磁力搅拌（MHD）线圈和固相颗粒运动模式图示：
（a）转动感应线圈；（b）线性感应线圈；（c）螺旋搅拌[26]

然而，铸坯的质量受到重力矢量的影响。从技术角度而言，本质的差异在于重力和铸造方向的相互关系。与水平电磁搅拌相对比，垂直电磁搅拌的优势在于对称凝固，并且不受坯料尺寸的限制。然而，垂直搅拌系统也有很多不足，例如不可连续生产、设备投资大、生产成本高（但是可用于高压压铸件的生产[27]）。研究表明，EMS 的应用不仅会破坏枝晶以促进球化，而且对 Al-Si 铸造合金中的第二相，如金属间粒子和共晶硅具有有益的影响[28,29]。

磁力搅拌（MHD）工艺是第一个半固态金属加工的商业路线，几十年来一直是生产触变坯料的最有效和最常用的方法。

2.1.3 新流变铸造或 UBE 工艺

UBE 技术由日本宇部工业公司开发[30]，被用于生产铝、镁合金半固态浆料。这被认为是半固态浆料的制备过程，依赖于对液态金属进行热处理，而不是搅拌。半固态金属浆料制备步骤顺序如下（图 2.10）：
- 将熔融金属加热到特定的过热温度（第 1 步）。
- 将第一步得到的熔融金属倒入保温容器。

应确保保温容器或坩埚在每一道工序刷涂涂层或者清洁，保持工艺的一致性。熔融金属可以直接或者间接进行转移，通过一个夹具，即冷却斜板（第 2 步）。如果应用了冷却斜板，它就相当于 2.1.4 节中所讨论的一个结晶发生器（需要注意的是，细化剂的添加量和第 1 步中过热度的设计由所应用的冷却斜板确定）。
- 在第 3 步中，熔融金属在半固态温度区间保温一定时间，得到随后成形工艺中需要特定固相分数的半固态浆料。在这一步中，受坩埚内部温度梯度的影响，温度较低的部分细小的等轴晶体积分数升高。
- 在第 4 步，将半固态浆料转移到金属模具中，在压力下成形。

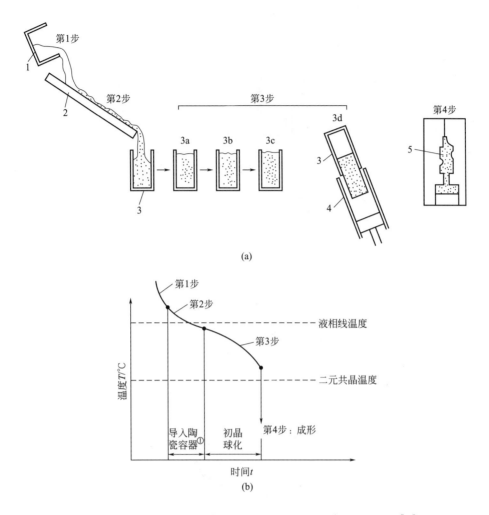

图 2.10　(a) NRC 工艺路线；(b) 亚共晶 Al-Si 合金工艺流程[30]

1—精炼炉；2—冷却装置；3—陶瓷容器；4—注射器；5—磨具

① 采用或不采用冷却夹具

2.1.4　斜槽冷却技术

半固态浆料广泛采用斜槽冷却技术（CSP）进行生产，该技术是建立在简单浇注基础上的，即熔体经由冷却斜槽后再进入模具成形。斜槽冷却（CSP）技术可用于直接流变成形或间接触变成形，如图 2.11 所示。CSP 成形过程中，要对浆料中的固体颗粒进行细化，可采用使熔融金属通过水/空气冷却管[32-34]或其他装置，或者在冷却斜槽上连接振荡器[35]等方法。因此，冷却斜槽的长度、倾斜角度、斜槽材料和熔融金属的过热度等均是影响 CSP 成形工艺的关键因素。此外，采用该技术进行生产应用时，还需考虑成形过程中可能产生的氧化膜和气孔等问题。

图 2.12 所示为斜槽冷却成形技术的一个应用实例，在不等径双辊铸轧机上进行半固态带钢成形。如图所示，成形过程中首先由冷却斜槽制备半固态浆料，然后在不等径双辊

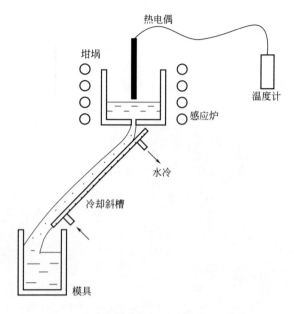

图 2.11　斜槽冷却成形技术示意图[31]

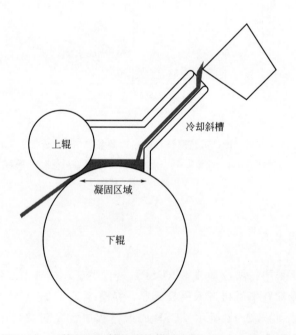

图 2.12　不等径双辊铸轧机结构示意图（引自文献 [36]）

铸轧机上进行铸造成形。由于 SSM 浆料易在喷嘴中凝固，传统的双辊铸轧机并不适用于流变铸造。研究发现，用于冲压成形的 A356 铝-硅合金可采用该工艺成形[36]。

　　Motegi 等[37]研究了斜槽冷却成形过程中半固态颗粒的形成机理，提出了"晶体分离理论"，解释了晶核在冷模壁（倾斜的冷却槽）上形成和长大的过程。该理论认为流体运动使晶核脱离模壁，是初级球状颗粒产生的原因（图 2.13），且振动对晶核分离有促进作用[35]。

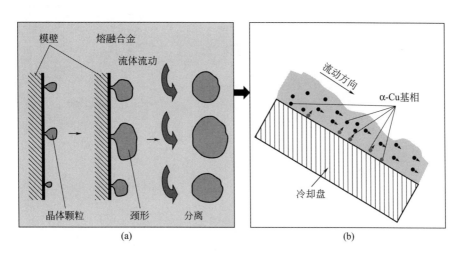

图 2.13　"晶体分离理论"示意图[37]

2.1.5　液体混合技术

液体混合是将两种合金熔体混合形成一种新合金，如两种亚共晶或亚共晶-过共晶铝-硅合金[38,39]。该技术的理论依据是，当具有不同熔点和过热度的两种或多种合金熔体混合时，无论是直接在绝热容器内混合还是间接混合（先与冷却板接触），在混合液体中均会形成新核心。如图 2.14 所示，液体混合过程中需控制的因素主要有过热度、熔体处理、容器中的保温时间、两种熔融合金的质量比和混合方式等[30]。

Apelian 等[40,41]提出了一种称为"连续流变转变工艺（CRP）"的液体混合技术。将具有一定过热度的两种熔体（可以是相同合金，也可以是不同合金）在反应器中混合，凝固的初始阶段，反应器起散热、对流和形核的作用，可促进形成触变结构（图 2.15）。报道称 CRP 是一种柔性工艺，可用于触变或流变成形。在图 2.16 的应用实例中，对反应器结构进行了优化和简化，使其中仅一种熔体与反应器的冷却系统接触，CRP 反应器可以安装在压铸机的压射缸套筒上方（熔体可以从保温炉泵进入到反应器中）。CRP 工艺可用于成形具有高强度的变形铝合金铸件[40,41]。

2.1.6　半固态流变铸造工艺

半固态流变铸造（SSR™）成形技术是由 MIT 最先提出的[42-45]。据称采用该技术可制备出细小且无截留液体的 SSR 结构。SSR 工艺如图 2.17 所示，该工艺主要包括以下步骤：

● 利用旋转的冷却棒或冷却器（材质为铜或石墨）在靠近液相线附近的糊状区温度范围内对熔体进行快速搅拌。

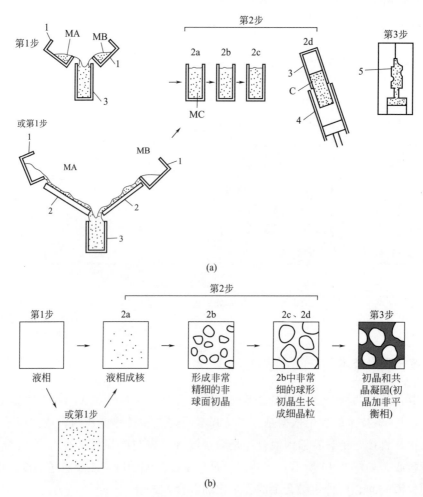

图 2.14 (a) 液体混合过程；(b) 成形过程金相组织演变过程

1—料勺；2—冷却夹具；3—陶瓷容器；4—注射套筒；5—成形模[30]

- 局部冷却。
- 在糊状区短时缓慢冷却或保温。

报道称在 Al-Si 合金液相线附近进行搅拌/冷却，熔体中会有大量初生 α-Al 颗粒形核。铸造成形过程中无论固态占比高或低，SSR 工艺均可适用。需要注意的是，当浆料中固相分数较小时可将其看作液体，此时无须对常规压铸机进行改进，例如，机器的行程无须延长。图 2.17(b) 所示为采用该工艺成形的典型 SSM 结构。

Wannasin 等[46] 的研究表明，在凝固的最初阶段，对液相线以上的熔体进行局部急冷（采用如上文所述的冷却棒）和强化对流散热，短时间内即有非枝晶结构形成。据推测，凝固初始时刻在冷却棒附近形成了所谓的母晶枝结构，同时，冷扩散器中有大量细小冷气泡流入液体，实现了热对流。强化对流散热会引起晶粒大量增殖，使大量的细小固体颗粒分散在熔体中。因此，该工艺被称为"气泡诱发半固态成形"，即 GISS 技术[46]。GISS 成形过程中，在金属熔体中插入石墨扩散器进行冷却（也可采用其他装置引入细小气泡，如图 2.18 所示）。由气泡产生的热对流有助于次生粒子形核，并促

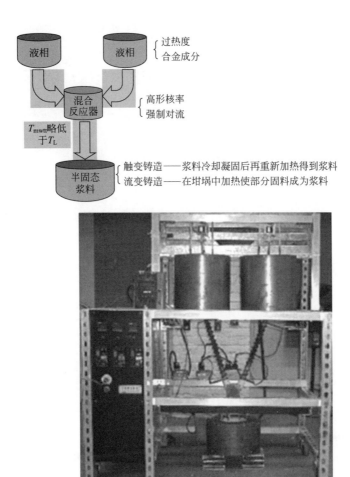

图 2.15　CRP 工艺设备原理与图片

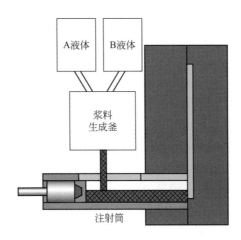

图 2.16　压铸机内 CRP 装置原理图（改编自文献 [41]）

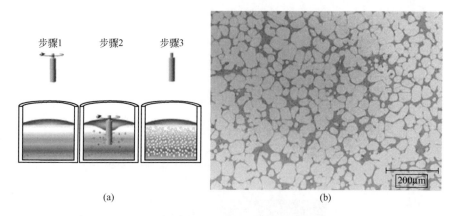

图 2.17 （a）MIT 提出的 SSR 工艺流程；（b）铸造 A356 合金微观组织[45]

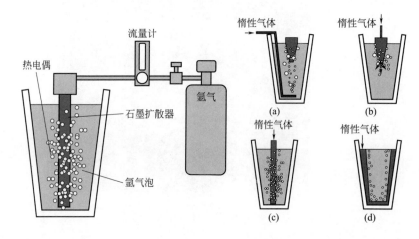

图 2.18 GISS 工艺过程[46]及气泡引入过程示意图[47]

进形成非枝晶结构，如图 2.19 所示。GISS 成形过程的第一步是确定合金的液相线温度，然后选择略高于液相线的温度作为成形工艺温度，流变铸造的成形时间约为 5～30s。图 2.19 所示为流变成形 Al7%Si 合金铸件的微观结构[48]，该技术已在泰国[49]投入生产应用。

基于 SSR 铸造成形技术，研究人员还开发出了其他类似工艺。如文献[50]中介绍了一种改进技术，采用装有冷却系统的垂直旋转空心不锈钢棒，浇注时金属熔体沿不锈钢棒注入，通过调节棒的转速可获得最佳浆料结构，旋转制备后浆料流入石墨坩埚中成形，如图 2.20 所示。

2.1.7 金属流变成形

金属流变成形（RSF），又称快速制浆技术，是通过控制焓在合金体系中的交换，来调节最终浆料中的固体分数。将具有不同焓的至少两种合金（通常这两种合金中一种是液

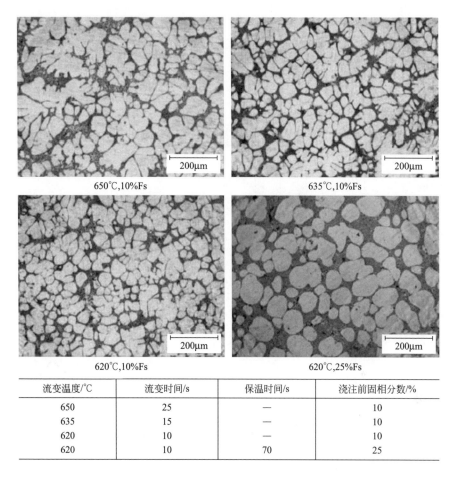

流变温度/℃	流变时间/s	保温时间/s	浇注前固相分数/%
650	25	—	10
635	15	—	10
620	10	—	10
620	10	70	25

图 2.19　不同温度和固相分数下采用 GISS 半固态工艺成形
Al7Si-0.32Mg0.46Fe 合金的微观组织图[48]

态，另一种是固态），通过搅拌混合成一种具有所需熔和固相分数的新合金。RSF 技术与其他大多数 SSM 技术的本质区别是，通过控制散热（外部冷却）和熔体温度调节浆料中的固相分数。

图 2.21 是金属流变成形工艺示意图[51]，如图所示，成形过程中首先将液态金属倒入隔热容器中，然后将固定有定量合金的搅拌器加入熔体中并开始搅拌。固态合金由于温度和熔都相对较低，会从金属熔体中吸取热量并与之发生熔交换，合金逐渐部分或全部熔融，最终与初始熔体混合均匀，形成具有所期望熔和固相分数的新合金体系。所加入的固态材料称为"熔交换材料"，即 EEM。显然，影响浆料中固相分数的因素有熔体的初始温度和成分、EEM 及其添加百分比。采用上述方法制备的浆料可直接用于流变铸造，也可将其再加热至半固态状态作为触变铸造的原材料。该技术已在瑞典的 Rheo Metal AB 公司投入生产应用，其产品如图 2.22(a) 所示[51-54]。据称其生产的 A356 合金具有球状组织形貌，通过调节工艺参数，球状组织粒径大小可在 $50\sim100\mu m$ 范围内变化，如图 2.22(b)所示[53]。

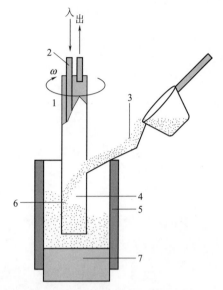

图 2.20　中空旋转棒装置示意图

1—连接电机；2—冷却系统；3—浇注系统；4—中空旋转棒；

5—制浆室温控系统；6—熔膜；7—半固态浆料（引自文献[50]）

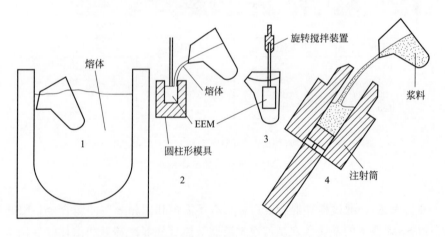

图 2.21　RSF 工艺过程示意图（引自文献[51]）

1—提取熔体；2—注入模具制备 EEM；3—利用搅拌和熔融的 EEM 制备浆料；4—将浆料注入压铸室

2.1.8　超声处理技术

众所周知，在高于液相线的起始温度，液态金属经超声处理后可获得细小的非枝晶微观组织，这种组织形貌再加热后可进行触变成形。根据文献报道，经高功率超声处理后，液体中会产生两种物理现象[55]：空化效应和声流。

空化效应是由液体中小气泡的形成、生长、振动和破裂等过程引起的。研究指出液体中的不稳定气泡在破裂前可承受极高的压缩率，以至于气泡破裂时产生的液压冲击波，会使初级枝晶被破坏，成为潜在形核点。高频超声波在熔体中传输还会引发稳态声流，多种

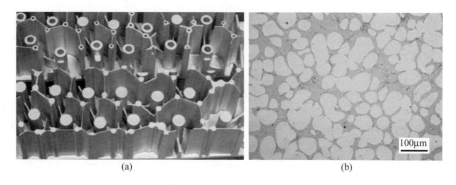

(a)　　　　　　　　　　　　(b)

图 2.22　（a）材质为 AlSi6Cu2.5、壁厚小于 0.5mm 的通信空腔滤波器
横截面[52]；（b）RSF 工艺制备的 A356 合金水淬金相组织图[53]

波的共同传输作用最终使熔体充分混合并均质化[55]。

气泡破裂所引起的液压和声流的作用使枝晶断裂，此外，超声处理产生的声流可使这些细小的固体颗粒分散均匀。无论采用哪种振动方式，所引起的包括晶粒细化和柱状晶抑制等组织结构演化，均会使材料均匀性提高、偏析减少[55]。

Abramov 等[55-57]研究了利用超声处理 Al-Si 基合金获得触变性结构的可能性，结果发现这是处理工业铝硅合金的一种有效方法。超声振动可使多数硅颗粒破裂，从而使合金强度得到提高。在 630℃下将 A356 合金浇注到铜模中并利用 20kHz 超声进行振动处理[58,59]，结果发现铸件不仅获得了球状/非枝晶的微观组织结构，而且共晶硅的结构由未经超声波处理时的粗针片状演变为超声波处理后的均匀分布的细小玫瑰花状结构，如图 2.23 所示。其他的研究者[60-62]也有类似发现，并提出影响微观组织演变的关

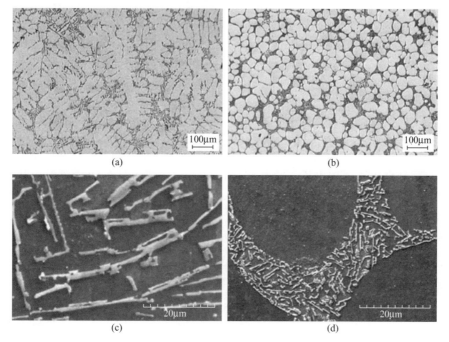

(a)　　　　　　　　　　　　(b)

(c)　　　　　　　　　　　　(d)

图 2.23　A356 合金微观组织结构演化：（a）（c）未经
超声处理；（b）（d）经过超声处理[59]

键因素是处理时间和合金温度等工艺参数的优化组合。此外，研究者还发现超声振动不仅可以细化铝硅合金中的基体硅和 α-Al，还可以细化金属间化合物，如含铁的金属间化合物。

文献 [63] 报道了一个利用超声振动制备铸坯的生产实例，振动频率范围为 $10 \sim 100kHz$（所制得坯料可用作触变铸造的原料）。如图 2.24 所示，超声振动发生器置于铸坯成形腔上方的液态金属中，熔体在凝固过程中形成细小的球状微观结构。值得注意的是，与依赖凝固金属黏度的电磁搅拌相比，超声振动搅拌的作用可一直持续到凝固结束。试验结果显示，采用超声振动搅拌成形的 A356 合金晶粒尺寸下降了近 50%[63]。Pola 等[60]成功地将超声振动系统用于 A356 合金的生产，并制备出了 7in（$1in=0.0254m$）的直冷坯料。

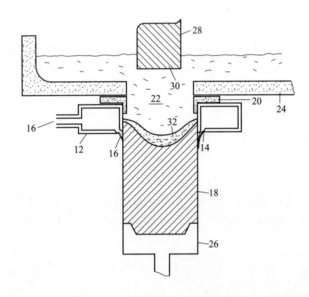

图 2.24　连续振动铸造示意图[63]

12—冷却模块；14—出口；16—冷却液；20—耐火垫；26—发动底座；28—超声振动发生器；32—浆料区

2.1.9　日立铸造成形技术

日立公司开发出了利用电磁泵直接将液体注入压铸筒中进行铸造成形的技术[64,65]，如图 2.25 所示，电磁系统安装在水冷套筒上，在压铸筒内可同时对熔体进行持续搅拌和冷却，使熔体在注入模具前形成所需的 SSM 浆料。研究称，由于压铸筒冷却和电磁系统感应加热的共同作用，液体在压铸筒内降温均匀。该成形工艺具有以下优点：

- 由液态直接铸造成形，具有流变铸造的优点。
- 采用电磁搅拌（EMS），保证了压铸筒内熔体温度分布均匀。
- 采用电磁泵可减少夹杂氧化物，使浇注重量更加精确。
- 由于夹杂氧化物减少，在保护气和剧烈搅拌的共同作用下，该工艺制备的铸件机械性能接近传统 SSM 工艺，而优于挤压铸造。

日立金属公司已在部分产品上应用了此工艺技术[65]。

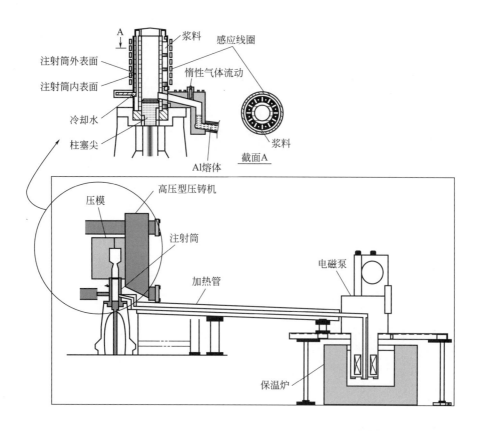

图 2.25　浇注套筒上装有电磁搅拌的日立成形工艺示意图[65]

2.1.10　低浇注温度或低过热度铸造

　　一直以来铸造领域普遍认为低浇注温度不仅有利于形成等轴晶，还可减少成分偏析、气孔和缩孔等缺陷的产生。在半固态铸造过程中，浇注温度越低或温度降低越多，模具寿命越长，且由于模具热膨胀、收缩和其他缺陷减少，铸件的尺寸也更加精准。热对流是影响充型过程中凝固开始的重要因素，当浇注温度较低时，由于熔体注入引起的热对流使已形成的晶核重新分布；当浇注温度较高时，凝固开始之前由熔体注入引起的热对流作用相对较弱，已形成的晶核重新熔化，凝固在相对静止的熔体中开始。

　　Shibata 等[66]和其他的一些研究者[67]都发现了降低浇注温度可以获得球形初生相。如图 2.26 所示，熔体先注入压铸套筒中，经过一段时间冷却后再被注射进入模腔内。浇注温度和套筒温度对 α-Al 颗粒圆度（圆度的定义是具有相同周长的 α 粒子与理想圆的周长之比）的影响如图 2.26（b）所示。浇注温度/套筒温度越低，所获得的初生相 α-Al 颗粒圆度越高，可用多晶形核理论解释产生此现象的原因，即液体内瞬时产生大量晶核时会形成等轴晶[8]。

　　Wang 等[68,69]利用装有阶梯模具的立式注射挤压铸造机，在不同浇注温度下成形了AlSi7Mg0.35 合金，试验所采用的浇注温度范围为 725～625℃，随着浇注温度的降低，

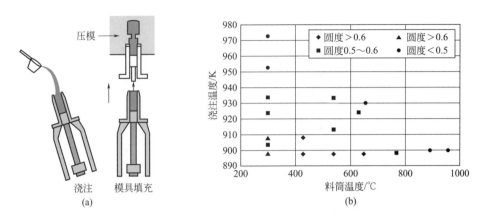

图 2.26 （a）文献[66]所述 A356 合金的铸造过程示意图；
（b）浇注温度和套筒温度与圆度系数的关系

成形铸件的微观组织结构由粗糙树枝晶（725℃）转变为玫瑰花状（625℃）。将铸件再加热到 580℃并进行淬火，得到的晶粒尺寸随铸造温度的降低而减小（图 2.27）。上述试验结果列于表 2.1 中，文献[69]给出了上述铸坯在 580℃保温 15min 后试样剪切应力与位移的关系。其中 725℃铸造试样的剪切强度高达 50kPa，而 675℃铸造试样剪切强度显著降低，仅为 20kPa，当浇注温度降至 650℃时，材料的剪切抗力非常低，约为 5kPa，但是

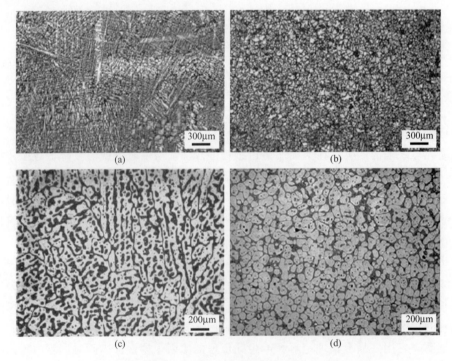

图 2.27 不同试验条件下试样的微观组织金相图：（a）725℃铸造；
（b）625℃铸造；（c）图(a)试样部分重熔并保温 15min；
（d）图(b)试样部分重熔并保温 15min[69]

650℃以后剪切应力不会随温度降低再显著下降,如图 2.28 中的曲线所示。

表 2.1 铸态和 580℃ 保温 15min 后试样微观组织形貌[69]

铸造温度/℃	铸态组织		再加热后组织	
	组织形态	晶粒尺寸/μm	颗粒尺寸/μm	形貌
725	粗大枝晶	900	310	固态网状
675	中等粒度枝晶	350	160	不规则球状
650	细小枝晶	200	102	圆球状
625	细小玫瑰花状	180	100	圆球状

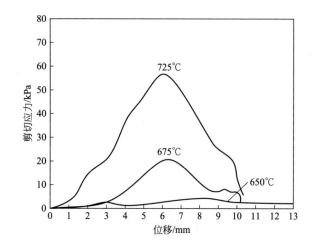

图 2.28 不同温度下铸造 A356 合金 580℃
保温后剪切应力随位移的变化[70]

有趣的是,Chalmers 等[8]研究并首先发现了浇注方式也会影响晶粒尺寸,Dahle 等[71]采用图 2.29 所示的试验装置重复了上述试验。先将一个网状薄金属筒放入模具中,再将金属熔体分别沿模具中心和模具内壁注入。试验结果显示,当金属熔体沿模具内壁注入时,所获得铸件的心部晶粒组织更加细小,这是因为熔体注入时首先与温度较低的模壁接触,产生大量晶核。

2.1.11 子液相线铸造

子液相线铸造(SLC)工艺由 THT 压力机有限公司于 2000 年推出,被认为是半固态金属(SSM)加工的另一种简单的浆体生产方法。本工艺包括将晶粒细化的熔体和(或)改性熔体在极低温度或接近液相线温度的情况下浇注进一个垂直的压射缸中,在压射缸中控制金属冷却,并在冷室内形成所需的固体和浆体分数后注入模具腔内。如图 2.30 所示,浆体在压射缸内形成,并通过闸板将浆体输送到模具腔内。大直径的压射缸促使熔体能够在套筒的中心部位使用,避免了模壁材料的使用(具有较高的固相分数)。据报道,它的球状尺寸约为 75μm。与其他的 SoD 路线不同,子液相线铸造工艺不需要金

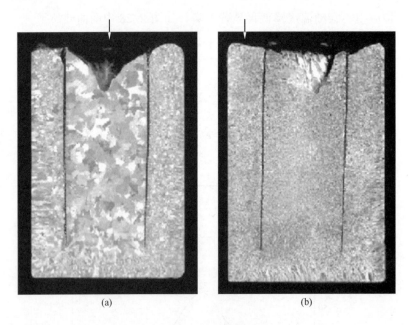

图 2.29　不同浇注方式下成形铸件的微观组织：（a）熔体沿模具中心注入；（b）熔体沿模壁注入（铸件尺寸为 50mm 宽、70mm 高[71]）

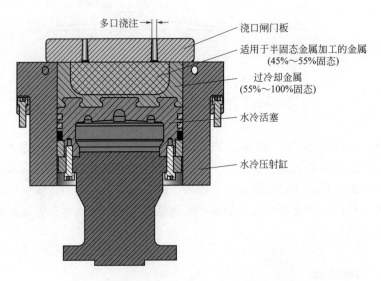

图 2.30　子液相线铸造（SLC）工艺压射缸和闸板的原理图[72]（摘自《铸造贸易》杂志）

属块（坯锭）制备设备或者加工时间以外的铸造机[72-76]。

2.1.12　旋转焓平衡装置

旋转焓平衡装置（SEED）工艺由加拿大铝业国际公司（ALCAN）获得专利授

权[77]。该工艺是将一种过热的合金倒入一个圆柱形模具中，然后在特定的转速（RPM）下将模具转离中心。这一阶段的持续时间取决于模具的尺寸和电荷的质量，但通常在 30～60s[78]。之后旋转运动停止，暂停 5～10s 后，拔掉底部的塞子将剩余的液体排出。此方法考虑了超高温、旋流、排水时间和排水速度等因素的影响，以便在排水前形成 0.3～0.4 的固体颗粒。这基于模具和熔融合金之间的热交换。在经过 30～45s 的规定时间后，卸下准备好的坯锭，并转移到高压压铸机中，制造成品。

根据工业用户的反馈，该工艺可进一步发展为有排水步骤和无排水步骤两种可供选择的模式，两者有相似的结构和力学性质[79]（图 2.31）。也有人声称，该工艺能够处理一系列铸造和锻造的合金成分，如 206、319、356/357、AA6061 和 AA6082 等。此外，该工艺可生产不同尺寸的金属，质量可达 18kg 左右，如图 2.32 所示[80]。目前，这一过程正在商业化，有关该工艺的具体信息可在公开文献[78-82]中找到。

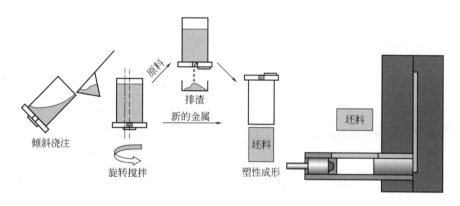

图 2.31　旋转熔平衡装置（SEED）工艺中金属的制
备工艺（注意区分新的金属和原始金属）

图 2.32　试验工厂中未工业化的旋转熔平衡装置以及各种
尺寸的坩埚和金属锭（由 ttp 出版有限公司提供[80]）

2.2 触变路线技术

2.2.1 热加工

在轧制、挤压等常规变形过程中，树枝状微观组织被改变扭曲。这种严重变形的结构是一种可用作触变坯料的极好原料，并且在再加热到再结晶温度以上时，很容易地改变成等轴和球状结构。这里有几条路线。

2.2.1.1 应变诱发熔体激活（SIMA）法及再结晶和部分熔融（RAP）工艺过程

发明应变诱发熔体激活法（SIMA）的首要目标[23]是设计出一种更灵活、更经济的方法，从而能够为一些锻造合金提供小直径原料（在许多情况下受工艺的限制）。该工艺包括（图 2.33）：

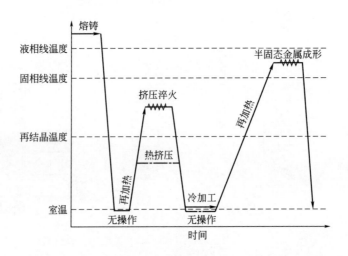

图 2.33 应变诱发熔体激活（SIMA）法及再结晶和部分熔融（RAP）工艺过程［点划线代表再结晶和部分熔融工艺（改编自文献［83］）］

① 在熔化、浇注和冷却到室温后，将坯料再加热到再结晶温度并挤压成形，然后将坯锭淬火，并进一步冷却。

② 将冷却的坯料再加热到半固态温度范围。在此步骤中，产生了一种极细的、均匀的、非树枝状的球状显微结构（图 2.34）。

③ 触变成形坯料。

另一个类似于应变诱发熔体激活法（SIMA）的工艺叫作再结晶和部分熔融（RAP）工艺。应变诱发熔体激活（SIMA）工艺施行再结晶温度以上的热加工，而再结晶和部分熔融（RAP）工艺有一个温加工步骤，如图 2.33 所示。

如果进料足够变形和再结晶，再加热到固相线以上的温度将产生部分重熔，形成由液体基质中的圆形固体颗粒组成的理想浆体。最初的变形可以在再结晶温度（热加工）之后进行，然后在室温下进行冷加工[23,25]，或者在再结晶温度（热加工）下进行，以确保最

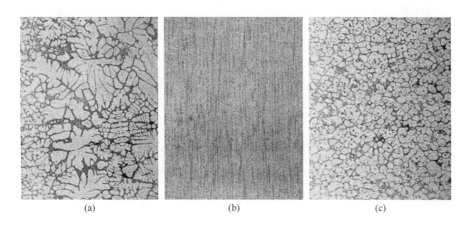

(a)　　　　　　　　　　(b)　　　　　　　　　　(c)

图 2.34　半固态成形的应变诱发熔体激活法（SIMA）加工路线，357 合金：（a）直接
冷铸直径 6in；（b）挤压拉伸杆的纵截面；（c）加热和淬火样品的横截面[23]

大应变硬化，这也是柯克伍德及其同事建议的[2,84]。

当应变超过临界量时，在随后的加热过程中，足够的冷变形会引起再结晶。再结晶导致了大量高角度晶界的形成，当加热温度超过固相线时，它们就容易熔化（部分重熔）。因此，更大程度的冷加工会导致较小的晶粒尺寸，即更细小的球状体。这在图 2.35 中显

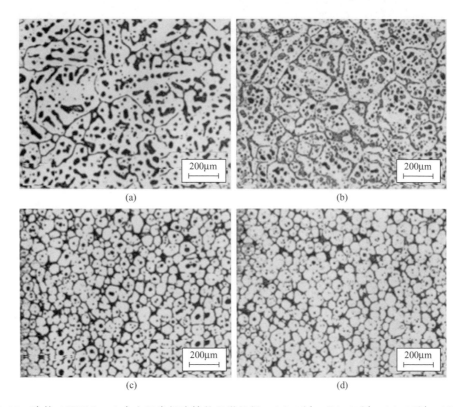

图 2.35　冷轧 AlSi7Mg0.6 合金经常规冷铸的显微组织：（a）0%；（b）10%；（c）25%；（d）40%
（在达到 580℃并保温 30s 之前发生部分重熔。所有样品均从 580℃冷却至室温）[85]

示为各种厚度的冷轧铝（7%）硅合金[85]（需要指出的是，钢坯内部的应变可能不均匀）。

2.2.1.2　等径角挤压（ECAP）

大塑性变形技术（SPD）有能力生产足够的触变原料。在这种方法中，高塑性应变被应用于固体原料，而没有任何显著的尺寸变化[86]。等径角挤压（ECAP）法作为一种可行的触变原料来源而获得关注[87-89]。在这一过程中，半固态金属浆料（SSM）被直接压在两个通道上，并被固定弯曲成一个角度（例如90°或120°）。当样品的截面保持不变时，该工艺可以重复多次，直到达到最佳的结构和性能。塑性变形的严重程度是球状结构形成的关键。重复次数越多，变形越严重；然而，应该注意的是，在重复次数之间应该有一个平衡，即通过变形、再加热温度和时间来防止再加热后的晶粒生长。用各种加工方法制备的A356合金的例子如图2.36所示[87]，在半固态状态下，等径角挤压（ECAP）样品的晶粒和球状尺寸最小，而球度最高。

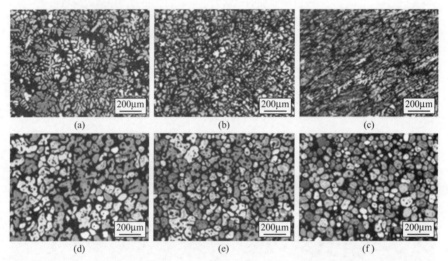

图2.36　A356合金的图像：（a）水冷式铸型，（b）经精炼和电磁搅拌提高的水冷型
铸型，（c）采用等径角挤压（ECAP）的单通道水冷式铸模路线；在580℃
部分熔化的图像：（a）、（b）和（c）对应于（d）、（e）和（f）[87]

2.2.2　喷射铸造法

两种不同的钢坯生产工艺路线如图2.37所示。简单地说，所述合金在喷雾室顶部的坩埚中感应熔化（一种选择是将熔化装置直接连接到中间包）。熔液通过喷嘴直接进入气体雾化器，不同合金的流量不同。这导致液体流雾化成不同的液滴大小。液滴通过雾化气体冷却，然后与基片相互作用。

Mathur等人[91]认为，这一过程有两个阶段：一是液滴在飞行中与雾化气体相互作用，二是它们撞击并与基片相互作用。在第一阶段，产生的液滴被分为完全液体、半固态或完全固态。液滴被收集在基片上并凝固成某种形状的铸件，如图2.37（b）所示。雾化后，液滴会冲击、巩固和固化在基体上，形成均匀的结构。在铝合金的情况下，由于Al-Cu合金体系容易发生微观/宏观偏析和孔隙形成，因此选择了Al4%Cu来进行喷雾成形。形成了约 30kg 重的钢坯，图 2.38 比较了连续铸造和喷射成形所产生的结构。喷射成形材料具有几乎球状的结构，具有均匀的分散沉淀物，而在连续铸造样品中，枝晶的形成是相当明显的。在轴向和径向的方向上分析了喷淋沉积物中主要元素 Cu、Si、Mn、Mg、Fe 的分布情况。铜元素没有径向和轴向的梯度[92]。

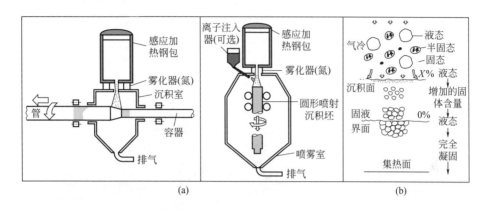

图 2.37　(a) 喷射铸造工艺中钢坯生产的两种不同的安排；(b) 喷射铸造工艺的凝固机理[90]
(经泰勒和弗朗西斯有限公司同意转载)

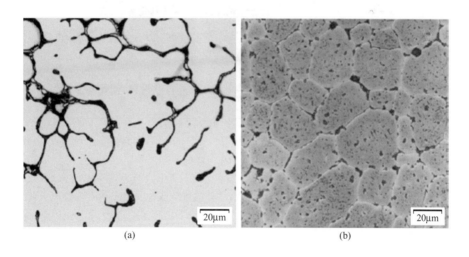

图 2.38　Al 4%Cu：(a) 连续铸造；(b) 喷射成形[92]

喷射铸造工艺（osprey）已被应用于各种合金上，包括铝合金及其复合材料、高温合金如高速钢、超合金和铜合金等[90-92]。

2.2.3　液相线或低超热铸造

正如第 2.1.10 节所描述的，这个过程可能是触变铸造工艺的潜在来源。在低浇注温度下，产生的微结构通常是细晶和非枝晶。样品的部分重熔和等温保存会产生适合触变形成的球状结构。这一技术已被用于铸造和锻造铝合金[2,17]。

Wang 等人[68]对不同浇注温度制备的 AlSi7Mg0.35 坯料进行了试验。生产的坯料通过感应炉加热到 580℃，并采用立式喷射挤压铸造机注射进阶梯模中［板宽 98mm，阶梯分别为 20mm、15mm、10mm 和 5mm 厚，每个长 30mm，如图 2.39(a) 所示］。结果表明，由坯料制成的浇注温度为 725℃的铸件只填满了一半的模腔，即前两个半阶梯。X 射线图也显示出在铸件内部存在大量的孔隙。降低坯料的浇注温度到 650℃可显著改善填充能力，除了顶角处模具被完全充满。内部缺陷也明显减少。坯体浇注温度的进一步降低导致铸件完全充填，铸件表面无缺陷，如图 2.39 所示。

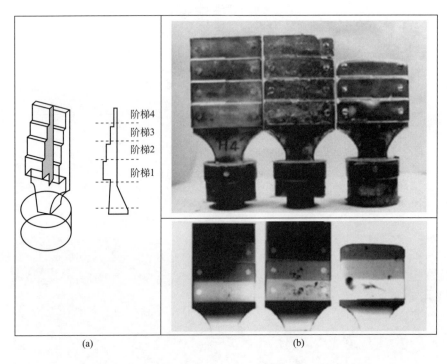

图 2.39　(a) 阶梯模的示意图；(b) 不同浇注温度（上）的铸件和
X 射线图（下）［浇注温度为 725℃（右），650℃（中），625℃（左）（模具
预热到 150℃），在铸造之前，钢坯 580℃保温 5min］[68]

这种技术可以工业应用，主要障碍来自温度控制的准确性和一致性，以及大规模生产中产生的微观结构的一致性和均匀性等方面的困难[17]。

2.2.4　化学晶粒细化

化学晶粒细化是铝合金批量化连续铸造的一种常规方法。这一技术也被考虑用于生产触变铸造的原料[93-96]。在此方法中，球状的半固态金属浆料可以通过简单地再加热晶粒坯来获得。坯料可以从铸造车间或初级生产者处制造或购买。据称这种技术初生 α-Al 颗粒的形态仍然是球状或环状的，但初生颗粒内的液体比例明显大于 EMS 浆液[97]。

另一项研究表明，与 EMS 技术相比，晶粒细化方法更灵活、更经济[98]。研究表明，晶粒细化剂的类型是建立最终微观结构的关键参数，并使用新的商标细化剂，即 SiBloy

（基本上是基于硼的细化剂），得出的结论是，在精制钢坯的再加热过程中，与 TiB_2-精制钢坯相比，精制钢坯有四倍的不易被吸收的液体（图 2.40）。作者证实了这一发现，细节将在第 6 章中讨论。

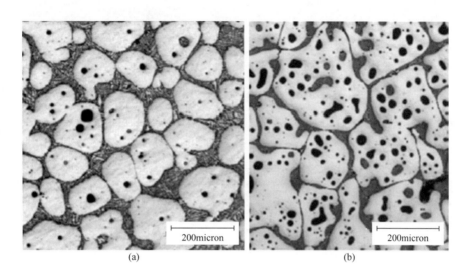

图 2.40　半固态结构的比较：（a）B-精炼坯料；
（b）细化的 TiB_2 晶粒（再加热温度为 585℃）[98]

2.2.5　触变成形

触变成形是一种特别针对镁合金研发的类似于塑料注射成形的工艺（图 2.41）。该工艺的原料既不是液体（如流变铸造），也不是固体钢坯（如触变铸造），而是一种晶片或颗粒状的固体颗粒，一般大小为 2～5mm，通过机械加工、雾化或其他粉碎方法获得[99]。在加工过程中，合金颗粒被送入一个加热的注射成形系统中，部分熔化，并转化为触变泥浆，最后注入模具型腔。机械粉碎的晶片和快速凝固的颗粒都具有独特的微观结构特征，使它们能在唯一的热影响下转化为触变的泥浆。因此，与流变成形相比，不需要剪切应变[100]。

注射系统的核心是一个阿基米德螺旋，它同时进行旋转和平移运动。为了防止高活性镁原料氧化，在机筒内保持氩气的气氛[101]。注塑成形与压铸工艺有不同的处理方法。首先，相对于压铸过程中的熔炉环境的熔炼，在注塑成形过程中，沿筒体长度和在较小的程度上通过螺旋旋转，浆料的制备更为复杂，并受温度分布的控制。此外，由于注入的是半固态浆料而不是过热的熔体，在模具上有较低的热影响，比在压铸中使用的工具能承受更多的注射。在注射成形过程中，注射速度取决于固相分数，可能比压铸的要求低。

除了与半固态加工相关的一般好处，触变成形方法有其独特的优点，包括由于封闭的处理系统而不需要 SF_6 气体和没有熔融损失的友好环境，能够制造更薄、形状更复杂的零件，以及能够应用先进技术将浆液分配到模具，包括热流道[99]。然而，尽管在过去几十年取得了长足的进步，但这项技术仍然需要大量的开发，特别是在硬件方面。虽然镁与氧

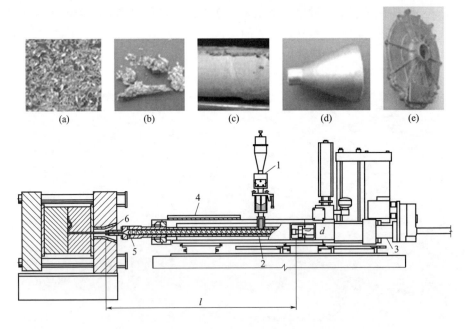

图 2.41　镁合金在触变成形过程中的流动路径（l），
原料转换：（a）粉碎的芯片；（b）初级加工阶段；（c）来自末端螺
旋的合金；（d）来自喷嘴区域的合金；（e）成品[99]
1—进料系统；2—螺旋；3—电动机；4—连接加热器的桶管；5—喷嘴；6—模具

气有很高的亲和力，但在半固态或液态的温度下，它对接触的材料也具有极强的腐蚀性，从而在机械部件上制造了挑战[102]。由于触变成形的加工性质，耐热和耐腐蚀的挑战特别难以克服。

◆ 参考文献 ◆

1. S. Nafisi, R. Ghomashchi, Semi-solid metal processing routes: an overview. J. Canad. Metall. Quart. **44**(3), 289–303 (2005)
2. D.H. Kirkwood, Semi-solid metal processing. Int. Mater. Rev. **39**(5), 173–189 (1994)
3. M.C. Flemings, Behavior of metal alloys in the semi-solid state. Metal. Trans. A **22A**, 952–981 (1991)
4. M.C. Flemings, *Solidification Processing* (McGraw-Hill, New York, 1974)
5. R.D. Doherty, H.I. Lee, E.A. Feest, Microstructure of stir-cast metals. Mater. Sci. Eng. **A65**, 181–189 (1984)
6. A. Hellawell, Grain evolution in conventional and rheo-castings. in *4th International Conference on Semi-Solid Processing of Alloys and Composites* (Sheffield, England, 1996), 60–65
7. R. Elliot, *Eutectic Solidification Process* (Butterworth, London, 1983)
8. B. Chalmers, *Principles of Solidification* (Wiley, New York, 1964)
9. M.C. Flemings, R.G. Riek, K.P. Young, Rheocasting. Mater. Sci. Eng. **25**, 103–117 (1976)
10. S. Ji, Z. Fan, M.J. Bevis, Semi solid processing of engineering alloys by a twin screw rheomoulding process. Mater. Sci. Eng. **A229**, 210–217 (2001)
11. F. Asuke, Rheocasting method and apparatus, U.S. Patent 5865240, 2 Feb 1999

12. Y. Uetani, H. Takagi, K. Matsuda, S. Ikeno, Semi-continuous casting of mechanically stirred A2014 and A390 aluminum alloy billets. in *Light Metals 2001 Conference* (Toronto), 509–520

13. P.R. Prasad, S. Ray, L. Gaindhar, M.L. Kapoor, Relation between processing, microstructure and mechanical properties of rheocast Al-Cu alloys. J. Mater. Sci. **23**, 823–829 (1988)

14. K. Ichikawa, Y. Kinoshita, Stirring condition and grain refinement in Al-Cu alloys by rheocasting. J. I. M. Trans. **28**(2), 135–144 (1987)

15. M. Hirai, K. Takebayashi, Y. Yoshikawa, R. Yamaguchi, Apparent viscosity of Al-10% Cu semi solid alloys. ISIJ Inter. **33**(3), 405–412 (1993)

16. H.I. Lee, R.D. Doherty, E.A. Feest, J.M. Titchmarsh, Structure and segregation of stir-cast aluminum alloys. in *Proceedings of International Conference of Solidification* (Warwick, 1983), 119–125

17. Z. Fan, Semisolid metal processing. Int. Mater. Rev. **47**(2), 49–85 (2002)

18. A. Figueredo, *Science and Technology of Semi-Solid Metal Processing* (North American Die Casting Association, Rosemont, 2001)

19. C.S. Rice, P.F. Mendez, Slurry based semi-solid diecasting. Adv. Mater. Process. **159**(10), 49–53 (2001)

20. S.B. Brown, P.F. Mendez, C.S. Rice, Apparatus and method for integrated semi-solid material production and casting, U.S. Patent 5881796, 16 Mar 1999

21. Private communications with Jayesh Patel, Zyomax Ltd, UK (2016)

22. K.P. Young, D.E. Tyler, H.P. Cheskis, W.G. Watson, Process and apparatus for continuous slurry casting, U.S. Patent 4482012, 13 Nov 1984

23. K.P. Young, C.P. Kyonka, F. Courtois, Fine grained metal composition, U.S. Patent 4415374, 15 Nov 1983

24. L.G. Kun, *Continuous Casting; The Application of Electromagnetic Stirring (EMS) in the Continuous Casting of Steel*, vol. 3 (Iron & Steel Society, Warrendale, 1984)

25. M.P. Kenney, J.A. Courtois, R.D. Evans, G.M. Farrior, C.P. Kyonka, A.A. Koch, K.P. Young, *Semisolid Metal Casting and Forging, Metal Handbook, Vol. 15, "Casting"* (ASM Publication, Des Plaines, 2002) (Copyright 2002)

26. F. Niedermaier, J. Langgartner, G. Hirt, I. Niedick, Horizontal continuous casting of SSM billets. in *Fifth International Conference on Semi-Solid Processing of Alloys and Composites* (Golden, 1998), 407–414

27. T.W. Kim, C.G. Kang, S.S. Kang, Rheology forming process of cast aluminum alloys with electromagnetic applications. in *Ninth International Conference on Semi-Solid Processing of Alloys and Composites* (Busan, Korea, 2006) (published in Solid State Phenomena, vol. 116–117, 2006, 445–448)

28. S. Nafisi, D. Emadi, M. Shehata, R. Ghomashchi, A. Charette, Semi-solid processing of Al-Si alloys: effect of stirring on iron-based intermetallics. in *Eighth International Conference on Semi-Solid Processing of Alloys and Composites* (Limassol, Cyprus, 2004)

29. S. Nafisi, R. Ghomashchi, D. Emadi, M. Shehata, *Effects of Stirring on the Silicon Morphological Evolution in Hypoeutectic Al-Si Alloys, Light Metals 2005*, (TMS Publication), 1111–1116

30. M. Adachi, H. Sasaki, Y. Harada, Methods and apparatus for shaping semisolid metals, UBE Industries, European Patent EP 0 745 694 A1, 4 Dec 1996

31. D. Liu, H.V. Atkinson, P. Kapranos, W. Jiratticharoean, H. Jones, Microstructural evolution and tensile mechanical properties of thixoformed high performance aluminium alloys. Mater. Sci. Eng. **A361**, 213–224 (2003)

32. Y. Uetani, R. Nagata, H. Takagi, K. Matsuda, S. Ikeno, Simple manufacturing method for A7075 aluminum alloy slurry with fine granules and application to rheo-extrusion. in *Ninth International Conference on Semi-Solid Processing of Alloys and Composites* (Busan, Korea, 2006) (published in Solid State Phenomena, vol. 116–117, 2006, 746–749)

33. T. Grimmig, A. Ovcharov, C. Afrath, M. Bunck, A. Buhrig-Polaczek, Potential of the rheocasting process demonstrated on different aluminum based alloy systems. in *Ninth International Conference on Semi-Solid Processing of Alloys and Composites* (Busan, Korea, 2006) (published in Solid State Phenomena, vol. 116–117, 2006, 484–488)

34. H. Guo, X. Yang, Continuous fabrication of sound semi solid slurry for rheoforming. in *Ninth International Conference on Semi-Solid Processing of Alloys and Composites* (Busan, Korea, 2006) (published in Solid State Phenomena, vol. 116–117, 2006, 425–428)

35. S. Saffari, F. Akhlaghi, New semisolid casting of an Al-25wt% Mg2Si composite using vibrating cooling slope. in *13th International Conference on Semi-Solid Processing of Alloys and Composites* (Muscat, Oman, 2014) (published in Solid State Phenomena, vol. 217–218, 2015, 389–396)

36. T. Haga, H. Inui, H. Watari, S. Kumai, Semisolid roll casting of aluminum alloy strip and its properties. in *Ninth International Conference on Semi-Solid Processing of Alloys and Composites* (Busan, Korea, 2006) (published in Solid State Phenomena, vol. 116–117, 2006, 379–382)

37. T. Motegi, F. Tanabe, New semi solid casting of copper alloys using an inclined cooling plate. in *Eighth International Conference on Semi-Solid Processing of Alloys and Composites* (Limassol, Cyprus, 2004)

38. M. Findon, A. de Figueredo, D. Apelian, M.M. Makhlouf, Melt mixing approaches for the formation of thixotropic semisolid metal structure. in *Seventh International Conference on Semi-Solid Processing of Alloys and Composites* (Tsukuba, Japan, 2002), 557–562

39. D. Saha, D. Apelian, R. Dasgupta, SSM processing of hypereutectic Al-Si alloy via diffusion solidification. in *Seventh International Conference on Semi-Solid Processing of Alloys and Composites* (Tsukuba, Japan, 2002), 323–328

40. Q.Y. Pan, M. Findon, D. Apelian, The continuous rheoconversion process CRP a novel SSM approach. in *Eighth International Conference on Semi-Solid Processing of Alloys and Composites* (Limassol, Cyprus, 2004)

41. Q.Y. Pan, S. Wiesner, D. Apelian, Application of the continuous rheoconversion process (CRP) to low temperature HPDC-part 1: microstructure. in *Ninth International Conference on Semi-Solid Processing of Alloys and Composites* (Busan, Korea, 2006) (published in Solid State Phenomena, vol. 116–117, 2006, 402–405)

42. R. Martinez, A. Figueredo, J.A. Yurko, M.C. Flemings, Efficient formation of structures suitable for semi-solid forming. in *Transactions of the 21st International Die Casting Congress* (2001), 47–54

43. M.C. Flemings, R. Martinez, A. Figueredo, J.A. Yurko, Metal alloy compositions and process, U.S. Patent 6645323, 11 Nov 2003

44. J.A. Yurko, R.A. Martinez, M.C. Flemings, Commercial development of the semi-solid rheocasting (SSR). in *Transactions of the International Die Casting Congress* (2003), 379–384

45. J.A. Yurko, R.A. Martinez, M.C. Flemings, SSR™: the spheroidal growth route to semi-solid forming. in *Eighth International Conference on Semi-Solid Processing of Alloys and Composites* (Limassol, Cyprus, 2004)

46. J. Wannasin, R.A. Martinez, M.C. Flemings, Grain refinement of an aluminum alloy by introducing gas bubble during solidification. Scripta Mater. **55**, 115–118 (2006)

47. J. Wannasin, S. Janudom, T. Rattanochaikul, R. Canyook, R. Burapa, T. Chucheep, S. Thanabumrungkul, Research and development of the gas induced semi solid process for industrial applications. in *11th International Conference on Semi-Solid Processing of Alloys and Composites* (Beijing, China, 2010), 544–548

48. R. Burapa, S. Janudom, T. Chucheep, J. Wannasin, Effects of primary phase morphology on the mechanical properties of an Al-Si-Mg-Fe alloy in a semi solid slurry casting process. in *11th International Conference on Semi-Solid Processing of Alloys and Composites* (Beijing, China, 2010), 253–257

49. J. Wannasin, Applications of semi-solid slurry casting using the gas induced semi-solid technique. in *12th International Conference on Semi-Solid Processing of Alloys and Composites* (Cape Town, South Africa, 2012) (published in Solid State Phenomena, vol. 192–193, 2013, 28–35)

50. Z. Chen, L. Li, R. Zhou, Y. Jiang, R. Zhou, Study on refining of primary Si in semi-solid Al-25%Si alloy slurry prepared by rotating rod induced nucleation. in *13th International Conference on Semi-Solid Processing of Alloys and Composites* (Muscat, Oman, 2014)

(published in Solid State Phenomena, vol. 217–218, 2015, 253–258)

51. M. Payandeh, A.E.W. Jafros, M. Wessén, Solidification sequence and evolution of microstructure during rheocasting of four Al-Si-Mg-Fe alloys with low Si content. Metallur. Mater. Trans. A **47**(3), 1215–1228 (2016)

52. M. Wessén, Rheogjutning av extremt tunnväggiga komponenter, Aluminium Scandinavia (2012), 16–17

53. M. Wessén, H. Cao, The RSF technology: a possible breakthrough for semi-solid casting processes. J. Metallur. Sci. Technol. **25**(2), 22–28 (2007)

54. http://www.rheometal.com

55. V. Abramov, O. Abramov, V. Bulgakov, F. Sommer, Solidification of aluminium alloys under ultrasonic irradiation using water-cooled resonator. Mater. Lett. **37**, 27–34 (1998)

56. V.O. Abramov, O.V. Abramov, B.B. Straumal, W. Gust, Hypereutectic Al–Si based alloys with a thixotropic microstructure produced by ultrasonic treatment. Mater. Design **18**, 323–326 (1997)

57. O.V. Abramov, Action of high intensity ultrasound on solidifying metal. Ultrasonics **25**, 73–82 (1987)

58. X. Jian, H. Xu, T.T. Meek, Q. Han, Effect of power ultrasound on solidification of aluminum A356 alloy. Mater. Lett. **59**, 190–193 (2005)

59. X. Jian, T.T. Meek, Q. Han, Refinement of eutectic silicon phase of aluminum A356 alloy using high intensity ultrasonic vibration. Scr. Mater. **54**, 893–896 (2006)

60. A. Pola, A. Arrighini, R. Roberti, Effect of ultrasounds treatment on alloys for semisolid application. in *10th International Conference on Semi-Solid Processing of Alloys and Composites* (Aachen, Germany, 2008) (published in Solid State Phenomena, vol. 141–143, 2008, 481–486)

61. S. Wu, J. Zhao, L. Zhang, P. An, Y. Mao, Development of non-dendritic microstructure of aluminum alloy in semi-solid state under ultrasonic vibration. in *10th International Conference on Semi-Solid Processing of Alloys and Composites* (Aachen, Germany, 2008) (published in Solid State Phenomena, vol. 141–143, 2008, 451–456)

62. W. Shusen, L. Chong, L. Shulin, S. Meng, Research progress on microstructure evolution of semi-solid aluminum alloy in ultrasonic field and their rheocasting. China Foundry **11**(4), 258–267 (2014)

63. J.P. Gabathuler, K. Buxmann, Process for producing a liquid-solid metal alloy phase for further processing as material in the thixotropic state, U.S. Patent 5186236, 16 Feb 1993

64. R. Shibata, T. Kaneuchi, T. Souda, Y. Iizuka, New semi solid metal casting process. in *4th International Conference on Semi-Solid Processing of Alloys and Composites* (Sheffield, England, 1996), 296–300

65. T. Kaneuchi, R. Shibata, M. Ozawa, Development of new semi-solid metal casting process for automotive suspension parts. in *Seventh International Conference on Semi-Solid Processing of Alloys and Composites* (Tsukuba, Japan, 2002), 145–150

66. R. Shibata, T. Kaneuchi, T. Souda, H. Yamane, Formation of spherical solid phase in die casting shot sleeve without any agitation. in *Fifth International Conference on Semi-Solid Processing of Alloys and Composites* (Golden, 1998), 465–469

67. O. Lashkari, S. Nafisi, R. Ghomashchi, Microstructural characterization of rheo-cast billets prepared by variant pouring temperatures. J. Mater. Sci. Eng. A **441**, 49–59 (2006)

68. H. Wang, Semisolid processing of aluminium alloys, Ph.D. Thesis (The University of Queensland, Australia, 2001)

69. H. Wang, C.J. Davidson, D.H.S. John, Semisolid microstructural evolution of AlSi7Mg alloy during partial remelting. Mater. Sci. Eng. **A368**, 159–167 (2004)

70. H. Wang, D.H.S. John, C.J. Davidson, M.J. Couper, Characterization and shear behavior of semisolid Al-7Si-0.35Mg alloy microstructures. Aluminum Trans. **2**(1), 56–66 (2000)

71. A.K. Dahle, J.E.C. Hutt, Y.C. Lee, D.H. St John, Grain formation in hypoeutectic Al-Si alloys, AFS Trans. (1999)

72. J. Jorstad, D. Apelian, Pressure assisted processes for high integrity aluminium castings-Part 2, Foundry Trade J. (2009), 282–287

73. J.L. Jorstad, M. Thieman, R. Kamm, SLC, the newest and most economical approach to semi-

solid metal (SSM) casting. in *Seventh International Conference on Semi-Solid Processing of Alloys and Composites* (Tsukuba, Japan, 2002), 701–706

74. J.L. Jorstad, M. Thieman, R. Kamm, M. Loughman, T. Woehlke, Sub liquidus casting: process concept and product properties, AFS Trans. 80 (2003), paper 03-162

75. R. Kamm, J.L. Jorstad, Semi-solid molding method, U.S. Patent 6808004, 6 Oct 2004

76. A. Forn, S. Menargues, E. Martin, J.A. Picas, Sub liquidus casting technology for the production of high integrity component. in *10th International Conference on Semi-Solid Processing of Alloys and Composites* (Aachen, Germany, 2008) (published in Solid State Phenomena, vol. 141–143, 2008, 219–224)

77. D. Doutre, G. Hay, P. Wales, Semi-solid concentration processing of metallic alloys, U.S. Patent 6428636, 6 Aug 2002

78. D. Doutre, J. Langlais, S. Roy, The SEED process for semi-solid forming. in *Eighth International Conference on Semi-Solid Processing of Alloys and Composites* (Limassol, Cyprus, 2004)

79. P. Cote, M. Larouche, X.G. Chen, New developments with the SEED technology. in *12th International Conference on Semi-Solid Processing of Alloys and Composites* (Cape Town, South Africa, 2012) (published in Solid State Phenomena, vol. 192–193, 2013, 373–378)

80. J. Langlais, A. Lemieux, The SEED technology for semi-solid processing of aluminum alloys a metallurgical and process overview. in *Ninth International Conference on Semi-Solid Processing of Alloys and Composites* (Busan, Korea, 2006) (published in Solid State Phenomena, vol. 116–117, 2006, 472–477)

81. S. Nafisi, O. Lashkari, R. Ghomashchi, J. Langlais, B. Kulunk, The SEED technology: a new generation in rheocasting. in *CIM-Light Metals Conference* (Calgary, Canada, 2005), 359–371

82. D. Doutre, G. Hay, P. Wales, SEED: a new process for semi solid forming. in *Light Metals Conference* (CIM, Vancouver, Canada, 2003), 293–306

83. H. Atkinson, Alloys for semi-solid processing. in *12th International Conference on Semi-Solid Processing of Alloys and Composites* (Cape Town, South Africa, 2012) (published in Solid State Phenomena, vol. 192–193, 2013, 16–27)

84. D.H. Kirkwood, P. Kapranos, Semi-solid processing of alloys. Met. Mater. **5**, 16–19 (1989)

85. W.R. Loué, M. Suéry, Microstructural evolution during partial remelting of Al-Si7Mg alloys. Mater. Sci. Eng. **A203**, 1–13 (1995)

86. V.M. Segal, Materials processing by simple shear. Mater. Sci. Eng. **A197**, 157–164 (1995)

87. K.N. Campo, C.T.W. Proni, E.J. Zoqui, Influence of the processing route on the microstructure of aluminum alloy A356 for thixoforming. Mater. Charact. **85**, 26–37 (2013)

88. M. Moradia, M.N. Ahmadabadi, B. Poorganjic, B. Heidariana, M.H. Parsaa, T. Furuhara, Recrystallization behavior of ECAPed A356 alloy at semi-solid reheating temperature. Mater. Sci. Eng. **A527**, 4113–4121 (2010)

89. H. Meidani, S. Hosseini Nejad, M.N. Ahmadabadi, A novel process for fabrication of globular structure by equal channel angular pressing and isothermal treatment of semisolid metal. in *10th International Conference on Semi-Solid Processing of Alloys and Composites* (Aachen, Germany, 2008) (published in Solid State Phenomena, vol. 141–143, 2008, 445–450)

90. A. Leatham, A. Ogilvy, P. Chesney, J.V. Wood, Osprey process-production flexibility in material manufacture. Met. Mater. **5**, 140–143 (1989)

91. P. Mathur, D. Apelian, A. Lawley, Analysis of the spray deposition process. Acta Metall. **37** (2), 429–443 (1989)

92. H. Vetters, A. Schulz, K. Schimanski, S. Spangel, V. Uhlenwinkel, K. Bauckhage, Spray forming of cast alloys, an innovative alternative. in *Proceedings of the 65th world foundry Congress* (2002), 1089–1096

93. G. Wan, T. Witulski, G. Hirt, Thixoforming of Al alloys using modified chemical grain refinement for billet production. La Metallurgia Italiana **86**, 29–36 (1994)

94. J.P. Gabathuler, D. Barras, Y. Krahenbuhl, Evaluation of various processes for the production of billet with thixotropic properties. in *Second International Conference on Semi-Solid Processing of Alloys and Composites* (MIT, Cambridge, 1992), 33–46

95. G. Wan, P.R. Sahm, Particle growth by coalescence and Ostwald ripening in rheocasting of

Pb-Sn. Acta Metall. Mater. **38**(11), 2367–2373 (1990)

96. H.P. Mertens, R. Kopp, T. Bremer, D. Neudenberger, G. Hirt, T. Witulski, P. Ward, D.H. Kirkwood, Comparison of different feedstock materials for thixocasting, EUROMAT 97. in *Proceedings of the 5th European Conference on Advanced Materials and Processes and Applications* (1997), 439–444

97. D. Apelian, Semi-solid processing routes and microstructure evolution. in *Seventh International Conference on Semi-Solid Processing of Alloys and Composites* (Tsukuba, Japan, 2002), 25–30

98. Q.Y. Pan, M. Arsenault, D. Apelian, M.M. Makhlouf, SSM processing of AlB2 grain refined Al-Si alloys. AFS Trans. (2004), Paper 04-053

99. F. Czerwinski, *Magnesium Injection Molding* (Springer, New York, 2008)

100. F. Czerwinski, On the generation of thixotropic structures during melting of Mg-9Al-1Zn alloy. Acta Mater. **50**(12), 3625 (2002)

101. F. Czerwinski, Controlling the ignition and flammability of magnesium for aerospace applications (A review). Corros. Sci. **86**, 1–16 (2014)

102. F. Czerwinski, Corrosion of materials in liquid magnesium alloys and its prevention. in: *Magnesium Alloys—Properties in Solid and Liquid States*, ed. by F. Czerwinski (INTECH, Rijeka, EU, 2014), 131–170

第3章

半固态金属加工过程中的凝固与元素分布

摘要：半固态金属加工过程同样遵循凝固原理。然而，由于强制对流的作用，调节初生相形核、长大及共晶凝固的机理与传统机理略有不同。合金元素分布与扩散层特征受到熔体搅拌过程影响。本章主要讨论了熔体搅拌过程中的形核、长大以及形态演变机理。

3.1 概述

一个合金系的凝固过程是由初生相的形核和长大所决定的。然而，如果处于凝固过程的液相中溶质元素是均匀分布的，长大过程并不会发生。因此，在凝固过程中液相组成是不断变化的，并且最后凝固的液相通常比最开始含有更多的溶质。换句话说，无论在宏观还是微观尺度上，得到的固态结构的化学组成都是不均匀的，这被称为"偏析"。而微观和宏观尺度上的偏析控制，是提高铸件产品质量及其后续服役性能的最具挑战性的研究任务之一。

在分配系数[1]小于 1（$k<1$）的合金体系凝固过程中，溶质原子被凝固中的液相排出，进入到固液相界面，导致溶质在此处的液相中富集。因此，在这样的凝固系统中存在三个明显不同的区域。

- 非均质固相，溶质分布受其浓度梯度和热流影响。
- 固液界面或扩散层，溶质因不断凝固的固相对其的排斥作用而高度富集。
- 液相，由于对流和扩散的作用，溶质倾向于均匀分布。

由凝固过程造成的上述缺点可能会产生一些技术问题，并且降低了制造可靠工程零件的可能性。因此，选择合适的铸造方法和工艺参数对于规避这些缺点是非常重要的。

在大多数半固态金属加工过程中，诱导流体流动（或更通用的术语"强制对流"）是该过程中必不可少的一部分。排除过程工艺影响，流体流动对合金宏观和微观凝固

---

[1] 相界面处固相与液相中溶质的浓度之比定义为"分配系数或分配比"。

组织结构的影响作用已经被广泛研究。这些研究主要关注柱状晶-等轴晶转变和宏观偏析过程。一般认为，流体流动会导致重熔、破碎，并且通常会破坏枝晶的凝固（例如文献 [1-9]）。

除了上述提及的文献，关于强制对流作用下半固态金属加工过程中的组织形态演变的研究并不多。但是，这些研究提出了半固态金属铸造过程中结构演变的三种机理，包括枝晶臂破碎、枝晶臂根部重熔和形核控制机理[10-15]，下面章节进行了讨论。除此之外，下文还将重点以 Al-Si 铸造合金为例，基于实验结果展开深层探讨，详细说明在工程合金的半固态金属加工过程中如何表征微观结构的演变。

3.2　搅拌过程中的凝固

在对合金热裂的研究中，已经确定搅拌条件下的凝固会产生非枝晶结构[16]。Spencer 等人[16]在合金的连续剪切搅拌期间，使用旋转流变仪测量了 Sn15％Pb 合金的黏度，并以此变量来作为固相体积分数的函数。结果表明，未搅拌的熔体在固相分数为 0.2（20％）时开始表现出一定的强度，而搅拌的浆料在固相分数不超过 0.4（40％）之前，表现出类似液体的性质，如图 3.1（a）所示。Joly 和 Mehrabian[17]对同一合金的流变性展开了更详细的研究，结果表明，黏度不仅取决于固相分数，还取决于冷却速率和剪切速率 [图 3.1（b）]。他们的实验证实，增大剪切速率可以在更短的时间内诱导形态转变，并且

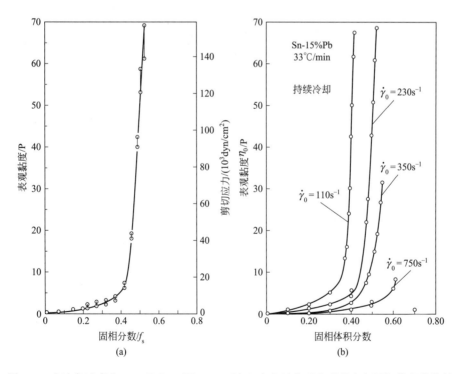

图 3.1　在冷却速率为 0.33℃/min 下，Sn15％Pb 合金的典型表观黏度与固相体积分数的
关系曲线：（a）剪切速率为 200s⁻¹[16]；（b）多种剪切速率下持续搅拌[17]

（注：1P＝10⁻¹Pa·s，1dyn/cm²＝0.1Pa）

能够减少滞留在初晶颗粒间的液相量。缓慢搅拌浆料时黏度值较高，可解释为低搅拌速度下固相颗粒易形成团簇的积累，当剪切速率增大时，这些团簇发生分解导致黏度降低。

Vogel 等人[18]关于 Al-Cu 合金的研究表明，不采用搅拌时，该合金具有常规的树枝状结构，使用机械叶轮搅拌后，转变成蔷薇状颗粒。随着旋转速度增大，合金组织形貌由蔷薇状进一步转变为球状，如图 3.2 所示。另外，还观察到颗粒的最大粒径随着搅拌速率的增大而降低［图 3.2(d)］。

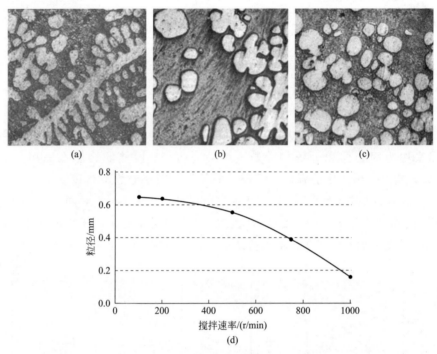

图 3.2　Al 20％Cu 在不同条件下的搅拌铸造组织：（a）没有搅拌，（b）750r/min，
（c）1000r/min，以及（d）Al 24％Cu 铸造搅拌速率与颗粒尺寸的函数关系
（根据文献［18］生成）（经泰勒和弗朗西斯有限公司许可转载）

Vogel 等人[18]采用 Al20％Cu 合金研究了在两种搅拌速率和不搅拌淬火三种条件下，搅拌对初晶形核率的影响。他们发现，与未经搅拌的材料相比，搅拌铸造材料初生颗粒数量和密度明显增加。另一个实验中，在没有搅拌的情况下对合金进行炉冷，并在凝固开始 1min 后立即淬火［图 3.3(a)］。经过组织分析后，将此合金进行重熔，然后在炉冷凝固开始后以 1000r/min 的速率搅拌 1min，然后立即淬火［图 3.3(b)］。结果表明，仔细检查它们的显微照片可以发现搅拌时初晶颗粒数量增加，并且尺寸减小，可见搅拌在某种程度上抑制了生长但增大了形核率。尽管如此，在凝固后的 1min 内搅拌引起初晶形核数量增加这一现象并不是十分显著，这是因为搅拌降低了热和浓度梯度，使得晶核几乎在熔体内的任何地方都能形成。在本章后面将会更详细地阐述这一概念，参见 3.3.1 节。

另外，Vogel 等人[18]还提出了一个模型来解释由 Joly-Mehrabian[17]所报道的初始枝晶破碎和团簇。该模型基于枝晶变形、破碎和晶界重熔。如图 3.4 所示，Das 等人[15]的计算模拟结果表明枝晶的生长形态高度依赖于流体流动的性质。

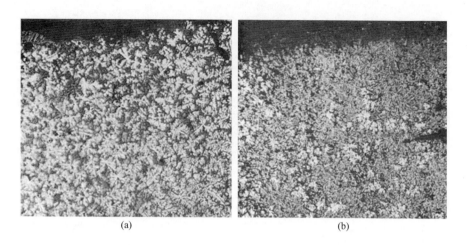

图 3.3　Al20％Cu 缓慢冷却并在凝固开始 1min 后淬火：（a）在没有搅拌的情况下；
（b）同样的材料在淬火前以 1000r/min 速率搅拌（放大倍数 12 倍）[18]
（经泰勒和弗朗西斯有限公司许可转载）

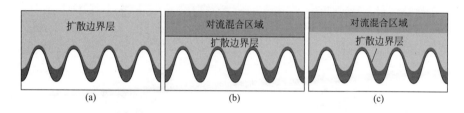

图 3.4　流体流动对扩散层影响的示意图：（a）无流动，溶质靠扩散传输，
无限扩散层；（b）层流，无枝晶间液相流动，有限厚度扩散层；
（c）湍流，枝晶间液体流动，极薄扩散层[15]

在纯扩散流中，即液相中不存在流动，溶质几乎在整个液相中通过扩散作用来进行转移，就好像存在一个无限扩散层，从而得到完全的枝晶结构。在中、低剪切速率下［图 3.4(b)］的层流条件下，在生长颗粒周围存在有限扩散层，颗粒远处的熔体具有均匀性。之前的研究已经表明，强制对流的介入会导致固液界面的不稳定，并且会促进固定基底上枝晶的生长[15]。Das 等的结果[15]与 Vogel 等[14]的理论稳定性分析基本一致。但 Das 等提出的模型[15]预测这种扰动作用只在层流条件下存在，且仅适用于基底上固相颗粒的生长（图 3.5）。

Das 等人[15]进一步提出，液相的横向运动可以阻止在固液界面形成任何有效的、因溶质排出导致的浓度梯度。如果 Das 等人针对层流情况的见解正确，那么可以预测由于在界面处存在非常少的过冷组分，初级枝晶的生长是缓慢的。另一方面，由于层流作用较微弱，枝晶间的区域（其生长慢于生长前沿）内被排斥的溶质不能被及时传递，因此具有溶质富集的枝晶间扩散层会促进该局部区域晶体的生长。较慢生长的初级枝晶和较快生长的二级和三级枝晶最终导致了类似于蔷薇状或球状形态的粗大初晶。他们的模拟分析预测

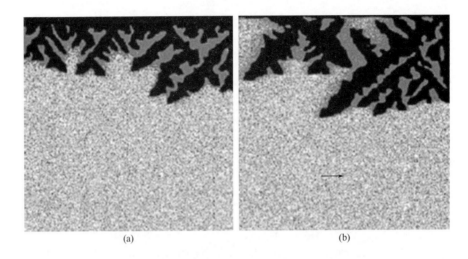

(a)   (b)

图 3.5　流体流动对凝固组织形态的影响（箭头表示流体
流动的方向）：（a）纯扩散流动；（b）强制流动[15]

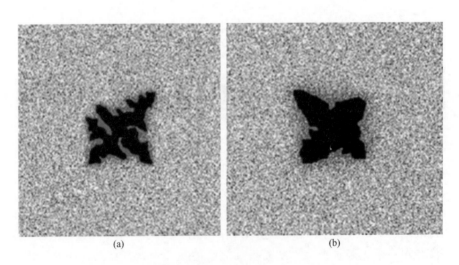

(a)   (b)

图 3.6　在强制对流中搅拌对单个颗粒的影响：（a）扩散；
（b）颗粒旋转，允许三个晶格间距的原子运动[15]

了层流下的蔷薇状枝晶生长。在层流中旋转的孤立颗粒周期性地稳定与不稳定，促进了粗化效应，由此形成了花状形态。图 3.6 显示了在层流中，颗粒旋转下形成的凝固结构。

在高剪切速率下，流动特征变为湍流并且液相可流入到枝晶间区域［图 3.4(c)］。溶剂能够到达枝晶间区域，被排出的溶质可被快速传递出去，促进了组分均匀化并排除了任何可能的组分过冷现象。通过溶剂的均匀分布，界面处的扰动减少，导致固相沿着大致平坦的固液界面生长。这个理论也可以解释为什么通常在高剪切速率下，从凝固开始就可以观察到球形颗粒。

Das 等人[15]从扩散、层流和湍流流动的凝固模拟中获得了晶粒的生长数据，并提出了凝固原子数量与时间的函数关系，如图 3.7 所示。某一点的斜率表示该时刻下的平均增长率。显然，在纯湍流条件下，初始生长速率较高，但是在此之后，与纯扩散或层流相比，生长趋于迟缓。

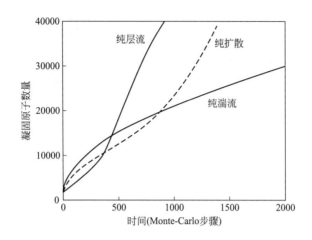

图 3.7　在不同的流体流动条件下凝固原子数量与时间的函数关系[15]

　　总之，强烈的剪切可以使整个液相更加均匀，并且在凝固之前整体过冷。因此，在整个熔体内可瞬间形核，并且晶核的存活概率很高[15]。半固态金属加工过程中，在湍流（高剪切速率）条件下颗粒初始生长速率较高，之后，由于生长速率明显放缓导致形成更细小的初晶颗粒。

3.2.1　搅拌过程中的形态演变

　　有关强制对流条件下的形态演变，有多种机理被提出，包括枝晶臂破碎[10,14,18]、枝晶臂根部重熔[1,12,19,20] 和形核控制机理[6,13]，本节将进一步讨论。

3.2.1.1　枝晶臂破碎

　　Spencer 等人[16] 提供了最初的枝晶臂破碎证据。他们在熔体部分凝固后再剪切搅拌，由于剪切力的作用，枝晶臂从根部机械断裂。Vogel 和 Cantor[14] 提出了一个模型来研究在热或溶质流动作用下，搅拌对熔体中颗粒凝固的影响。数值分析验证了搅拌会使凝固界面不稳定，并导致相对稳定的临界半径减小。Doherty 和 Vogel[10,18] 提出了一种用于解释晶粒增殖的枝晶臂破碎机理，如图 3.8 所示[10]。他们提出，枝晶臂在熔体搅拌产生的剪切力作用下发生塑性弯曲。塑性弯曲以"几何必需位错"的形式向枝晶臂中引入了大量取向差。这种位错如果随机分布将具有高弹性能量，这种高能量通过位错迁移形成晶界而减少。具有超过 20°取向差的晶界拥有明显大于固液界面能两倍的能量（$\gamma_{gb} > 2\gamma_{SL}$，其中 γ_{gb} 和 γ_{SL} 分别为晶界能和固液界面能）。这种高能量晶界一旦形成，则 γ_{gb} 会使晶界被薄层液相所代替，因此枝晶将沿着先前的晶界断裂[10]。

　　作者采用电磁搅拌 Al 7％ Si 合金实验验证了上述概念[21]。使用电子背散射衍射（EBSD）分析经搅拌和未经搅拌的铸坯表明，搅拌会在单个固体颗粒内产生更多的局部

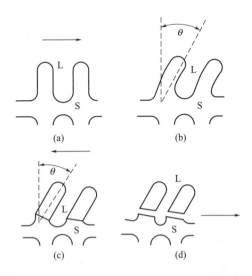

图 3.8　枝晶臂破碎机理[10]：（a）未变形的枝晶；
（b）弯曲后；（c）晶格重组产生晶界；（d）通过液态金属润湿晶界而破碎

位错。这是半固态金属浆料制备过程中塑性变形的一个指标，它在触变成形过程中起着关键作用，其中触变成形的再加热时间主要取决于晶界的类型和数量（详见 5.4.1 节）。

3.2.1.2　枝晶臂根部重熔

　　Jackson 等人[19]通过添加和不添加荧光素杂质的环己醇固化形貌来研究枝晶，认为合金中的枝晶不同于纯金属相中的枝晶。在相对纯净的材料中，枝晶主干及其枝晶臂的直径相似，而随着杂质含量的增加，枝晶尖端的半径变得远小于主干。图 3.9(a) 显示了大枝晶臂通过窄颈连接到枝晶主干上。保持在恒定的温度下，以一定的时间间隔对样品拍照，结果显示出大量的二级、三级枝晶臂已出现脱落。这种脱落被认为是由于枝晶的重熔造成的，这个现象可能是由于整个系统的再辉或由于对流混合、搅拌造

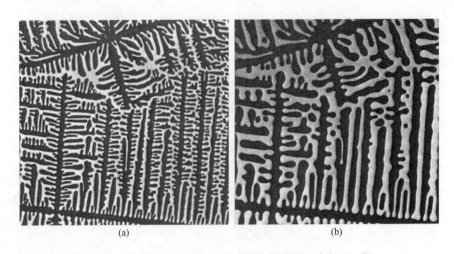

图 3.9　添加的荧光素在环己醇中的枝晶形貌（放大 150 倍）：
（a）枝晶刚刚形成时；（b）枝晶生长 20min 后[19]

成波动引起的局部再辉（再辉解释为生长速率的变化）造成的。还有研究认为二级或三级枝晶臂从其根部脱落可能是由于溶质的富集和凝固过程中的热-溶质对流[1,12]。Campanella等人[22]用示意图描述了枝晶根部重熔。通过一个简明的二元相图可以看出，局部重熔可以通过两种不同的机理来实现［图3.10(a)］。通过升高温度（路径1）或增大平均浓度（路径2），则固相分数减少。第一种假设相当于温度较高的液相流入到两相区。第二种相当于液相从两相区中流出，进入由于枝晶尖端生长方向上的偏析而富含溶质的熔体。由于这种热流动比溶质扩散快得多，因此再次加热是主要的破碎机理［如图3.10(b)］。

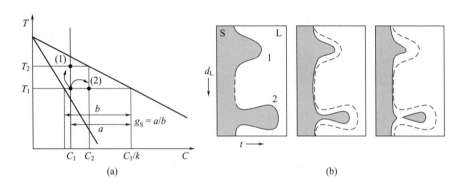

图 3.10 （a）使用二元相图解释枝晶臂重熔的原理（由杠杆定律给出固相分数为 a/b）；（b）根部重熔机理[22]

在二级和三级枝晶臂脱离的同时，也可发生枝晶臂粗化。枝晶臂粗化是一种由表面张力驱动的现象，已被验证采用下列两种方式之一[20]：

• 较小的枝晶臂重新熔化沉积到较大枝晶臂上，使现存枝晶臂总数减少，这导致了二次枝晶臂间距的增大（称为熟化）。

• 由于材料优先沉积在固液界面的负曲率较大区域，使二级枝晶臂聚结到一起，最终形成较大的实体（称为聚结）。

这个过程的驱动力为整个固液界面面积减小，即界面能减小。

为了解释晶体增殖，Hellawell[12]认为搅拌铸造过程中微结构的细化可能是由温度波动引起的，而不是纯粹地由于机械式相互作用。他指出，在接近熔点时，固相完全是塑性的，枝晶可以根据搅拌强度的大小而弹性或塑性地弯曲，但不会断裂，因此枝晶臂的分离应该是由于局部重熔现象产生的。

Limodin等人[23]开发了一种实验装置，利用同步辐射快速X射线微断层摄影技术，研究了在3K/min的恒定冷却速率下Al10％Cu的显观组织演变。通过对枝晶的三维观察，对凝固过程中枝晶形态的演变有了进一步的认识，见图3.11。在图3.11所示枝晶的左侧，相邻臂（1～5）之间的根部逐渐被固相充满，相邻臂的尖端逐渐生长，直到彼此接触并结合为止。正如Chen等人[24]描述的聚结机理和Mortensen[20]恒温控制过程中的粗化机理。另一个现象是臂10、12和15从尖端向根部的溶解，以利于较大的相邻臂生长，即重熔机理。

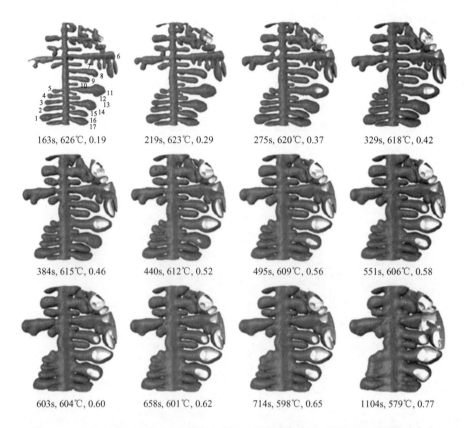

图 3.11　Al 10％Cu 合金在不同凝固时间下的同步辐射 X 射线原位枝晶形貌[23]

3.2.1.3　形核控制机理

这是一种爆发式形核机理[6]，即起源于模具表面（较冷区）的微晶脱离并漂浮或被对流作用传送到铸件中心，在凝固时充当形核点。换句话说，在强制对流下的连续冷却过程中，在整个熔体内异相形核同时发生。

无明显再辉情况下，也可能会发生连续形核。剧烈搅拌阻止了枝晶演变所必需的稳定扩散场的建立。由于周期性通过不同的温度区域，存在多重形核方式。最终，凝固后获得期待的平滑圆形组织。

Jackson 等人[19]通过显微观察表明，由于波动作用，熔体中通过枝晶臂重熔产生许多相互孤立的固态晶粒，通过对流，导致液相中存在大量新鲜晶核。也有报道[13]认为，与常规凝固相比，实际形核率可能并没有增大，但是由于存在均匀的温度场，所有形成的晶核都得以存活，从而增大了有效形核率。另外，强烈的混合作用可以分散凝聚成簇的潜在形核质点，增加了潜在形核点的数量。然而，层流对于均匀化温度和组分以及分散潜在的形核质点的作用不太有效。

以下章节重点介绍了标准工艺下搅拌对 356 铝硅合金的溶质再分配和凝固方式的影响作用及其表征方法，并尝试提出假说，来进一步阐明半固态金属加工过程中的组织结构演变。

3.3　半固态金属铸造过程中凝固和元素分布研究实验方法

为了研究搅拌的效果，需在搅拌和未搅拌条件下同时进行测试来加以对比。采用旋转熔平衡（SEED）工艺（详见第 2 章）进行搅拌，通过设定不同的角速度（1.5～2.5Hz）改变搅拌速度，获得 Al-Si 合金的半固体结构，见表 3.1（浇注温度为 645℃）。下文中将非旋转、非排出得到的金属坯料称为"常规铸造"，将非旋转、排出得到的金属坯料称为"半常规铸造"。使用附带波谱仪（WDS）的 JEOL JXA8900L 电子探针对 α-Al 初晶颗粒进行点分析，来测试其化学组成变化。使用 Al、Si、Mg 和 Ti 等不同标样来进行校准。校准后，将标样记为未知样品再进行分析，当校准结果为（100±1）% 时，即可进行试验。初步试验后获得最佳操作条件为加速电压 10kV、束流 20nA、电子束探针尺寸 1μm 以及峰值计数时间 20s。为得到最精确的定量结果，先对抛光和未腐蚀的金相样品进行分析，来提高定量分析结果的精确度。为具有更高的导电性，所有样品都喷上一层薄碳。对具有约 100μm 直径、尺寸大致相似的 α-Al 初晶球进行波谱分析。每条线扫描的起点和终点都设置在共晶区域，因此在通过 α-Al 颗粒时，可以观察到化学成分的突变[25]。

表 3.1　356 熔体的化学组成分析　　　单位:%（质量分数）

样品	工艺	浇注温度 /℃	淬火温度 /℃	Si/%	Mg/%	Fe/%	Mn/%	Ti/%	Al
A1	常规铸造	645	594	7.14	0.38	0.04	0.0027	0.0057	余量
A2	旋转熔平衡		594	7.18	0.39	0.04	0.0028	0.0058	余量
B1	旋转熔平衡		593	6.9	0.32	0.08	0.001	0.124	余量
B2	半常规铸造		593	6.91	0.32	0.08	0.001	0.124	余量

3.3.1　搅拌过程中的凝固

3.3.1.1　搅拌铸造形核

作为引发 α-Al 初晶的主要机理，形核（非均质）通常发生在异质颗粒上，例如精炼剂、杂质、氧化物，特别是模具壁——为了减小湍流，熔融合金常被倾倒在模具壁上。由于有效的搅拌，从模具表面生长出的柱状枝晶会破碎，并且在强制对流下，破碎的片段会被输送到熔体中。由溶质的富集和热量-溶质对流引起的枝晶臂根部重熔机理也会引发枝晶臂的分离[1,12,20]。

异质形核需要重点考虑形核质点尺寸和扩散层厚度。根据 Hellawell 的假说[12]，核的临界尺寸远低于运动颗粒周围扩散层的厚度。在搅拌作用下，这些被薄扩散层包围的颗粒随之流动，改变了凝固过程中的再辉特点，导致局部温度的连续波动，如图 3.12(a) 所示。图 3.12(b) 显示了经搅拌和未经搅拌下样品铸造的典型冷却曲线，结果明显支持上述假说。如图所示，证明基于连续形核的 Hellawell 假说是合理的。在此，作者想补充的是，在搅拌作用下，初晶颗粒的形核不仅是连续的，而且伴随着搅拌，形核温度升高。如图 3.12(b) 中箭头所示，强制对流导致形核温度至少升高了 6℃。对合金元素分布情况而言这个数值是相当重要的，因为升高凝固起始温度，液相线会上移，这会导致合金成分

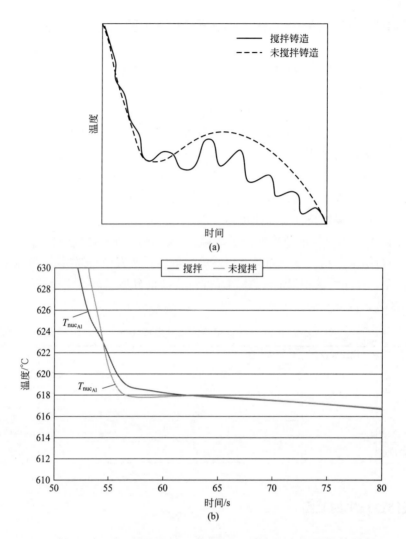

图 3.12 （a）搅拌和未搅拌熔体的冷却曲线示意图[12]；
（b）连续搅拌的特征实验结果，在 690℃下倾注（箭头所指为两种情况下的形核温度）[25]

的变化，其机理将在稍后解释。有趣的是，并没有关于存在再辉现象的记录，这被认为与搅拌改善传热有关。因此，更大的形核温度范围意味着在特定时间内产生更多的晶核，即大量形核，导致形成一个更为细化的组织。

如图 3.13 所示的经搅拌和未经搅拌样品的典型冷却曲线证明了传热的改善。在完全相同的条件下，使用搅拌，总的凝固时间减少，这是由于模具和熔融金属之间具有较少空隙，从而存在更好的接触，导致熔体内部的传热更快，加之热均匀化分布，其冷却速率更高。

Jackson 等人[19]通过显微观察发现，熔体中通过枝晶臂重熔产生许多相互孤立的初晶颗粒，同样由于搅拌产生的对流作用，导致整个液相中存在大量的晶核。另外，Fan[13]提出了多连续形核概念作为另一种非枝晶凝固机理，称为"生长控制机理"。据报道，与常规凝固相比，实际形核率并不会增加；然而，由于温度场是均匀的，使大部分晶

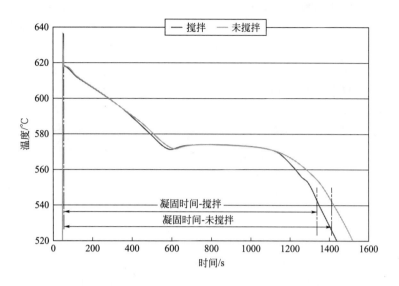

图 3.13　未搅拌样品和搅拌样品冷却曲线的比较

核得以保存，因而提高了有效形核率。另外，在强烈搅拌混合的情况下，潜在形核剂团簇被分散开，使潜在形核位点的数量增加。

3.3.1.2　搅拌铸造生长

在自然对流（不搅动熔体）的情况下，液相中的溶质分布仅由扩散场决定，并且形核点枝晶生长呈柱状或等轴状形态。在强制对流（搅拌熔体）的情况下，溶质的分布更均匀。通过搅拌，由于热量-溶质平均化的作用（图 3.14），存在于初晶颗粒周围的扩散层的厚度减小，且定向热流不再是主导因素。柱状晶粒的生长逐渐消失，生长形态变得更平滑、对称。在扩散层之外，溶质浓度仅受对流场的影响。而且，剧烈的搅拌导致温热的液体刮掉柱状枝晶的尖端，促进了其等轴结构的形成，最终会在进一步的搅拌下形成所谓的球形颗粒。此外，由于剧烈的搅动，不能形成稳定的扩散场，因此各个方向上的生长都会比较缓慢，即形成细化的圆形结构。

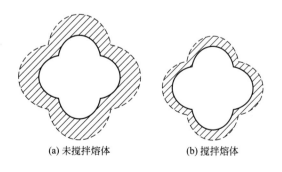

(a) 未搅拌熔体　　　　　　(b) 搅拌熔体

图 3.14　不同厚度的扩散层示意图[25]

根据 Griffiths 等人[26]所述，使用电磁搅拌（EMS），可以通过增大熔体的流速及增加 Al-Si 合金中硅的含量来促进柱状晶向等轴晶转变。随着熔体流速的增大，熔体与固相

铝合金半固态加工技术

前沿相互作用产生的碎片数量会增加。另一方面，由于搅拌降低了过热，破碎的枝晶更稳定，存活和生长的概率更大。图 3.15 显示了使用不同电磁搅拌电流得到的铸锭等轴区域百分比。例如，在一系列 Al8.5％Si 的实验中，没有施加搅拌的铸锭中等轴区面积为31％，而在施加最大电流为 5A 的电磁搅拌条件下，等轴区增加到88％。而且，施加电磁搅拌后等轴晶粒的尺寸也减小[25]。

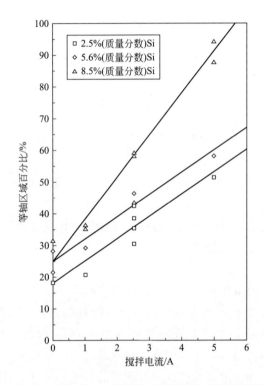

图 3.15　不同成分 AlSi 合金等轴区域范围随电磁搅拌电流的变化关系（Al8.5Si)[26]

3.3.2　合金分布

图 3.16(a) 和图 3.17(a) 是经微探针烧蚀后的 α-Al 颗粒二次电子像。箭头显示扫描方向，点是电子束作用区域。根据线长度选择点分析间隔约为 5～10μm。图 3.16(b) 和图 3.17(b) 所示分别为在无搅拌和有搅拌情况下，不同钛含量的 A356 样品典型线扫描结果（需注意的是，在此使用偏振光显微镜选择的单个颗粒用于微探针分析）。

通过合金元素含量的减少或增加，可以轻易判断晶粒或晶界。铝元素含量的变化取决于分析点的位置，在探针穿过硅片时，硅的含量增加，铝的含量减少，以此来判定晶界。铝含量的减少程度主要受位置的影响：电子束是恰好完全打到硅上或部分打到。硅的百分比含量同样受到上述因素的影响。对于镁，曲线波动方式类似于铝、硅。在共晶区域中，镁的线扫描结果与硅的类似，数值较高。对于钛元素，可以观察到有相反的趋势。如图3.17(b) 所示，钛含量变化存在一个峰值，周围为贫钛区。关于钛的分析结果与 Easton[27]和 Setiukov[28]等人观察到的结果相符。

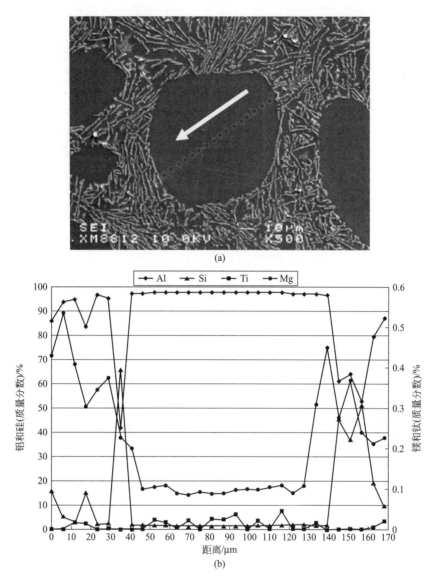

图 3.16　非搅拌条件下不含 Ti 的 A356：(a) 二次电子图像（SE）；
(b) 微探针点扫描分析结果，扫描方向如箭头所示（样品 A1)[25]

硅、镁或铁在 α-Al 中的溶解度变化导致这些元素的含量从 α-Al 边缘到中心逐渐递减，以图 3.18(a) 中所示的 Al-Si 合金相图为例。根据该二元相图，在液相线正下方先形成的固溶体初晶比后续的固溶体层纯度更高。换言之，合金元素在 α-Al 初晶颗粒中的溶解度随着温度的降低而增大，例如对于硅元素，其含量在共晶温度下达到 1.65％（质量分数）[图 3.18(a)]。对于钛元素，情况不同，先析出的 α-Al 中心位置固溶体比后续形成的固溶体含有更多的钛，这归因于以下原因：

- 包晶反应的分配系数 $k>1$，这意味着随着温度降低钛含量降低，因此首先析出固溶体颗粒中心的钛含量更高。

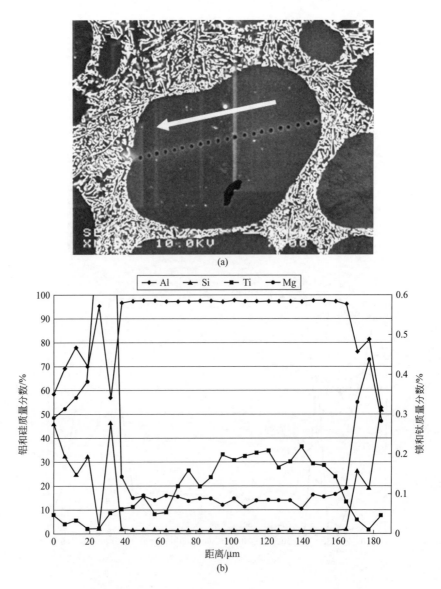

图 3.17　搅拌条件下不同钛含量的 356 样品：(a) 二次电子图像（SE）；
(b) 微探针点扫描分析结果，扫描方向如箭头所示（样品 B1）[25]

- 由于钛元素可以形成 Al$_3$Ti 或 TiB$_2$ 等化合物，如图 3.18(b) 所示，能够为 α-Al 初晶颗粒提供形核点，详见第 6 章。

同样值得注意的是，最大的 Ti 浓度不可能完全位于 α-Al 球的中心。由于样品切片的角度不同导致浓度峰值一般向左或向右偏移，因此检测到浓度峰值位于颗粒的中心通常是个小概率事件。为了识别偏析情况，使用 KMnO$_4$ 和 NaOH 对样品进行蚀刻，并且通过使用偏振光和敏感滤色器来增强颜色效果。图 3.19(a) 显示了 α-Al 初晶颗粒的更可能出现形状，表明晶核在颗粒右侧形成。图 3.19(b) 显示了铸态的半固态金属坯料中实际偏析的显微照片。显然，由固化层包围的晶核在 α-Al 初晶内的任意位置都可能形成。

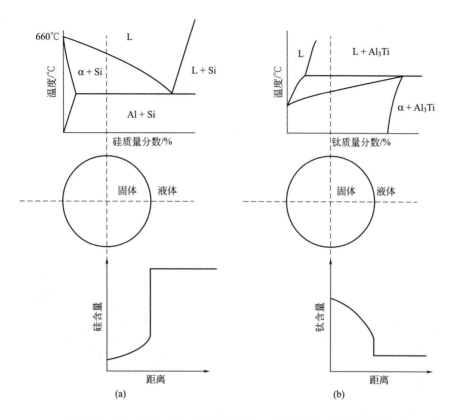

图 3.18　(a) Al-Si、(b) Al-Ti 系统的二元相图及 α-Al 初晶颗粒
化学成分的变化（假设在液相中完全扩散并混合）[29]

　　图 3.20 和图 3.21 显示了两种不同硅浓度的合金在搅拌和未搅拌条件下硅元素的分布（选择硅是因为其具有较高的极限溶解度，在溶解度曲线上能够更好地进行区分）。需提醒的是，在二元 Al-Si 相图中，共晶温度下硅在 α-Al 初晶中的最大溶解度为 1.65%。然而，合金元素组成和冷却速率不同，最大溶解度可能会随之变化，也就是说，硅在三元或多元合金系统中溶解度可能较低。

　　溶质堆积是合金体系的特征。溶质原子形成一个成分不同于固相和液相的扩散层。根据分配系数 $k<1$ 的二元相图，先析出的固相溶质含量总是比液相低，溶质被排出到液相中。随着温度的降低，随之析出的固相层溶质含量比之前析出的固相层稍高。随着这一过程的进行，液相中溶质逐渐富集，凝固会在更低的温度发生。然而，由于固相中几乎不存在扩散，所以互相对立的固相层中原始组成不变。因此，溶质在固相中的平均含量总是低于固液界面处的含量。这一结论可以在图 3.20 和图 3.21 中看出。这些图显示了在 α-Al 颗粒中 Si 的百分含量，并且可以很清楚地看出，先析出的 Al 颗粒中心位置溶质含量总是比其他位置低。此外，在 α-Al 初晶颗粒上的任意点处，搅拌和不搅拌得到的 Si 浓度是不同的。需要注意的是，用于收集线扫描结果的样品，都是在相同温度下浇注和淬火的，并且具有几乎相同的硅含量。

　　为了更好地阐明凝固过程中搅拌的作用，在形核和生长两个独立标题下对此进行了讨

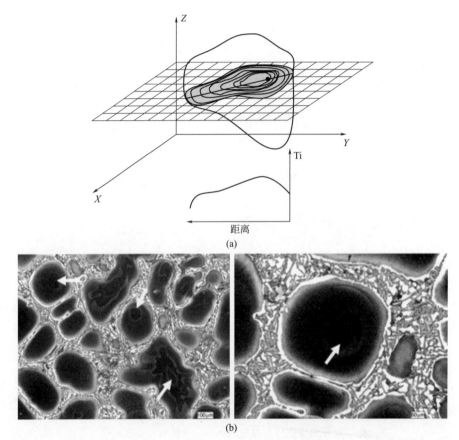

图 3.19 （a）一个 α-Al 颗粒的示意图，展示了抛光面中晶核
位置及钛元素含量的变化；（b）典型光学显微照片，显示了
晶核的位置（箭头显示形核点）[25]

论，以便于更好地理解这一主题。

- 搅拌引起的化学成分变化

与传统的未搅拌样品相比，搅拌铸造凝固过程中的形核始于较高的温度（图 3.12）。因此，根据相图，先析出的固相中溶质含量更低，如含有更少的硅。从图 3.20 和图 3.21 可以清晰地看出经搅拌的样品中硅的含量较低。如果相图没有按照形核温度的路线变化，那么这样的结论是正确的。然而，由于固相线和液相线的运动并不明确，那么这一概念可以用液相流动和扩散层浓度进行描述。正如先前所讨论的那样，所施加的对流降低了凝固前沿处的溶质富集，因此下面形成的固相中溶质浓度低于相图计算结果或未搅拌合金实际结果。

从生长的角度来看，由于较薄扩散层的不稳定性以及流动所产生的"修剪"作用的影响，晶核以球形的方式生长。与传统方法相比，这种较薄的扩散层为晶核提供较慢的生长（初晶相在扩散层的范围内生长）。图 3.22 显示了由搅拌产生的扩散层中溶质分布的示意图。搅拌使扩散层厚度降低，成分过冷的程度也由此降低。由于搅拌的作用，使形核点的组成更纯，合金元素在熔体中变得越来越饱和，于是熔体中形成了一个新的组成，定义为

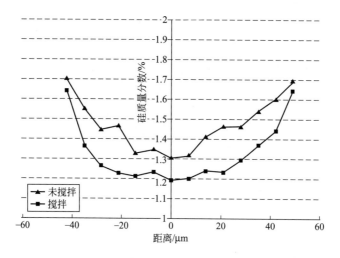

图 3.20　微探针分析搅拌和未搅拌条件（样品 A1 和 A2）下硅元素分布差异[25]

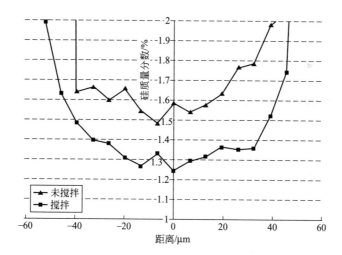

图 3.21　微探针分析搅拌和未搅拌条件（样品 B1 和 B2）下硅元素分布差异[25]

"C'"。Martorano 等人[30]提出了一个新的由柱状晶向等轴晶过渡的机理，并且他们已经证实，如果柱状晶前端的等轴晶粒对溶质的排斥作用足够大，则柱状和等轴状枝晶将停止生长。因此，根据溶质阻塞理论[30]，溶质在剩余液相中的积累可以被认为是阻碍枝晶进一步生长的原因。另一方面，液相具有更多的合金元素，导致剩余的液体具有较低的液相线温度。较低的温度，再加上较薄的扩散层，引起更少的成分过冷，进而导致生长受到阻碍。

Fan 及其同事[15]的另一项研究中称，搅拌中合金的生长概念不同于以往研究，例如 Vogel 和 Cantor[14]所提及的。基于 Monte-Carlo 模拟，他们发现在纯层流下生长会被增强，但是当流体变成纯湍流时，与纯扩散流相比，发现生长逐渐变缓（图 3.7）。与具有更大生长概率的层流相比，在湍流下的生长速率最初是很高的，这是因为湍流对溶剂原子

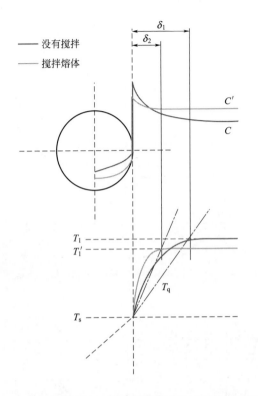

图 3.22　由搅拌产生的扩散层中溶质分布示意图[25]

C_0—初始溶质浓度；C—液相中溶质的平均浓度；C'—搅拌后液相中溶质的平均浓度；

δ—扩散层厚度，搅拌前为 δ_1，搅拌后为 δ_2；T_1—液相线温度；

T_1'—搅拌后的液相线温度；T_s—非平衡固相线温度；T_q—铸造过程中，

热流引起温度梯度所强加的温度（液相内实际温度）

的运输速度更快，但随着凝固过程的推进，生长逐渐变缓[15]。

3.3.3　搅拌过程中的粒径变化

在 Al-Si 亚共晶半固态合金中，共晶硅的形态和大小是影响铸件力学性能的重要参数。此外，坯料杂质的化学性质以及 Fe、Mn、Cu、Zn、Mg、Ti 等合金元素会因为形成金属间相而使微观结构变复杂。例如，铁是 Al-Si 合金中一种最常见可能也最典型的杂质元素，或者用来缓解某种特性例如熔体与模具之间焊合或者说粘模作用，或者仅仅作为一种杂质。铁的加入赋予了两个特性，一方面与 Al 和 Si 形成不同的金属间化合物，其中大部分被认为对成品的力学性能是有害的；另一方面，由于凝固过程中会在模具与铸件之间形成一层薄的金属间化合物，从而减少熔融铝合金与永久模之间的焊合或者说粘模作用[31-33]。

在半固态金属加工过程中，杂质和合金元素被排出到液相中，然后在剪切力和快速冷却作用下固化。因此，无论是从工艺上还是从技术上来说，研究可能的微观结构变化，尤其是硅和铁金属间相以及其他金属间相的演化都非常重要。在本节中，将尝试证明搅拌不仅会产生球状结构，还会改变硅共晶片层和铁金属间针状结构的尺寸。

- 电磁搅拌工艺中过热和搅拌对共晶硅和铁金属间相的影响

（1）砂模

常规铸态合金及电磁搅拌加工后合金的金相显微组织如图 3.23 所示。金相照片表明：①两种情况下的铁金属间化合物都是板状的 β 型；②由于合金在砂模中凝固速度较慢导致共晶硅呈现粗糙的片状形态。电磁搅拌不仅会形成球状 α-Al 初晶相，还会细化铁和共晶硅相❶。

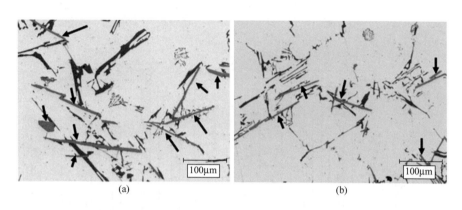

图 3.23　金相照片：（a）常规工艺与（b）电磁搅拌过程对 Al7Si0.8Fe 中 β 铁金属间化合物形成的影响（砂模，690℃）（箭头表示铁金属间化合物）

共晶硅的金相定量分析结果如图 3.24 所示并解释如下（金相定量分析将在 4.3.2 节解释）[34]：

硅等效圆面积的平均直径随着浇注温度的升高而增大 [图 3.24（a）]。这在常规的铸造过程中更加明显。高的浇注温度会使大部分 α-Al 的形核点失活（重新熔化），从而促进较大柱状枝晶的形成。剩余液相在坯料的少量初生枝晶之间形成较大的液相池，进而发生共晶转变。枝晶间液相池较大，再加上由于初生 α-Al 相少，散热片数量少，导致共晶生长缓慢、生长时间延长，例如 Si 生长为粗大片状。一般情况下，搅拌可以降低硅的平均直径。需注意的是，假设被测物体接近圆形，通过分析软件来计算硅颗粒的等面积圆形直径 $2\sqrt{S/\pi}$。这也导致颗粒越是接近片层状或是矩形，误差就越大。搅拌样品的误差变小可以表明颗粒的几何形状由矩形片层变为等轴片层。

在常规铸造中随着浇注温度降低，数量密度（单位面积内硅颗粒的数量）增大 [图 3.24（b）]。剧烈搅拌也会使结构中的共晶硅数量增加。这是由于剩余液相中更小的共晶池、热以及溶质均匀化造成的。

在有/没有电磁搅拌的情况下，提高浇注温度都会增加硅颗粒的平均长度 [图 3.24（c）]。浇注温度较低时，常规铸造合金和电磁搅拌合金中硅颗粒长度差别较明显。例如，630℃ 下搅拌造成的差别为 31%，而在 630℃ 下为 19%。

---

❶ 图像分析中最复杂的情况之一就是铁金属间化合物与其他相尤其是共晶硅之间的阈值，因为两者有近似的灰度。这种情况下，准确找出色差的一种特殊的方法就是，先消除抛光过程中残留的小碎片，最终再做分析。

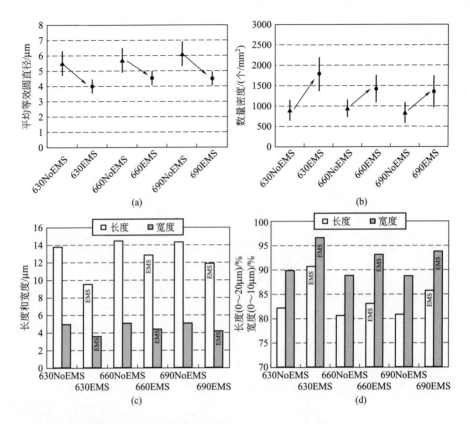

图 3.24　砂模铸造中共晶硅的图像分析结果：（a）平均等效圆直径；（b）数量密度；
（c）平均长度和宽度；（d）长度和宽度分别小于 $20\mu m$ 和 $10\mu m$ 的粒子百分数[34]

　　电磁搅拌降低了硅颗粒的平均长度和宽度，但是由于片层形态的性质，对长度的影响比对宽度的影响更加显著。

　　因为颗粒的平均长度和宽度可能不足以敏感到反映搅拌和浇注温度引起的变化，图 3.24（d）给出了长度不足 $20\mu m$、宽度小于 $10\mu m$ 的粒子的百分比。搅拌后合金中小颗粒的百分比增加，且在较低浇注温度下增加更为明显。

　　通过搅拌来细化硅颗粒，这一点非常重要，因为不存在缩孔问题；而通过添加 Sr 来对 Si 改性通常会伴随着孔隙率的增大（对力学性能不利）。并且，电磁搅拌引起硅共晶片层和铁金属间化合物的细化，可能使目前不被期望的高铁铝合金在生产高完整性铸件上得到应用。

　　铁金属间化合物的结果如图 3.25 所示，并总结如下[34]（本文中的铸造条件如过热度、冷却速率、铁含量水平和合金元素等都在不形成 α-Fe 或者汉字状形态的范围之内[35]）：

　　• 在常规铸造中，铁颗粒的平均数量密度在不同浇注温度下几乎相同，但搅拌后在所有浇注条件下都增加，在温度最低时增加最明显 ［图 3.25（a）］。

　　• 长径比大于 10 的铁基粒子的百分比会随着浇注温度的升高而增大 ［图 3.25（b）］。这是因为 α-Al 晶粒越大，β-片状晶生长的空间也越大。所有电磁搅拌的样品则表现出大

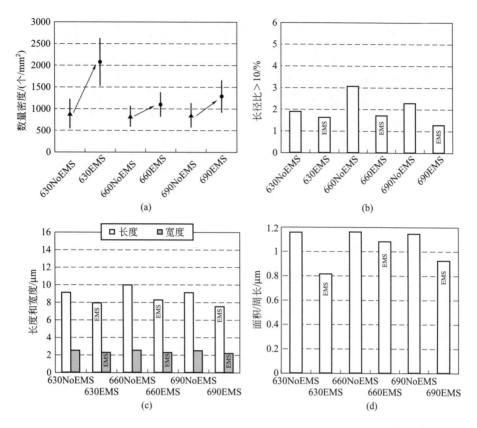

图 3.25　砂模铸造的图形分析参数，铁金属间化合物：（a）数量密度；
（b）长径比大于 10 的粒子百分数；（c）平均长度和宽度；（d）面积/周长比[34]

致相同的值，这是因为搅拌减少了过热。该图确认了数量密度的结果。

• 搅拌后铁金属间化合物的颗粒尺寸变小 ［图 3.25(c)］。由于宽度太小，任何宽度
上的变化对整个粒子尺寸的改变并不明显，所以平均尺寸主要是指针状物的长度。正如之
前提到的，粒子的薄片晶形态也几乎不会造成宽度上的差别。至于最后一个参数，面积/
周长比随着搅拌而减小，因此颗粒变小 ［图 3.25(d)］。

（2）铜模

铜模铸造样品的显微图片如图 3.26 所示。与砂模（图 3.23）相比，β 铁金属间化合
物和硅片层被细化，变得更薄、更小，这使得该结构的图像分析更为复杂。因此对铁和硅
片层的所有分析都是在放大 500 倍的情况下进行的。对于共晶硅，其结果在随后进行总结
（图 3.27）[34]：

• 平均等效圆直径在所有条件下几乎相同。这是因为冷却速率是影响尺寸的决定性
因素。

• 在较低过热度下，搅拌降低了硅颗粒的数量密度，这与砂模铸造（图 3.24）趋势
相反，并且在 690℃下搅拌和不搅拌的数量密度差别不大。但是需要注意的是，与砂模铸
造相比，硅颗粒的数量密度显著增大。因为光学显微镜分析能力有限，这个发现可能比较
粗浅，比如由于搅拌凝聚的硅颗粒是按照一个来计量的。这个假设可以通过检查图 3.23

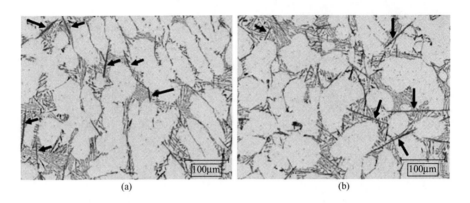

图 3.26　金相照片：（a）常规铸造和（b）磁力搅拌铸造对 Al-7%Si-0.8%Fe（铜模，690℃）中形成的 β 铁金属间化合物的影响（箭头表示部分铁金属间化合物）

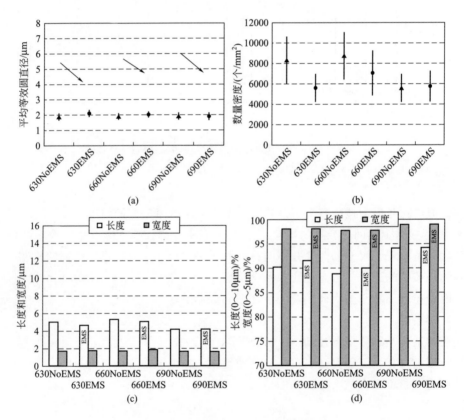

图 3.27　铜模铸造中共晶硅的图像分析：（a）平均等效圆直径；（b）数量密度；（c）平均长度和宽度；（d）长度和宽度分别小于 10μm 和 5μm 的颗粒百分比

的光学显微图片来得到证实，图中硅的尺寸出现了明显减小。如上所述，作者认为与砂模坯料相比，铜模中降低浇注温度的影响比增大冷却速率的影响要小。

- 长度和宽度的测量结果也表现出了同样的趋势，增大冷却速率比有无电磁搅拌的影响作用要大得多。最终结论是，有无搅拌差别不显著，增大冷却速率减小了搅拌的影响。

合金中加入铁之后有无电磁搅拌的结果如图 3.28 所示。冷却速率对形核和形成不同铁金属间化合物相起关键作用，因此不同冷却速率下形貌不同。没有锰时，常规冷却速率下铁金属间化合物仅以 β 相稳定存在。

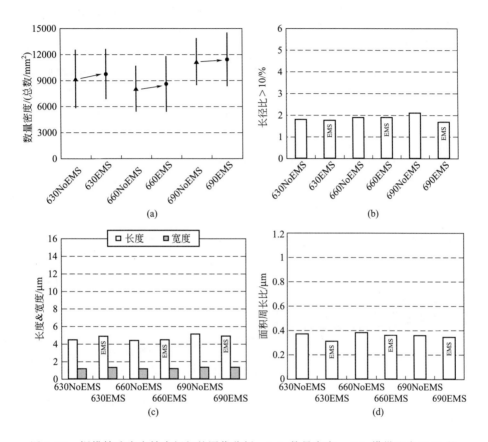

图 3.28 铜模铸造中含铁中间相的图像分析：（a）数量密度；（b）横纵比大于 10 的颗粒百分数；（c）平均长度和宽度；（d）面积周长比[34]

经证实，冷却速率增大，β-AlFeSi 片层的平均长度和结晶温度呈指数下降，在 20℃/s 的临界冷却速率下，变为汉字状或 α-AlFeSi 相[36]。在图 3.26 中很明显看出 β-AlFeSi 金属间化合物尺寸减小。图像分析结果也证实并支持该结论。铜模铸造时，总体趋势与砂模一致，只是由于冷却速率更高有无电磁搅拌的差别较小。实际上，电磁搅拌对铁形态的影响被水冷铜模的快速冷却造成的影响掩盖了。

总之，搅拌导致了初晶颗粒的形核更早并缩短了整体的凝固时间，还导致了枝晶的分解。搅拌会阻止在固相颗粒周围形成稳定扩散场，导致生长被中断，破碎的枝晶转变为难以进一步长大的圆球状。搅拌还改变了合金中初晶 α-Al 颗粒的含量，尤其减少了初晶颗粒中硅的浓度并导致了更多共晶相的形成。搅拌形成的强对流有利于均匀化组分、细化初晶颗粒相、细化硅和金属间化合物颗粒，从而提高合金的力学性能。

◆ 参考文献 ◆

1. M.C. Flemings, *Solidification Processing* (McGraw-Hill, New York, 1974)
2. F.A. Crossley, R.D. Fisher, A.G. Metcalfe, Viscous shear as an agent for grain refinement in cast metals. Trans. Metal. Soc. AIME **221**, 419–420 (1961)
3. F.A. Crossley, Magnetic stirring: a new way to refine metal structure. Iron Age **186**, 102–104 (1960)
4. V. Kondik, Microstructure of cast metal. Acta Met. **6**, 660 (1958). Letter to editor
5. D.R. Uhlmann, T.P. Seward, B. Chalmers, The effect of magnetic fields on the structure of metal alloy castings. Trans. Metal. Soc. AIME **236**, 527–531 (1966)
6. B. Chalmers, *Principles of Solidification* (Wiley, New York, 1964)
7. W.J. Boettinger, F.S. Biancaniello, S.R. Coriell, Solutal convection induced macrosegregation and the dendrite to composite transition in off-eutectic alloys. Metal. Trans. A **12A**, 321–327 (1981)
8. M.H. Johnston, R.A. Parr, The influence of acceleration forces on dendritic growth and grain structure. Metal. Trans. B **13B**, 85–90 (1982)
9. S. Wojeiechowski, B. Chalmers, The influence of mechanical stirring on the columnar to equiaxed transition in aluminum copper alloys. TMS-AIME **242**, 690–698 (1968)
10. R.D. Doherty, H.I. Lee, E.A. Feest, Microstructure of stir-cast metals. Mater. Sci. Eng. **A65**, 181–189 (1984)
11. M.C. Flemings, Behavior of metal alloys in the semi-solid state. Metal. Trans. A **22A**, 952–981 (1991)
12. A.Hellawell, Grain evolution in conventional and Rheo-castings. in *4th International Conference on Semi-Solid Processing of Alloys and Composites* (Sheffield, England, 1996), 60–65
13. Z. Fan, Semisolid metal processing. Inter. Mater. Rev. **47**, 49–85 (2002)
14. A. Vogel, B. Cantor, Stability of a spherical particle growing from a stirred melt. J. Cryst. Growth **37**, 309–316 (1977)
15. A. Das, S. Ji, Z. Fan, Morphological development of solidification structures under forced fluid flow: a Monte-Carlo simulation. Acta Mater. **50**, 4571–4585 (2002)
16. D.B. Spencer, R. Mehrabian, M.C. Flemings, Rheological behavior of Sn-15 Pct Pb in the crystallization range. Metal. Trans. **3**, 1925–1932 (1972)
17. P.A. Joly, R. Mehrabian, The rheology of a partially solid alloy. J. Mater. Sci. **11**, 1393–1418 (1976)
18. A. Vogel, R.D. Doherty, B. Cantor, Stir-cast microstructure and slow crack growth. in *Proceedings of the Solidification and Casting of Metals* (The Metals Society, London, 1979), pp. 518–525
19. K.A. Jackson, J.D. Hunt, D.R. Uhlmann, T.P. Seward, On the origin of the equiaxed zone in castings. Trans. Metallur. Soc. AIME **236**, 149–157 (1966)
20. A. Mortensen, On the influence of coarsening on microsegregation. Metal. Trans. A **20A**, 247–253 (1989)
21. S. Nafisi, J. Szpunar, H. Vali, R. Ghomashchi, Grain misorientation in Thixo-billets prepared by melt stirring. Mater. Charact. **60**, 938–945 (2009)
22. T. Campanella, C. Charbon, M. Rappaz, Grain refinement induced by electromagnetic stirring: a dendrite fragmentation criterion. Metal. Trans. A **35A**, 3201–3210 (2004)
23. N. Limodin, L. Salvo, E. Boller, M. Suery, M. Felberbaum, S. Gailliegue, K. Madi, In situ and real-time 3-D microtomography investigation of dendritic solidification in an Al-10wt% Cu Alloy. Acta Mater. **57**, 2300–2310 (2009)
24. M. Chen, TZ. Kattamis, Dendrite coarsening during directional solidification of Al-Cu-Mn alloys. Mater. Sci. Eng. **A247**, 239–247 (1998)
25. S. Nafisi, R. Ghomashchi, Effect of stirring on solidification pattern and alloy distribution during semi-solid-metal casting. Mater. Sci. Eng. **A437**, 388–395 (2006)
26. W.D. Griffiths, D.G. McCartney, The effect of electromagnetic stirring during solidification on the structure of Al-Si alloys. Mater. Sci. Eng. **A216**, 47–60 (1996)
27. M.A. Easton, H. StJohn, Partitioning of titanium during solidification of aluminium alloys. Mater. Sci. Technol. **16**, 993–1000 (2000)

28. O.A. Setiukov, I.N. Fridlyander, Peculiarities of Ti dendritic segregation in aluminum alloys. Mater. Sci. Forum **217–222**, 195–200 (1996)

29. S. Nafisi, R. Ghomashchi, The effect of dissolved Ti on the primary α-Al grain and globule size in the conventional and semi-solid casting of 356 Al-Si alloy. J. Mater. Sci. **41**, 7954–7963 (2006)

30. M.A. Martorano, C. Beckermann, C. Gandin, A solutal interaction mechanism for the columnar-to-equiaxed transition in alloy solidification. Metal. Trans. A **34**, 1657–1674 (2003)

31. A. Couture, Iron in aluminum casting alloy—a literature survey. AFS Int. Cast Metals J. **6**, 9–17 (1981)

32. P.N. Crepeau, Effect of iron in Al-Si casting alloys: a critical review. AFS Trans. (1995), 361–366

33. H.R. Shahverdi, M.R. Ghomashchi, H. Shabestari, J. Hedjazi, Microstructural evolution due to interfacial reaction between liquid aluminum and solid iron. J. Mater. Proc. Tech. **124**, 345–352 (2002)

34. S. Nafisi, D. Emadi, M.T. Shehata, R. Ghomashchi, Effects of electro-magnetic stirring and superheat on the microstructural characteristics of Al-Si-Fe alloy. Mater. Sci. Eng. **A432**, 71–83 (2006)

35. N.A. Belov, A.A. Aksenov, D.G. Eskin, *Iron in Aluminum Alloys* (Taylor & Francis, New York, 2002)

36. L. Backerud, G. Chai, J. Tamminen, *Solidification Characteristics of Aluminum Alloys, Volume 2, Foundry Alloys* (American Foundry Society, Des Plaines, 1990)

第 4 章

半固态金属表征方法

摘要：半固态金属（SSM）合金坯料的微观结构在制造成品工程部件及其使用性能方面起着重要作用。因此，表征微观结构以确保高质量的原料非常重要。本章为 SSM 科研工作者提供了详细的表征技术，能够让他们通过热分析，流变学表征和定量金相学系统、科学地检查铸坯质量。

在液体内形成初生 α-Al 相的枝晶时，亚共晶 Al-Si 铸造合金的常规凝固开始发生。熔体中的合金成分、温度梯度、热流体对流和散热速率以及由此产生的成分过冷是影响初生 α-Al 相形态的几大因素。任一因素在凝固过程中的变化都会改变铸态结构。例如，向凝固熔体中引入搅拌（强制对流）会改变合金元素的分布和局部化学组成，可以消除成分过冷，并促进枝晶向等轴晶转变，即分解和球化 α-Al 相。从商业角度来看，α-Al 相的分解会带来一些有利的机遇。

半固态金属处理以及第 2 章讨论的各种现有技术具有很多优点。然而，在 20 世纪 80 年代和 90 年代，由于方坯制备成本高，退回和刮削零件的回收利用问题，以及某种程度上缺乏对半成品坯和成品工程部件的合理表征，使得该技术未能带来工业利益。最近，通过引入新型成本效益的流变铸造技术和新合金系的开发，使得成本问题得以解决。

在生成半固态结构时，合金系起到关键作用，制备浆料的前提是一定温度范围内液固共存。通常认为球状形态的形成能够增强铸件填充并改善铸态零件的机械性能，因此原始颗粒的演变机制及枝晶向等轴晶转变的机制成为后续研究课题。SSM 浆料的理想微观结构是液体基质中均匀分布着细小的球形固体颗粒。此时需要仔细考虑固相分数，因为低百分比的固体含量可能由于黏度和湍动性不足而导致 SSM 浆料难以处理和难以填充模具；而高含量固体对模腔充填产生不利影响，且需要更强大的机械设备从而增加制造成本。

基于上述要求，半固态金属的表征是确定、优化和获得 SSM 构件最优结构的必要条件。这方面的知识不仅提供了相关材料的概念，而且能更好地理解流变行为并最终改善铸件的力学性能。

"表征"一词涵盖了一系列的热学、力学和微观结构的分析技术,可用于评价 SSM 坯料和成品的物理、冶金参数。SSM 坯料通常需要研究其凝固模式、流变行为和微观结构。这些研究的结果有助于理解或预测 SSM 坯料的流体流动和模具填充行为,以及成品可能的力学和承重特性。

下面的章节介绍了可用于表征 SSM 产品的热(凝固)、流变和结构的方法。此外,还介绍了用于制备样品以表征 SSM 坯料的实验流程。

4.1 凝固特性

成品的质量与原料(坯料)的质量密切相关。然而,坯料的完整性取决于 SSM 加工工艺参数,并且这些参数根据凝固条件来理解。冷却曲线犹如合金凝固行为的指纹,因为它提供了液态向固态转变过程中相生成的形核和生长信息。下面解释如何监测和表征坯料的凝固行为。

合金在电阻加热炉中进行熔炼,使 Al-Si 铸锭熔融并通氩气保护,将一部分熔融坯料倒入内直径 25mm 和壁厚 5mm 的石墨杯中(图 4.1)。测试之前将杯子静置在坩埚内约 1min 使其达到平衡状态,确保在凝固开始时样品中的温度均匀分布。将每个约含 50g 合金的杯子转移至测试平台,并将两个 K 型热电偶(直径 0.8mm)快速浸入模具中心附近和模壁附近的熔体中,且其尖端距离模具底部 10mm。通过高速高分辨率数据采集系统(National Instrument SCXI-1102)以每秒十个读数的采样率采集温度示数。为确保径向热流,将绝缘盘放在样品杯的上方和下方。为了提高数据一致性和可重复性,将相同的热电偶放置在 1mm(内直径)不锈钢护套中进行所有测试。因为这样能够较容易地从凝固后的样品中取出热电偶并重复利用。

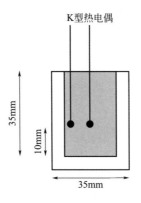

图 4.1 热分析所使用的石墨杯示意图

截取热电偶顶端所处位置的横截面进行金相研究,为了保证结果的一致性,研究整个样品的中心和壁之间的区域(四分之一面积)。

根据文献,冷却速率的计算可在液相线温度以上或固液共存区域内进行。然而,由于刚开始时散热较快,模具刚填充之后的冷却速率计算结果通常偏高,在固液共存区冷却速

铝合金半固态加工技术

度逐渐减慢。例如，所用石墨模具的冷却速率在 $1.5\sim2℃/s$ 和 $0.5\sim0.6℃/s$，分别在液相线以上和固液共存区。参考 Backerud 和 Tuttle[1,2] 文献对温度数据进行分析。由于重要参数的定义与文献中存在一些不同之处，本书定义了以下术语。这些点也在图 4.2 中的实际冷却曲线上标明（仅限于石墨杯样品）。

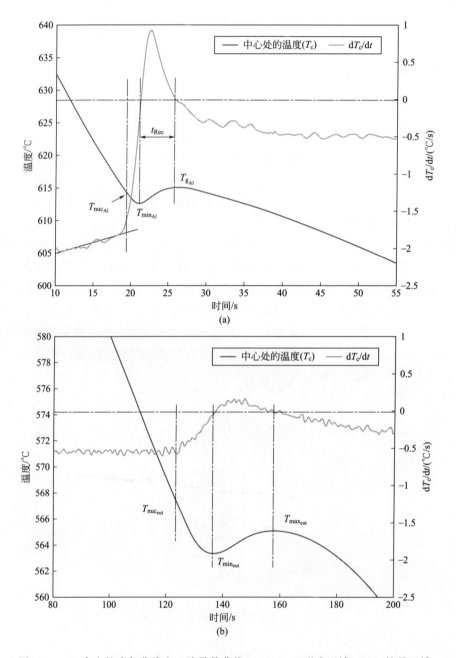

图 4.2　356 合金的冷却曲线和一阶导数曲线：(a) α-Al 形成区域；(b) 枝晶区域

- $T_{nuc_{Al}}$：初生 α-Al 枝晶开始形核的温度；
- $T_{min_{Al}}$：不稳定状态的生长温度，超过该温度新形核的晶体生长使释放的潜热超过从样品中吸收的热量；

- $T_{g_{Al}}$：由于初生 α-Al 枝晶潜热的释放而恢复稳定生长的温度；
- ΔT_{Rec}：初生 α-Al 颗粒的不稳定（$T_{min_{Al}}$）生长和稳定（$T_{g_{Al}}$）生长温度之间的温度差（再辉）；
- t_{Rec}：再辉时间，$T_{min_{Al}}$ 和 $T_{g_{Al}}$ 之间的时间差，与 $T_{min_{Al}}$ 和 $T_{g_{Al}}$ 相关的时间（文献中标记为液相线过冷时间[2,3]）；
- $T_{nuc_{eut}}$：开始共晶形核时的温度；
- $T_{min_{eut}}$ 和 $T_{max_{eut}}$：共晶温度的最小值和最大值；
- $\Delta\theta$：共晶再辉演变（$T_{max_{eut}} - T_{min_{eut}}$）；
- ΔT_{end}：凝固终止；
- ΔT_α：α-Al 凝固区间（$T_{nuc_{Al}} - T_{nuc_{eut}}$）；
- ΔT_{eut}：共晶凝固区间（$T_{nuc_{eut}} - T_{end}$）。

许多学术文献（如文献 [4]）将过冷定义为 $T_{min_{Al}}$ 与 $T_{g_{Al}}$ 之间的温度差，$T_{min_{Al}}$ 定义为凝固的起始点。作者想再次强调 Backerud 等人的发现[1]，实际凝固开始于 $T_{min_{Al}}$ 之上，并可通过图 4.2 所示的一阶导数（$\partial T/\partial t$）曲线得到。$\partial T/\partial t$ 斜率的变化表示系统中的能量变化，凝固过程中唯一的能量变化是固相形成，即形核开始。因此，如果凝固起始点如图 4.2 所示，那么如何定义过冷度以引起形核和发生凝固成为必要条件。实际过冷可定义为平衡熔化温度（可从平衡相图辨别）与 $T_{nuc_{Al}}$ 之间的差值。因此，（$T_{min_{Al}} - T_{g_{Al}}$）的值既不是过冷，也不是形核区间，只能定义为再辉范围（本书中对这一话题不展开讨论）。

熔体的化学成分在热分析结果中起着重要作用。例如，根据式(4.1)[5]，Al-Si 熔体的液相线温度随 Si％变化：

$$T_1(℃) = 662.2 - 6.913[\%Si] \tag{4.1}$$

通过简单的计算，很显然两个样品之间 0.1％Si 的成分差异意味着约 0.7℃ 的温度差异。因此，化学成分的改变是冷却曲线分析中的关键。

4.1.1　半固态金属加工技术

下面对四种半固态金属（SSM）加工方式的凝固特征进行探讨。

4.1.1.1　流变铸造和低温浇注技术

如第 2 章所述，在不同的 SSM 加工技术、SSM 成形技术中，低过热度铸造被认为是生产触变/流变坯料最经济的替代方案。为了一系列的测试，将熔融金属倒入直径 75mm、长度 250mm 的带有涂层的圆柱钢模中，并用耐火材料将模具底部密封。熔体制备完成后，以 0～80℃ 的不同过热度将合金浇注。浇注之前，将模具倾斜以减少湍流。图 4.3 为低温浇注过程。在任何情况下，两个 K 型热电偶安装在模具中心和靠近壁的位置，其尖端距离模具底部 80mm，以监测熔体凝固过程中的温度分布。从合金凝固开始，直至钢坯中心位置的温度达到（593±2）℃。根据平衡杠杆法则和 Scheil 公式[4]，在该温度下固相分数应为 0.3～0.35。此时模具壁的温度测量值为（591±1）℃。准备好后，将仍然在糊状区域的坯料从模具中取出，迅速用冷水水淬。选取热电偶顶部位置的横截面进行金相分

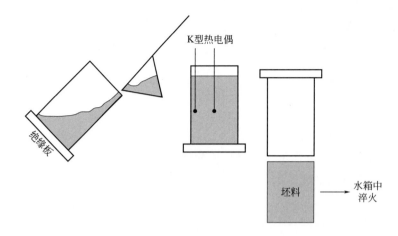

图 4.3 低温浇注过程

析，同时为保持一致性，分析中心与壁之间的区域（1/4 面积）。

4.1.1.2 流变铸造和旋转焓平衡（SEED）技术

除了低温浇注工艺之外，还详细研究了通过 SEED 技术生产的坯料的凝固行为。为了进行一系列测试，将约 2kg 的合金倒入 4.1.1.1 节所介绍的相同模具中。为了减少浇注过程中的湍流，浇注的初始阶段将模具倾斜然后再回到垂直位置（图 4.4）。随即，模具以及其中的合金以 150r/min 或 2.5Hz 以 12mm 的偏心率旋转。这种旋转运动不仅将模具壁上形成的固体颗粒分散，而且打碎枝晶并促使球形颗粒的形成和均匀分布。这个阶段的持续时间取决于模具尺寸和电荷质量，这一系列的实验设定为 60s。

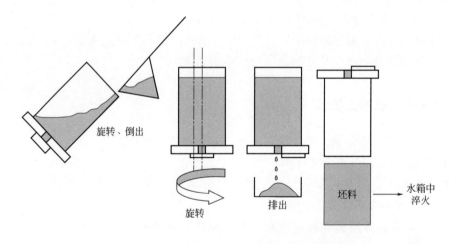

图 4.4 旋转焓平衡（SEED）技术处理的实验过程

下一步，停止旋转运动并暂停（5～10s）后，打开底部塞子将一部分残余液体排出。然后，坯料中的固体部分（金属块）逐渐增加并形成独立的坯料。20s 后，将坯料取出并转移到水箱中 20～25s 水淬至室温。在所有实验中，两个直径 0.8mm 的 K 型热电偶分别插入模具壁附近和模具中心，顶端距离模具底部 80mm，以收集热量数据。所有测试的淬火温度为（598.5±2.5）℃。选取热电偶顶部的横截面进行金相分析，为了一致性，分析模具中心和壁之间的区域（1/4 面积）。

4.1.1.3　电磁搅拌（EMS）

为了更好地理解搅拌对 SSM 坯料凝固行为和微观结构的影响，采用电磁搅拌方法制备坯料。制备二元 Al7%Si 合金的原材料使用 99.7% 的商业纯铝，放入 SiC 坩埚中使用电阻炉将其熔化。在（720±5）℃下使用纯硅和 Al-25%Fe 中间合金进行硅和铁的添加。化学成分见表 4.1。

表 4.1　熔体的化学成分　　　　　　　　　　单位:%（质量分数）

Si	Fe	Al
6.6～6.9	0.8～0.81	余量

为了获得不同的冷却速率，使用两种不同的模具材料。较高的冷却速率使用带有水冷套的铜模 ［图 4.5（b）］，较低的冷却速率使用二氧化碳结合硅砂模，生产铸锭直径 76mm，长 300mm。整个装置放置在电磁搅拌（EMS）机器中，如图 4.5 所示。这一系列实验的频率设定为 50Hz，铜模电流为 100A，砂模为 30A（电磁搅拌样品温度约 400℃时停止搅拌）。

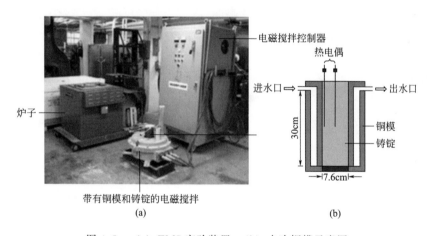

图 4.5　（a）EMS 实验装置；（b）水冷铜模示意图

对于过热变化，在 630～690℃ 改变浇注温度。对于常规铸锭（无搅拌），铜模和砂模在液相线以上的冷却速率分别为约 4.8℃/s 和 3.3℃/s（热电偶距离模具底部 200mm）。在浇注开始时，由于砂的体积分数比液态金属更大，砂模中的冷却速率相对较高。然而，初期快速散热后，由于砂模的热扩散率低，合金液体降温缓慢。因此，模具填充之后，砂子吸收了大量热量使得糊状区冷却速率降低。对于未经搅拌的实验，将液体倒入相同的模具中并空冷。未经搅拌的样品称为"常规"铸锭。为了研究其结构，选取距离模具底部 200mm 的样品以及中心和壁之间区域的样品（1/4 面积）。

4.1.1.4　精炼/EMS 样品的触变铸造

另外进行一些实验来研究触变铸造的凝固行为。为此，选取直径约 25mm 的石墨杯样品和 EMS 坯料的横截面（距离底部 200mm 的中心和壁之间的区域）作为样品，在单个线圈 5kW 感应炉中以 80kHz 的频率重新加热，如图 4.6 所示[6]。

图 4.6　样品重新加热所用实验装置

样品垂直放置在绝缘板上，以图 4.1 所示的相同方式放置两个热电偶来测量实验过程中的温度变化。感应炉由连接到数据记录系统的模具中心处的热电偶和壁部的热电偶控制。

图 4.7 为部分重熔过程中典型的再加热曲线。在测试过程中，确保中心和壁之间的温差小于 2℃。加热速率设定为 5～6℃/s 并且再加热范围为（583±3）℃（根据 ThermoCalc 计算约 38%～40% 固相分数）。初始加热速率很快（5～6℃/s），然后曲线斜率（图 4.7 中的区域 A）突然变化，这与样品开始重熔有关（Mg_2Si 和三元共晶的重熔[1]）。接下来由于共晶反应（图 4.7 中区域 B 处所示）另一种转变发生。经过预设的保温时间（例如 5min 或 10min）后，将样品在冷水中迅速淬火。

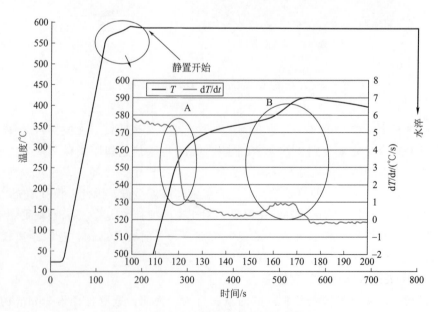

图 4.7　部分重熔过程中典型的再加热曲线

4.1.2　熔体处理

SSM 合金的凝固行为会随着晶粒细化和改性处理手段的应用而改变。接下来介绍样品制备和测试过程，以表征熔融 SSM 坯料的凝固行为。

在这项研究中，使用了三种精炼剂和一种锶基的改性剂，规格如下。

- Al 5％Ti1％B，棒状
- Al 5％B，棒状
- Al 4％B，华夫饼形式
- Al 10％Sr，棒状

为了实现不同程度的细化、改性和综合效果，将上述中间合金添加到熔体中以提高合金中特定元素（即 Ti、B 和/或 Sr）的含量。用铝箔包裹一定量的中间合金，使用预热的石墨钟在 720～730℃添加到熔体中。加入中间合金后，整个熔体用氩气脱气，根据处理目的不同（由于保温周期改性处理约 30min，细化处理约 20min），第一次取样时间设定为 20～30min。在取任何样品之前和每个步骤之后，每种熔体都用撇渣器清理。

4.1.3　化学分析

将用于化学分析的样品浇注到标准剪模中。制备直径 56mm 和厚度 10mm 的圆盘形样品，通过表面加工进行化学分析。最后，使用 ThermoARL-4460 在加工过的表面上进行 6～8 个 OES（发射光谱）点蚀，采用所有点蚀结果的平均值。晶粒细化剂和改性元素浓度的测量必不可少，因此对这些元素特别是硼的 OES 探测器校准至关重要。为分析 356 Al-Si 合金，使用结果精确度为 1％的两种标准。表 4.2 给出了本书中使用的化学成分。

表 4.2　本书中使用的合金的化学成分　　单位：％（质量分数）

合金	Si	Mg	Fe	Mn	Cu	Ti	B	Sr	Al
二元合金	7.0～7.3	无	≤0.09	无	无	无	无	无	余量
	6.7～6.9	无	0.8～0.81	无	无	无	无	无	余量
A356	6.4～6.7	0.36～0.4	≤0.08	≤0.003	≤0.001	≤0.0058	无	无	余量
356	6.8～7.0	0.33～0.36	≤0.09	≤0.003	≤0.0032	0.1～0.13	无	无	余量

4.2　流变特征

SSM 坯料在模具内的流动是控制成品铸件完整性的关键。因此，表征模腔注入时 SSM 坯料的流动是非常重要的。下面简要介绍流变学的基础知识，并介绍一些实验设备和程序以补充理论原理。

4.2.1　流变学原理

4.2.1.1　简介

自 1970 年初半固态金属（SSM）加工概念[7,8]兴起，及 SSM 坯料的变形性受制于剪切速率和时间的事实得到证实开始，流变学问题逐步得到一定的研究。过去 20 多年（1990～2016 年）的"S2P"两年一次的国际会议还专门为 SSM 合金流变行为的研究设立专场。尽管流变学这个概念对于冶金学家来说可能并不那么清楚和熟悉，但它是 SSM 研究工作不可或缺的一部分。

流变学是材料变形和流动的科学，是与可变形物体的力学相关的物理学分支。它还包含材料同时进行变形和流动。由此而论，剪切流动是流变学中一种重要的变形类型，可视为一个无限薄的平行平面相互滑动过程，就像一包刚性卡片一样。流变学通常包括的内容是，固体和液体分裂或碎裂成较小的部分或液滴后重新结合和黏结在一起，颗粒或液滴的"内聚力"使其形成连续的本体或团块[9]。

一种物质的流变行为和性质有时可能会随着时间或持续变形而发生较大变化[10]。这些变化有些可逆，有些不可逆，可逆变形称为弹性变形，不可逆变形称为流动。在物体恢复至其未变形形状时，对完美弹性体变形所做的功是可逆的，而对流动体所做的功就像热量消散一样不能机械回复。与可回复机械能相对应的为弹性变形而将机械能转化为热能的为黏性流动。弹性变形是应力的函数，而流动变形率是剪切力的函数。

从流变学角度来看，材料的力学性能可用弹性、黏性和惯性来描述。对于弹性变形，材料变形可逆，施加的应力消除后可立即恢复到其原始形状和尺寸。而对于黏性体，应力和应变不能持续很长时间，由于流速是应力的函数，应力会随着流动而被释放。当然，个别的黏性材料可能会在相当长的一段时间内表现出弹性应变。这意味着可将给定的材料视为短期的理想弹性体和长期的理想黏性体。无论材料的几何形状和变形如何，流体总是以层流剪切的形式存在[11,12]。

有了这样一个简单的定义，材料的流变学和力学性能之间的相互关系就与材料在液固两相区（即糊状态）的黏度和变形行为密切相关。

4.2.1.2　黏度

黏度是半固态金属合金流变学的主要参数，其重要程度相当于液态金属中的"流动性"概念（文献［13-15］）和固体的弹性模量[11]。黏度反映了模具填充时的 SSM 性能，并决定了材料变形和流动所需的力[16]。根据一些综述文章，黏度法研究被认为是材料流变学研究的适当途径[17-19]。

流体的黏度用黏度系数 η 表示。根据牛顿黏度定律，剪切应力与速度梯度的比值是一个常数，表示通过材料体动量扩散的能力，如式(4.2) 所示：

$$\tau_{yx} = -\eta \frac{\mathrm{d}v_x}{\mathrm{d}y} \tag{4.2}$$

式中，$\dfrac{\mathrm{d}v_x}{\mathrm{d}y}$ 是速度梯度；τ_{yx} 是剪切应力；η 是黏度。

式(4.2) 可重新整理并表示为式(4.3)：

$$\tau_{yx} = -\eta \frac{-\frac{\mathrm{d}x}{\mathrm{d}t}}{\mathrm{d}y} = \eta \frac{\mathrm{d}x}{\mathrm{d}y} \frac{1}{\mathrm{d}t} = \eta \frac{\mathrm{d}\gamma}{\mathrm{d}t} \tag{4.3}$$

$$\tau_{yx} = \eta \dot{\gamma}$$

γ 和 $\dot{\gamma}$ 分别为剪切应变和剪切应变率。区别于牛顿黏度定律中的黏度（η）为常数，当黏度受施加的剪切速率影响时，使用术语"表观黏度"来表示。

黏度 η 与流体密度的比值称为运动黏度 v［式(4.4)］，是动量扩散率的量度，类似于热和质量扩散率[10]：

$$\nu = \frac{\eta}{\rho} \tag{4.4}$$

η 的值根据幂律来解释，将剪切应力（τ）与平均剪切速率（$\tau = m\dot{\gamma}^n$）相关联。表观黏度以剪切应力与剪切速率的比值来计算 $[\eta = m\,(\dot{\gamma})^{(n-1)}]$，其中 m 和 n 分别是材料常数、黏度系数和幂指数[10]。对于牛顿流体，η 是常数且黏度与剪切应变率无关，非牛顿流体中黏度随着剪切速率（或剪切应力）的变化而呈数量级变化，即 $\eta = \tau_{yx}/\dot{\gamma}$，是 $\dot{\gamma}$ 的函数。图 4.8 所示为非牛顿流体与时间无关的典型流动曲线[10,20]。图中的线 A 表示 η 恒定的牛顿流体。当剪切速率增大，不再与剪切应力成比例时（曲线 B），该材料被称为"伪塑性"或"剪切稀化"液体。做一级近似，伪塑性流体的流动曲线可用幂律来表示，剪切速率大致与剪切应力的 n 次方成正比，反之亦然 [式(4.5) 和式(4.6)]：

$$\tau_{yx} = \eta(\dot{\gamma})^n \tag{4.5}$$

$$\eta = m\,(\dot{\gamma})^{(n-1)} \tag{4.6}$$

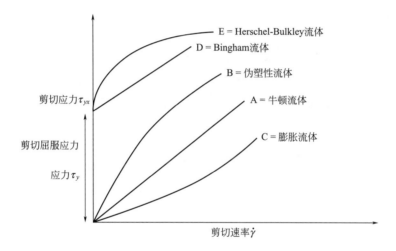

图 4.8　非牛顿流体与时间无关的典型流动曲线（来自文献 [10] 和 [20]）

材料常数 m 和 n（分别为黏度系数和幂指数[21]）分别是剪切速率为 $1\mathrm{s}^{-1}$（$m = \eta$）时的黏度和流体离开牛顿流体范畴的量度参数（$n = 1$），即 $n < 1$ 时为伪塑性流体（通常在 $1/3 \sim 1/2$，剪切稀化），$n > 1$ 时为膨胀流体[10]或剪切增稠。

需要说明的是，一些非牛顿流体可能表现出双重行为，在不同的加载条件下能同时观察到剪切稀化和剪切增稠（伪塑性和膨胀）现象。据报道，当用高压压铸设备和旋转黏度计测试时，基于所施加的剪切速率，铝合金和锡铅合金表现出伪塑性和膨胀行为。这种合金在低剪切速率（$2 \times 10^3 \sim 2 \times 10^4\mathrm{s}^{-1}$）下表现为伪塑性材料，但在高剪切速率（$10^6\mathrm{s}^{-1}$）下变形时表现出膨胀特性[22,23]。

此外还有黏弹性流体，表现为变形后随时间逐渐恢复，即反冲。这与牛顿流体不会反冲的行为形成对比。这种行为与热塑性聚合物在施加载荷时的反应（不考虑由于聚合物链的拉伸导致的弹性变形）类似，施加载荷时变形即刻发生且卸载载荷时立即恢复，如图 4.9 中的 ε_i。链条矫直后，链条之间开始相对移动，与流体层相对于彼此移动的黏弹性流

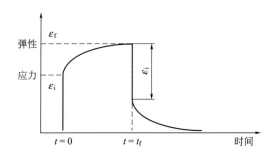

图 4.9 聚合物黏弹性变形的应力-时间曲线
（不适用于流体的瞬间弹性形变的恢复）[24]

体的情况一样，与时间有关。链条或流体层相对于彼此的这种移动被称为"黏性流动"，因此，黏弹性变形（$\varepsilon_f - \varepsilon_i$）是与时间相关的。而黏性流动还取决于黏度。这种特性使实际流体中的黏度具有时间相关性。

具有触变特性的半固体材料（将在后面讨论）不储存弹性能量，因此当去除施加的剪切应力后，应变不随时间恢复。触变流体的黏度随时间减小并且在恒定剪切应变速率下趋于某个渐近值，同时结构也随时间逐渐瓦解。正如 Poirier 和 Geiger[10] 指出的，当黏度的渐近值保持不变时，触变流体可视为稳态条件下的普通牛顿流体来处理。

Bingham 流体表现出屈服应力，其剪切应力和剪切速率之间呈线性关系，如式 (4.7)[20] 所示：

$$\tau = \tau_y + k\,\dot{\gamma} \tag{4.7}$$

式中，τ_y 是屈服应力；k 是与黏度有关的常数。如果屈服后剪切应力和剪切速率之间不是线性关系，则称为 Herschel-Bulkley 流体，可用式(4.8) 表示：

$$\tau = \tau_y + k\,\dot{\gamma}^n \tag{4.8}$$

图 4.10 表示不同流体的黏度随剪切速率的变化[20]。在金属制品的大规模生产者看来，对黏度的研究相当于研究模具填充特性，因为较低的黏度会使得材料更好地在模具中流动[22,25,26]。在使用软件模拟流体特征时，黏度总是作为预测流动性的参数输入[27-29]。较低的黏度有利于在较低的机压下生产复杂薄壁部件，同时废品和废料也会减少[30,31]。

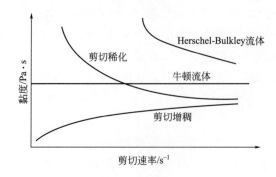

图 4.10 剪切速率对不同流体黏度的影响[20]

4.2.1.3 半固态金属中的流动行为

半固态金属是两相系统，在液相基质内悬浮初生相颗粒。两相的动态共存，即"糊状"，取决于合金凝固范围，较宽的凝固范围可形成更简单且更可控的"糊状物"。固相的生长模式是枝晶生长。该体系表现为牛顿流体还是非牛顿流体，取决于过程参数的不同[17-19]。

当半固态金属浆料含有球形的固相且固相分数小于 0.6 时，通常表现出两种不同的流变特性：触变性和伪塑性[19]。触变性讨论的是在给定剪切速率下瞬态黏度与时间的相关性，而伪塑性讨论的是稳态黏度与剪切速率的相关性。所有的 SSM 处理技术都建立在这些属性的其中之一或两者都有的单个过程中。因此，深入了解 SSM 浆料的流变行为对开发有效的 SSM 处理技术是必不可少的。搅拌 SSM 浆料中的流变现象可分为三类[7,32,33]。

① 连续冷却行为，描述了在连续冷却期间（在恒定的冷却速率和剪切速率下）熔融合金的黏度变化。

② 伪塑性行为，描述了稳态黏度与剪切速率或剪切稀化行为的相关性。

③ 触变行为，用于描述瞬态黏度对时间的相关性。

关于固相分数、剪切速率和冷却速率的影响，可从 SSM 浆料连续冷却过程中获取流变特性的重要信息。而且这与 SSM 加工技术中的流变铸造和流变模塑等实际条件相关。正如 Suéry[16]等人所说，这样的实验更关注凝固行为而非 SSM 浆料的流变性。

相比于连续冷却实验，等温稳态实验能更好地表征 SSM 浆料的流变行为，而且是确定本构方程的第一步。现在普遍认为，给定剪切速率下的稳态黏度取决于固体颗粒之间的团聚程度，而这又是团聚和解聚过程之间动态平衡的结果[34]。

通过测量循环剪切变形过程中的磁滞回线可证明 SSM 浆料的触变行为[35]。然而，这个实验过程不能量化凝聚和解聚过程的动力学。Chen 和 Fan[34]指出，为了解决这个问题，设计了包含剪切速率突变或剪切速率下降的特殊实验过程来表征结构演化的动力学。发现在剪切速率下降时凝聚过程占主导地位，而在剪切速率跃升之后，解聚过程占主导地位[34]。

对于高固相分数的半固态坯料，也称为自立块料，可使用其他的流变学方法来研究。这些研究基于预热样品体内的剪切速率保持恒定并在恒定自重下测量变形速度，即平行板压缩黏度测定法，或者研究施加于半固体块的恒定应力来开发应变率数据和挤压方法。这些数据可提供关于高固相分数的 SSM 材料黏度的有用信息[36-38]。

4.2.2 半固态金属合金的流变行为

合金的流动和变形即"流变行为"主要取决于 SSM 合金的黏度（η），黏度随冶金和加工参数改变，可以用式(4.9)表示[33,34,39,40]：

$$\eta = f(\dot{\gamma}, t_s, T_a, \dot{T}, C_0, f_s, F, h_{istory}) \tag{4.9}$$

式中，η 是黏度，$\dot{\gamma}$ 是剪切速率；t_s 是剪切时间；T_a 是半固态合金的温度；$\dot{T}$ 是从液态到半固态 T_a 温度范围内的冷却速率；C_0 是合金成分；f_s 是温度为 T_a 时的固相分数；F 是形状系数；h_{istory} 是历史效应。

一般而言，当固相分数一定时，较高的溶质含量和较快的冷却速率会形成较多的枝晶，从而使半固态合金黏度增大。某一时刻浆料的表观黏度取决于其之前的内部状态（历史效应 h_{istory}）。这种不断变化的内部状态可用微观组织参数进行描述，如液态基体中分散的固相颗粒大小及分布和形貌等。建立一个适用于所有半固态金属的模型是一项艰巨的任务，并且需要详细了解上述参数对黏度的影响。此外，成形前的处理时间也十分重要，因为它会引起球化和粗化，进而改变粒径、形貌和分布[41,42]。下面简要介绍各项参数对SSM 浆料黏度的影响。

4.2.2.1 冶金参数

SSM 合金的流变复杂性在很大程度上取决于浆料的局部固体成分，颗粒形状、尺寸以及团聚状态。冶金参数可通过操作凝固过程和合金相图来控制。

（1）固相分数

初生相的固相分数是影响糊状物黏度的最重要参数之一，例如，Al-Si 合金中的初生相 α-Al 枝晶[38,43-45]，在糊状区内的一定温度 T 下，固相分数（$f_s = 1 - f_1$）可以由Scheil 方程式(4.10) 和式(4.11) 计算[4]。

通过质量平衡法可预测固-液区内给定点处的固相分数，其最简单的情况是忽略固体的熟化与扩散。在这种情况下，糊状区内液相分数 f_1 和液相成分C_1间的关系可由 Scheil方程给出。当配比率 k 一定时，该方程可表达为：

$$f_1 = \left(\frac{C_1}{C_0}\right)^{-1/(1-k)} \tag{4.10}$$

固相分数和固相成分（C_s）可用下式表达：

$$C_s = kC_0(1-f_s)^{k-1} \tag{4.11}$$

式中，C_0是合金成分。

文献中给出了用于测量固相分数的几种不同方法，其中最常用的是定量金相法、热分析法和基于平衡相图的热力学分析[46]。每种方法都各有优缺点，可以根据研究需要进行选取。

Chen 和 Fan[34]建立了一个微观结构模型，用来描述简单剪切条件下液态 SSM 浆料的黏度、有效固相分数和流变特征之间的关系。模型将液态 SSM 浆料看作一种悬浮液，是由相互作用的低内聚球状颗粒分布在液态基体中所形成的。在简单剪切流场中，定义结构参数（S）为单一聚集固体颗粒中的平均颗粒数，用来描述凝聚和解聚状态。由于液体中产生凝聚/解聚现象，有效固相分数 f_s^{eff} 与固相分数略有不同 [式(4.13)]，黏度可以表示为结构参数 S 的函数 [式(4.12)]。

$$\eta = \eta_0(1-f_s^{\text{eff}})^{-\frac{5}{2}} \tag{4.12}$$

有效固相分数可表示为：

$$f_s^{\text{eff}} = \left(1 + \frac{S-1}{S}A\right)f_s \tag{4.13}$$

式中，η 是瞬时黏度；η_0是液态基体的黏度（当有效固相分数=0 时）；A 是与颗粒聚集模式有关的模型参数，其值随填充密度（由固体颗粒填充的空间比例）的增大而减小。对于 Sn15%Pb 合金，参数 A 可由线性方程式表示（$A=3.395-4.96f_s$，其中 f_s 为固相分数）[47]，有效固相分数 f_s^{eff} 可看作是实际固相分数和滞留液相分数的总和。

式(4.13) 表明有效固相分数受到团聚块内实际固相分数、团聚相尺寸和聚集模式的影响。从式(4.12)可知液态基体的黏度和有效固相分数直接影响半固体浆料的黏度。流动条件仅通过改变有效固相分数间接影响黏度。

黏度随固相分数的增大而稳定增大，直至固体颗粒移动困难、已经固化的部分产生强度以致形成 3D 固体骨架，称为枝晶搭接点（DCP）。凝固过程中出现枝晶搭接点，标志着由大量进料到枝晶间进料的过渡。出现 DCP 后，黏度急剧增大[48]。

对 SSM 浆料进行搅拌，熔体内部强制对流使表层产生温度梯度，推迟了枝晶搭接点的产生。由于搅拌促使枝晶分解，再加上由模具内温度分布更均匀使得离散枝晶多向生长，以及表层温度梯度的共同作用，促进了等轴晶的形成，延缓了黏度的快速上升趋势，推迟了固相的形成。

文献［38］研究了常规铸造 A356 SSM 浆料固相分数对黏度的影响。对于一系列 SSM 坯料，在常规铸造中采用低过热度可获得所需的初生相 Al 形貌。研究表明，在低剪切速率下（小于 $0.01s^{-1}$），即使 SSM 浆料的黏度显示两相流体的工程应变-时间特征为非牛顿流体，包括具有触变特征的非稳态或瞬时稳态以及用来计算黏度的准静态，但仍可将其看作牛顿流体[38]。如图 4.11 所示，SSM 坯料表现出随施加压力（剪切速率）的增大而黏度下降的伪塑性流变特征。也可将 SSM 坯料视为非牛顿流体，对于不同固相分数，其材料常数 m 和 n 可由经验公式（4.14）表示[38]。

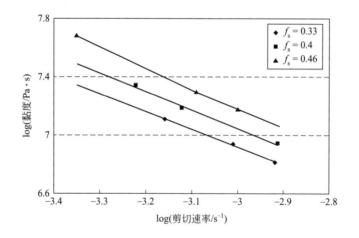

图 4.11　不同固相分数时 SSM 坯料的黏度随着平均剪切速率的变化[38]

$$\log\eta = 5.56 - 1.39f_s - (1.56f_s + 0.14)\log\dot{\gamma}\,(0.33 < f_s < 0.46) \qquad (4.14)$$

上述经验关系描述了半固态浆料的固相分数对黏度的直接影响，并且从上式可以看出，当固相分数一定时，黏度与剪切速率成反比。在剪切速率非常低，小于 $0.01s^{-1}$ 时，式(4.14) 是有效的，其有效性经文献报道的实验结果得到进一步证实[38]。

（2）初生相形貌

初生相的形貌对半固态金属浆料的流动行为有显著影响[17-19]。研究表明，当固相分数一定时，枝晶比等轴晶结构浆料的流动阻力大几个数量级[49]。事实上，球状颗粒比枝晶结构更容易发生移动，枝晶结构在外力作用下，容易发生互锁，难以流动[7,33,50,51]。此外，从 SSM 技术的研究初期，就是非枝晶结构为其提供了伪塑性和触变性等有用的流变特征。因此，深入理解颗粒形态对流变特征的影响，不仅具有科学价值，而且从技术角度来看，对开发新的 SSM 技术也具有重要意义。

尽管曾有人试图利用实验将初生固相的形貌和材料流变特征相关联（例如，文献[37,52]），但目前仍没有任何理论可解释颗粒形态对金属浆料流变特征的影响。不过已有简单模型和定义参数可描述具有不同固相颗粒形貌浆料的流变特征[50]。Lashkari[37]等人使用初生 α-Al 颗粒的形状系数专门研究了 Al-Si 亚共晶合金中的颗粒形貌对 SSM 坯料流变特征的影响。将 SSM 坯料假定为非牛顿流体，并采用非牛顿幂律模型研究 SSM 浆料的流变行为。该模型描述了黏度随应力和剪切速率的变化关系，如式（4.15）所示：

$$\eta = m(\dot{\gamma})^{n-1} \tag{4.15}$$

如前所述，m 和 n 是材料常数（分别代表黏度系数和幂指数）[21]。图 4.12 给出了黏度系数和幂指数与 SSM 浆料黏度有关的形状系数之间的关系。m 和 n 与形状系数之间的关系如式（4.16）和式（4.17）所示。

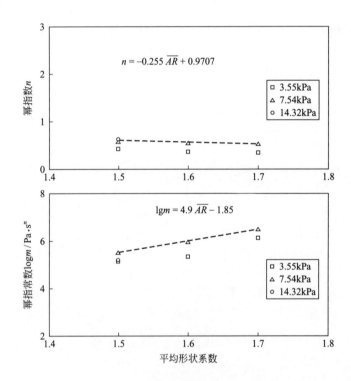

图 4.12　初生 α-Al 颗粒的形状系数对黏度系数（m）和幂指数（n）的影响

$$\eta = 0.97 - 0.225(\overline{AR}) \quad (1.5 < \overline{AR} < 1.7) \tag{4.16}$$
$$m = 10^{(1.85-4.9\overline{AR})} \quad (1.5 < \overline{AR} < 1.7) \tag{4.17}$$

在另一项研究[19,50]中，Fan 和他的同事用分形维数 D_f 的概念研究了微观组织形貌对 SSM 浆料表观黏度（稳态流动段的黏度）的影响。分形维数被定义为用 Hausdroff 维数的概念描述固体颗粒的形貌。单个点的 Hausdroff 维数为 0，直线的 Hausdroff 维数为 1，正方形的 Hausdroff 维数为 2，立方体的 Hausdroff 维数为 3。对于枝晶形貌，$D_f = 2.5$ 和 $D_f = 3$ 表示在 SSM 浆料中完全呈球状颗粒。Sn-15%Pb 合金的 D_f 值可由连续冷却实验的黏度数据计算[35]，如图 4.13(a) 所示。将式(4.13) 和式(4.12) 中的结果代入分别计算有效固相分数和表观黏度，如图 4.13(b) 所示。如图 4.13 所示，D_f 值越接近 3，表观黏度越低[50]。

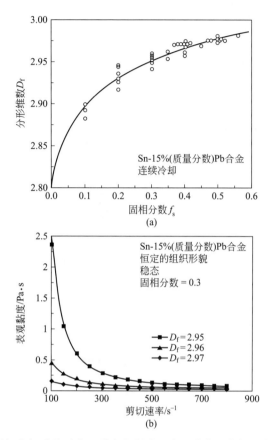

图 4.13　不同初生相形貌对表观黏度的影响（表观黏度用剪切速率的函数表示）：
(a) 根据 Joly 等人[35] 连续冷却实验的黏度数据推导出分形维数 D 与
固相分数之间的关系；(b) Sn15％Pb 合金 SSM 浆料在三种不同分形维数下的
稳态表观黏度[50]（经泰勒和弗朗西斯有限公司的许可再版）

Zoqui 等人[53]用流变铸造质量指数研究了组织形貌对 SSM 浆料流变特征的影响。流变铸造质量指数 RQI，定义为 RQI＝球形尺寸／（晶粒尺寸×形状系数），准玫瑰形RQI＝0.1，完美球形 RQI＝0.9。

（3）颗粒尺寸与分布

影响半固态合金流变复杂性的主要参数之一为颗粒（包括团聚状态）的尺寸和分布。由于浆料黏度低时颗粒移动更容易，颗粒间的碰撞也较少，因此具有更好的流动性和更细的微观组织结构[17-19]。

必须要指出的是，由于较细的颗粒具有更大的表面积而容易发生团聚，因此黏度随着时间和动态状态可能发生变化。一般来说，初生颗粒的尺寸和分布是基于分解（解聚）和团聚（凝聚）两种机制且与时间相关的变量[54,55]。对于分解机制（解聚过程）而言，在剪切的早期阶段，由于剪切力使得颗粒之间的连接键断裂，并导致材料的有效黏度迅速下降[56,57]。第二种机制是当试样静止时，颗粒之间形成金属键从而生成固体结构[57,58]。第一种机制要比第二种机制更快，这很好理解，因为由搅拌和熔体流动引起的分解显然比依赖于扩散的颗粒团聚要更高效。对半固态糊状物施加外力，有可能使液态基体中悬浮的颗粒发生聚集的倾向增大或减小。

较低的剪切速率会促进分解或团聚，这是由于颗粒间会发生碰撞或黏结，因此，形成的颗粒大小取决于所施加的剪切速率。此外，颗粒大小还与 SSM 坯料等温处理的时间有关。这是因为奥斯特瓦尔德熟化（小颗粒溶解和大颗粒生长）或颗粒聚结（碰撞和高扩散率使颗粒完全熔合在一起）可以改变颗粒尺寸。因此，固体颗粒之间的动态相互作用可能会导致半固态浆料中形成块状物和团聚颗粒，使其流动更加困难。然而，在黏性阻力的作用下，持续一段时间后，聚集和分解会达到平衡，黏度达到一个稳定状态，此时可以观察到浆料内部颗粒分布均匀[33,47,50,51,59,60]。要降低浆料黏度并获得合理的最终成分，研究人员要解决的一个重要问题就是使半固态浆料内的离散颗粒分布均匀。

粒度分析以及晶粒与球状颗粒的区分在 SSM 成形中至关重要。从技术上看，球状颗粒和晶粒大小不同。球状颗粒是彼此分散的基体粒子，然而，相邻的分散粒子之间可能会在光滑面下方相连接。需要注意的是，传统铸造中对球状颗粒尺寸的测量不够科学，其误差与枝晶分支的分割有关，本章后面将会对此进行解释。

（4）合金化学成分与浇注温度

① 合金化学成分。

浆料的成分直接影响其凝固后的组织形貌。增大合金中溶质的浓度会使凝固前沿富集熔体。由此所产生的成分过冷打破了原本平整的界面，使其变为胞状，并最终使凝固前沿随过冷度的增大形成树枝晶。如前所述，随着枝晶的形成，浆料的表观黏度增大，此时流变铸造更加困难。

众所周知，合金中溶质浓度越高，初生晶粒之间的液体体积分数就越大。这种现象会使浆料黏度升高。文献［61，62］提出了一个描述黏度与组成成分之间关系的经验方程：

$$\eta = \eta_0 \left[1 + \frac{\alpha \rho C^{1/3} \dot{\gamma}^{-4/3}}{2\left(\dfrac{1}{f_s} - \dfrac{1}{0.72 - \beta C^{1/3} \dot{\gamma}^{-1/3}}\right)} \right] \tag{4.18}$$

式中，η_0 是液体的表观黏度；ρ 是合金的密度；C 是凝固速率 $\dfrac{\mathrm{d}f_s}{\mathrm{d}t}$（单位时间 t 内的固相分数）；f_s 是固相分数；$\dot{\gamma}$ 是剪切速率；α 和 β 的数值取决于合金的化学成分，且随溶质含量的增加而变大。对于 Al-3.6% Si，$\alpha = 67.0$，$\beta = 6.27$，密度（ρ）是 2140kg/m³[61]。

此外，由于合金成分会随溶质浓度变化，所以合金成分可能会影响枝晶搭接点（DCP）[48]。这是因为溶质浓度会影响初生固相的形成，例如，对亚共晶 Al-Si 合金而言，初生相 α-Al 的质量分数随着 Si 含量的增加而下降，从而推迟枝晶网络的形成，降低枝晶搭接的温度。

众所周知，溶质和微量元素具有细化铸态产品晶粒尺寸和改善机械性能的作用（参见6.2.1.4 节）。合金成分直接影响糊状区初生相固化的百分比。通常认为添加少量合金元素会影响晶粒成核和生长机制，为形成新的形核点提供条件并阻止晶粒粗化，促进形成细小晶粒。随着凝固过程的进行，在凝固前沿会形成一个溶质富集边界层，层内温度低于平衡凝固温度，形成成分过冷区[4]，而成分过冷是枝晶的生长前提。即通过改变合金成分、溶质种类和溶质元素的百分比、成分过冷，可以控制初生相的生长速率和形貌，使其生成枝晶或等轴晶。这一概念可扩展到专门添加用来细化铸态组织的晶粒细化剂。本书中详细讨论了铝合金 SSM 铸造过程中晶粒细化剂和添加剂的作用（见 6.2.1）。简要总结如下。

a. 晶粒细化剂可使浆料内的初生 α-Al 颗粒形成近似球状的形貌且分布更均匀。

b. 晶粒细化是使铸造坯料具有更好变形能力的主要影响因素。改性剂可减少残余液体表面张力，降低坯料表观黏度，因此也对改进合金塑性有重要作用。

c. 对变形区域显微组织的研究表明，对于超细化半固态坯料，越靠近铸模壁部分的液相偏析越少，这是因为其颗粒尺寸较小且黏度较低。

② 浇注温度。

在凝固过程中，浇注温度或过热度是影响初生相演化的重要因素之一。已有研究者探索过浇注温度对铸态半固态金属微观组织的影响（例如文献［63-69］）。在浆体中，低过度热使浆料的温度梯度减小，可促进等轴晶的生长。低温度梯度避免了熔体产生定向的热量扩散，也阻止了糊状物内形成柱状枝晶[4]。在新开发的 SSM 加工技术中，这是一个能有效控制所形成初生相形貌的方法，因为对浆料进行搅拌不再是促进形成球形颗粒的主要因素[25,68,69]。图 4.14 给出了浇注温度对 356 铝硅合金组织演变的影响规律[67]。

在 SSM 加工过程中，浇注温度的重要性不言而喻，此时通常用强对流进行搅拌如电磁搅拌，将在 5.4 节讨论。

4.2.2.2　工艺参数

(1) 剪切应力和剪切速率 (τ, $\dot{\gamma}$)

外加剪切力是影响 SSM 浆料黏度的最重要因素之一[39,43]。外加剪切力会使浆料产生层流或湍流并诱导枝晶分解和枝晶碎片团聚或解聚，这是初生相分布均匀的主要驱动力。外加剪切力最终会在 SSM 浆料内的分解和聚集现象间建立某种平衡，即达到"稳定状态"，阻止形成过大颗粒，这种过大颗粒是浆料在模腔内流动的主要障碍。对浆料施加剪切力，能够阻止球状颗粒由于低晶界能而易团聚成较大颗粒的趋势[70]。SSM 浆料的"表观黏度"是指随剪切速率和固相分数而变化的稳态流动黏度[7,32]。如图 4.15 所示，当固相分数一定时，其黏度随着剪切速率的增大而减小。

剪切速率是一个与材料性能相关的参数，对牛顿流体来说，剪切速率与剪切力呈线性关系，而对非牛顿流体，成非线性关系。如图 4.11 和图 4.16 所示，非牛顿流体中剪切速率与剪切力起着同样的作用，剪切速率增大会降低其黏度。理想牛顿流体的黏度与剪切速率无关[7,32]。

通过施加剪切力对浆料进行搅拌的不同方式已在第 2 章 SSM 加工技术中做出说明。在制备用于触变和流变铸造的主要原材料的过程中，外加剪切力起到重要作用，机械流变器或搅拌器则是生产 SSM 坯料时提供剪切力的常用设备[71]。旋转是施加外力的另一种方法，它不仅能产生剪切应力，还能使 SSM 浆料内热量分布均匀，从而减小液相温度梯度，降低成核势垒。此外，旋转还有助于二次和三次枝晶分解。这均有利于 SSM 坯料中形成等轴晶，使其流动和变形性能提高[72]。

Prasad 等人[73]研究了颗粒尺寸与固相分数、冷却速率以及剪切速率的关系并提出公

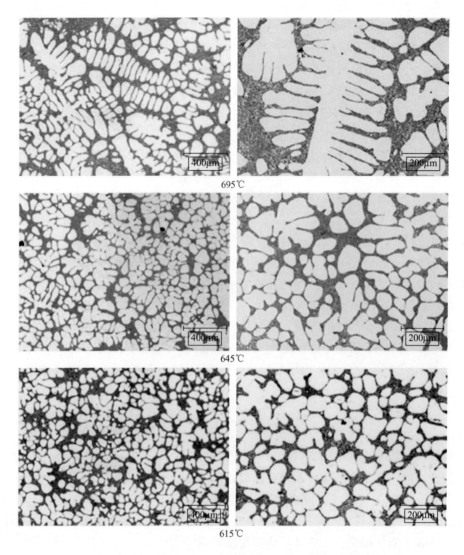

图 4.14　浇注温度对 356 铝硅合金组织演变的影响规律[67]

式（4.19），该公式与实验结果吻合良好，可用于预测工艺参数对粒度的影响。

$$d = \frac{\Phi D_1^{4/9}(T_1-T)^{1/3}}{\dot{T}^{1/3}\dot{\gamma}^{1/3}}\frac{-f_s}{(1-f_s)\ln(1-f_s)}\left(\frac{C_1-C_0}{C_0-C_s}\right)^{2/3} \tag{4.19}$$

式中，d 是颗粒直径；D_1 是液体扩散率；T_1 是合金液相线温度；T 是半固态区域的温度；C_0 是液相成分；C_1 是在界面处的液相成分；C_s 是固相的平均成分；$\dot{T}$ 是冷却速率；$\dot{\gamma}$ 是剪切速率；f_s 是固相分数。式(4.19) 中 Φ 的值取决于流体流动速率和颗粒-流体滑移速率之间的关系，因此不能由理论分析得到。由于上述二者之间的关系并没有明确的定义，因此 Φ 的值必须根据实验数据通过拟合来确定。Prasad 等人[73]对实验所得数据进行了详细的分析计算，提出对于 Couette 型黏度流体的流变铸造过程，Φ 可取经验值$\frac{0.119}{C_0^{2/3}}$。

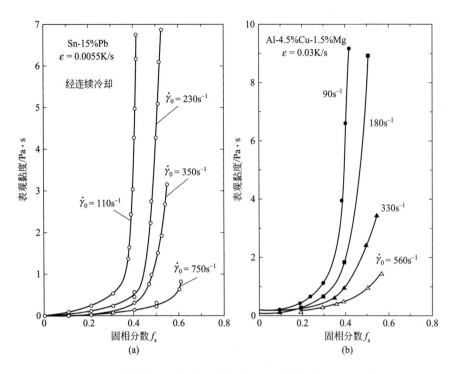

图 4.15　不同剪切速率下表观黏度和固相分数的关系（表观黏度
随剪切速率增大而减小）：(a) Pb15％Sn[35]；(b) Al4.5％Cu1.5％Mg[32]

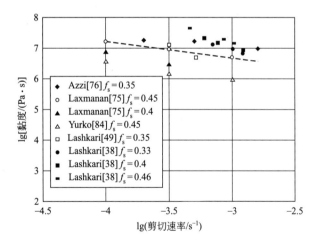

图 4.1 6　剪切速率对具有相似固体分数和球状形貌的 SSM 浆料黏度的影响[38]

$$f_s = 1 - \left(\frac{T_0 - T_1}{T_0 - T} \right)^{\frac{1}{1-k}} \tag{4.20}$$

$$C_1 = \frac{C_0}{[1-(1-k)f_s]} \tag{4.21}$$

$$C_s = \frac{C_0\{1-(1-f_s)/[1-(1-k)f_s]\}}{f_s} \tag{4.22}$$

式中，T_0 是金属溶剂的熔点；k 是溶质分配系数。

（2）剪切时间（t_s）

当剪切速率一定时，流体黏度的变化取决于剪切作用持续的时间。根据搅拌时间的不同，SSM 浆料的流变行为可分为瞬态和稳态两个阶段。瞬态阶段黏度是时间的函数，而稳态阶段黏度是仅与剪切速率成正比的常量[10]。

固体颗粒间的动态相互作用导致了团聚的产生，在黏性力的作用下，新形成的团聚体可能相互碰撞，从而产生更大尺寸的团聚体。与此同时，已经形成的团聚体也可能会破裂，解聚导致生成尺寸较小的颗粒。因此，某一时刻固体颗粒之间的团聚程度取决于系统的性质，包括颗粒大小、体积分数和外部流动条件。

稳态阶段，团聚程度是结构重组（团聚）和分解（解聚）两个相反过程之间动态平衡的直接结果[59]，当浆料开始剪切后，经过足够的时间才能达到稳态。瞬态是从剪切开始至达到稳态之前的这段时间，在此阶段内团聚和解聚之间未达到平衡，并且在达到稳态前测得浆料的黏度随时间一直变化。瞬态时间的长短取决于所施加剪切力的大小，且随着剪切力的增大而减小。图 4.17 给出了剪切速率等其他参数对稳态和瞬态的影响。显而易见，随着剪切速率的增大，浆料达到稳态的时间缩短[19]。

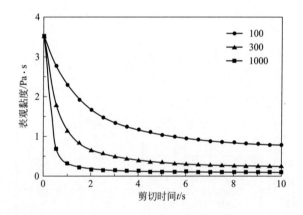

图 4.17　不同剪切速率（s^{-1}）下固相分数为 0.4 的 Sn15％Pb 合金的计算瞬态黏度随剪切时间的变化[19]（经泰勒和弗朗西斯有限公司许可出版）

（3）冷却速率、保温温度和保温时间

冷却速率 $\dot{T}$ 表示热量从浆料扩散的速度。可以肯定的是，冷却速率的大小直接影响固相形成速率或生长速率 R。冷却速率加快使得生长速率也加快，并且促进了枝晶凝固。由于枝晶和最终树枝状骨架的形成会使浆料的黏度增大，而对于具有相同固相分数但冷却速率较低的浆料，3D 骨架的形成则会延迟。图 4.18 所示为生长速率和温度梯度对 Sn-Pb 合金凝固组织形貌的影响[4]。

保温温度是糊状区域内控制固相分数的参数。保温温度和固相分数之间的关系可由杠杆法则、Scheil 方程、热分析或淬火试样的微观组织分析等得到。由图 4.15 可明确得知，

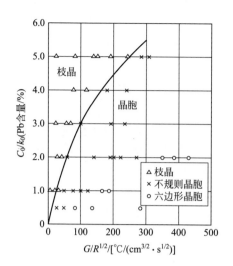

图 4.18 温度梯度和生长速率对 Sn-Pb 合金凝固组织形貌的影响[4]

固相分数越高导致黏度值也越高[40]。显然,当黏度一定时,要获得高固相分数,则需要高剪切速率[7,32]。

由于糊状物的温度和固相分数之间的关系错综复杂,所以很难区分二者对黏度的影响。然而,如式(4.23)所示,温度和黏度成反比关系,即温度越高,黏度越低。该方程仅适用于温度变化不会引起相变的系统,例如高分子材料。

$$\eta = \eta_0 \exp\left(\frac{\Delta E}{RT}\right) \tag{4.23}$$

式中,ΔE、η_0、R 和 T 分别是活化能、初始黏度、气体常数和温度。

保温温度(恒温)会影响颗粒生长,因此是影响黏度的另一个参数。SSM 浆料中的颗粒生长可以通过聚结、奥斯特瓦尔德熟化或者两种机制相结合来实现。Al-Si 合金 SSM 浆料中颗粒的生长速度满足三次方公式 $R^3 = k_c t$[74],式中动力学速率常数见式(4.24)。

$$k_c = \frac{8}{9} \frac{\Gamma D_1}{M_1(C_s - C_1)} f(f_\alpha) \tag{4.24}$$

式中,$f(f_\alpha)$ 是固相分数的函数(A356 合金中球状 α-Al 颗粒的值是 3.17);Γ 是毛细常数,2×10^{-7} mK;D_1 是液体中的溶质扩散系数,3×10^{-9} m²/s;M_1 是液相线斜率,6.8K/%Si(原子分数);C_s 是固相中的溶质浓度,1.3%Si(原子分数);C_1 是液相中的溶质浓度[74]。

(4)试样尺寸

一般来说,如果试样的温度和剪切速率分布均保持恒定,那么试样尺寸对黏度的影响可忽略不计。尽管如此,为减少实验成本,最好还是选择小尺寸试样进行实验,因为试样尺寸越大,需要的设备也越大。另外,小试样也能减少实验结果的多样性。例如,在旋转黏度测试时,内、外筒之间环形间隙[7,32,33,51]的距离要尽可能小,以使浆料旋转时剪切速率的分布更加均匀。

平行板压缩黏度法[75,76]测试时也是使用小尺寸试样,当对圆柱试件进行黏度测试时,无论假设牛顿流体还是非牛顿流体，均涉及数学计算。为降低求解难度，设试样尺寸满足 $h \ll R$（h 代表高度，R 代表半径）。事实上，与径向速度 v_r 相比，沿 z 轴的轴向速度 v_z 也可忽略，这就同时解决了方程的连续性和动量性。其他研究者也利用平行板黏度计研究了试样尺寸的影响。Lashkari 等[36,41]的研究认为流变实验的最重要目的之一是证明在低剪切速率（低于 $1 \times 10^{-2} s^{-1}$）下，SSM 浆料黏度与试样尺寸效应无关。制备出两组不同尺寸的试样，一组长径比为 0.4（高 10mm，直径 24mm），与文献中尺寸接近，另一组长径比为 1.8（高 140mm，直径 75mm），在相同初始压力以及温度 595℃、固相分数 f_s 为 0.33 的条件下进行压缩实验。基于准稳态变形时"与径向流动相比，轴向流动可忽略不计"的假设，已证实在平行板压缩黏度测定法中也可采用大尺寸试样，通过计算黏度来研究 SSM 浆料的流变行为。由此得出，试样尺寸不是重要参数，具体结论如下。

- 当 A356 合金的微观组织由枝晶变为球晶时，其黏度随之下降，这是因为浇注温度引起的微观组织形貌演变是影响 SSM 浆料流变特性的最大因素。从样品尺寸的角度来说，重新加热触变试样，可能导致初生相 α-Al 颗粒出现微小的形态和尺寸变化，从而使黏度发生变化。这种情况对枝晶形貌尤为突出，而对于玫瑰晶和球晶形貌，黏度的变化可以忽略不计。

- 在低温 615～630℃浇注时，流变铸造（高 140mm，直径 75mm）和触变铸造（高 10mm，直径 24mm）所得球晶形貌，具有相同的黏度，从而证实了 $h \ll d$ 时试样尺寸这一准则与黏度无关及平行板压缩测试法用于测定 SSM 浆料黏度的可靠性。

- 影响 SSM 浆料流动特性的最重要参数是初生相的组织形貌，而非试样尺寸。

4.2.3 测试方法

黏度是研究半固态金属合金流动性的重要参数。它揭示了半固态金属的充模能力，同时决定了材料流变和变形所需要的力。传统凝固过程中，黏度随着固相分数的增加而稳步上升，直到固相不能再自由移动，即达到 DCP（枝晶搭接点），此时已经凝固的部分开始粗化。

在 SSM（半固态金属）成形过程中，由于强制对流及熔体内较低的温度梯度，阻碍了枝晶网状结构的形成，使得 DCP（枝晶搭接点）被推迟。Spencer 等人[7]在 20 世纪 70 年代早期对 Sn-15%Pb 合金流动性的研究表明，搅拌引起枝晶破碎，模具内较均匀的温度分布（较低的温度梯度、强制对流）引起碎片状树枝晶的多向生长，这些都促进了等轴晶粒的形成，进而阻碍了黏度迅速增大到较高的固相分数。

通过分析半固态金属坯料的流变行为，主要有三种实验方法来表征其微观结构。它们主要是将半固态坯料的流变特点与其微观结构和黏度联系起来。主要包括以下几个方面：①流动性测量；②黏度测量；③切削力测量。

4.2.3.1 流动性测量

对于半固态金属浆料来说，充模能力，即流动性是一个关键问题。因为固相分数增加超过 0.4～0.5 时，黏度会迅速增大使得模具填充几乎不可能实现。此外，由于非牛顿特性，半固态金属的行为比纯液相金属更复杂。因此，尽管流动性的整体概念也适用于半固态金属，但不建议将熔融金属流动性的观点应用到半固态金属。

液相金属的流动性已被广泛研究[4,13,14]，众所周知，包括液相金属因素（温度、黏度和熔化潜热)、模具-金属相互作用(热流变、热导率、热扩散率和模具温度)以及最终的测试变量(金属端部高度、通道尺寸和浇注特点包括浇注速度)等都会影响流动性。尽管在半固态金属成形的不同领域进行了大量工作,但很少有研究集中在流动性概念上[77-83]。流动通道中的半固态浆料的凝固模式类似于纯液相合金的凝固模式,浆料的流动被在凝固过程中最前沿的流动顶端附近的临界固相浓度阻止[79]。作者研究了通过机械搅拌和旋转熔平衡设备制备出的356Al-Si半固态金属坯料的流动性,表明流动性与温度直接相关,即温度升高,固相分数减少,流动性增加,如图4.19所示[78]。

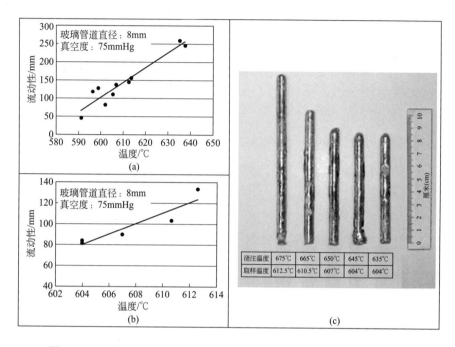

图 4.19 取样温度对流动距离的影响:(a)机械搅拌;(b)旋转熔平衡
设备制备法;(c)旋转熔平衡设备制备出的356Al-Si半固态金属坯料的流动性
测试结果([78]经矿物,金属和材料协会许可转载)

(注:1mmHg=133.322Pa)

正如预期,浆料的流动距离随温度升高而增加。然而,玻璃管道中浆料的流动特性是不同于机械搅拌和SEED(旋转熔平衡设备的制备)的。对机械搅拌测试而言,随着温度的降低,由于有结块的趋势,最初形成的固相颗粒似乎成为液相过滤器。此外,在流动样品中检测到的初生α-Al颗粒百分比最大只有20%。当与该合金此温度下的实际固相分数比较时,很明显超过一半的固相颗粒不能进入70mmHg(1mmHg=133.322Pa)分压下(用于本研究)的浆液样品管。这是由于机械搅拌的样品发生结块以及颗粒尺寸随温度的降低而增大。这些颗粒似乎又充当了过滤器,阻碍固相颗粒进入管内。这种现象表明该流动性测试并不能真实反映浆料的特性。

4.2.3.2 黏度测量

(1)黏度测定法

研究半固态金属浆料的黏塑性行为的测试方法有多种。这些方法基于测量浆料的黏度，并且根据固相分数被分为两大类，即固相分数低于 0.4，固相分数高于 0.4～0.5[19]。测量低固相分数浆料黏度的最简单方法是直接测量浆料中诱导转矩的旋转测量法。

自牛顿引入黏度概念以来，到 1890 年 Couette 发明第一台实用旋转黏度计有近 200 年的历史[9]。Couette 同心圆筒黏度计由一个旋转杯和一个内圆柱体组成，内圆柱体由扭力丝支撑，安放在杯底部的一个点上。该黏度计是个大型装置，其内径（R_{bob}）14.39cm，外径（R_{cup}）14.63cm。Couette 的设计能够在很小的误差范围内计算非牛顿流体的表观黏度，是因为间隙与内径的比例非常小。Couette 型黏度计工作时，保持内圆柱静止，旋转杯旋转并在内圆柱表面产生剪切应力，该应力被作为扭矩进行测量。图 4.20（a）为部分研究者采用的装置示意图[7,32,74]。另外一种类型的圆筒黏度计——Searle 型黏度计，与 Couette 型黏度计略有不同，其杯体静止不动，内圆柱在熔体或浆料内旋转引起剪切。两种装置中，浆料均是通过安装在内部的电加热元件进行加热的，并通过嵌入不同部位的热电偶来控制温度。图 4.20(b) 为 Searle 型黏度计的示意图[23,33,51,61,62]。

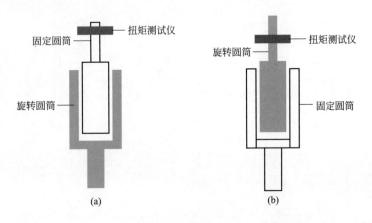

图 4.20　黏度计：(a) 外筒旋转的 Couette 型；(b) 内筒旋转的 Searle 型[40]

（2）数学处理

为了得到同轴旋转黏度计的基本方程，需要做以下假设[7,33,34]：

- 液体是不可压缩的；
- 液体的流动是层流；
- 流动的流线是垂直于旋转轴水平面上的圆（速度只是半径的函数）；
- 流动是稳定的；
- 在圆柱体表面和与圆柱体直接接触的流体之间没有相对运动，没有滑动；
- 流动是二维的；
- 体系是等温的。

基于以上假设，两种测量方法的表观黏度可以利用给出的转矩数据根据式（4.25）、式（4.26）及式（4.27）计算[7,33,34]：

$$\tau = \frac{T}{2\pi r^2 L} \tag{4.25}$$

$$\dot{\gamma} = \frac{2\Omega}{r^2}\left(\frac{r_i^2 r_o^2}{r_o^2 - r_i^2}\right) \tag{4.26}$$

$$\eta = \frac{T}{4\pi L\Omega}\left(\frac{1}{r_i^2} - \frac{1}{r_o^2}\right) \tag{4.27}$$

式中，T 为测量扭矩；L 为圆柱内的液体高度；$\dot{\gamma}$ 为剪切速率；Ω 为转子角速度；η 为表观黏度；r_i 为内圆柱半径；r_o 为外圆柱半径；r 为实际环状间隙半径。对于黏度与装置的几何形状有关的流体，在应用同轴旋转黏度计时存在一些问题。这是因为通过高应力区域到低应力区域的间隙时剪切速率发生了变化。平均剪切速率仅适用于牛顿流体和塑性流体。由于假塑性流体和膨胀流体的应力和剪切速率之间没有固定的关系，式(4.26) 中的实际剪切速率在间隙中的任何点都不能估算，除非间隙非常小。

扭矩测量可用于研究等轴/树枝状凝固过程中的枝晶搭接点。搭接点即为扭矩急剧增大的临界点[48]。

（3）平行板压缩测试

对于高固相分数的浆料，黏度一般不能利用旋转黏度计测量。这种自立式的坯料（金属块）比较坚硬，只能用其他方法来表征，包括平行板压缩测试[36,38,75,76,82-89]、直接和间接挤压[27,85,90,91]、压痕测试、拉伸测试[92,93]和切削测试[94]。

膏状类材料流变行为的检测最常用方法是平行板压缩测试。在这种方法中，固定载荷被简单地施加在半固态金属浆料的上表面，并通过分析应变随时间的变化来研究其变形行为[95]。应变-时间的结果图进一步用数学方法处理来计算黏度并表征测试合金的流变行为。根据半固态金属浆料表现为牛顿流体或非牛顿流体的假设，这些图的结果应该分别解释。在剪切速率低于 0.01s^{-1} 的情况下，结果用牛顿流体的方法来处理[75]，并用以下方程来计算半固态圆柱形坯料的黏度。

对于两平行板间挤压的圆柱形样品，经典牛顿黏度定律［式(4.2)］可变形为加载力 F 的形式［式(4.28)］，并假定坯料在变形过程中并不能填满两平行板之间的空间[21]：

$$F = -\frac{3\eta V^2}{2\pi h^5}\left(\frac{dh}{dt}\right) \tag{4.28}$$

对式(4.28) 在 $h=h_0$、$t=t_0$ 到 $h=h$、$t=t$ 处积分，得到式 (4.29)，初始压力 $P_0 = \frac{Fh_0}{V}$，变形开始时，黏度-时间的关系可表达为式(4.30)：

$$\frac{1}{h^4} - \frac{1}{h_0^4} = \frac{8\pi Ft}{3\eta V^2} \tag{4.29}$$

$$\frac{3Vh_0}{8\pi P_0}\left(\frac{1}{h^4} - \frac{1}{h_0^4}\right) = \frac{t}{\eta} \tag{4.30}$$

黏度为式(4.30) 左半部分 $\left[\dfrac{3Vh_0}{8\pi P_0}\left(\dfrac{1}{h^4} - \dfrac{1}{h_0^4}\right)\right]$ 与时间（t）绘制的曲线斜率的倒数。

对于牛顿流体，压缩测试中任何时刻的平均剪切速率 $\dot{\gamma}_{av}$ 用式(4.31) 计算[21]：

$$\dot{\gamma}_{av} = -\sqrt{\frac{V}{\pi}\left(\frac{dh/dt}{2h^{2.5}}\right)} \tag{4.31}$$

式中，ν_x、η、V、h_0、h、F 和 t 分别为变形速率（ms^{-1}）、黏度（Pa·s）、样品体积（mm^3）、初始高度（mm）、瞬时高度（mm）、施加的静载荷（N）和变形时间（s）。用于求解方程式(4.28)～式(4.31) 的数字解可以在相关文献中找到[38]。

如果半固态金属坯料为非牛顿流体，对两平行平面挤压的圆柱样品的流变方程的求解如下：

$$\frac{h_0}{h} = \left[1 + \left(\frac{3n+5}{2n} \right) k h_0^{\frac{n+1}{n}} t \right]^{\frac{2n}{3n+5}}$$ (4.32)

其中

$$k = \left\{ \left(\frac{2n}{2n+1} \right)^n \left[\frac{4(n+3)}{\pi m d_0^{n+3}} \right] F \right\}^{\frac{1}{n}}$$ (4.33)

式（4.32）仅适用于工程应变随时间线性变化的稳态条件下的变形。为了包含工程应变（e），式（4.32）需做进一步数学处理，如式（4.34）。

$$\lg(1-e) = -\left(\frac{2n}{3n+5} \right) \lg t - \left(\frac{2n}{3n+5} \right) \lg \left(\frac{3n+5}{2n} k h_0^{\frac{n+1}{n}} \right)$$ (4.34)

为了计算 m 和 n 的值，工程应变（$1-e$）和时间（t）取对数，并利用必要的方法根据 $\lg(1-e) - \lg t$ 图的斜率和应变轴截距计算 m 和 n 的值[21]。图 4.21 展示了平行板压缩试验机的示意图和实际内部设计及制造的大尺寸平行板压缩机，以表征制备的半固态金属坯料（块状物）的微观结构演变[95]。

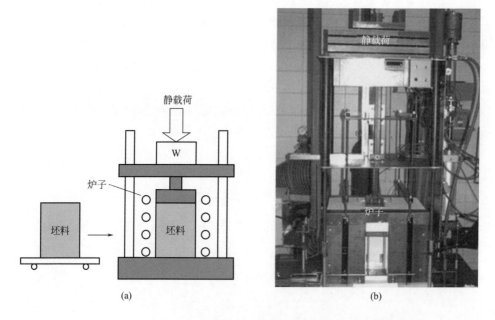

图 4.21　(a) 平行板压缩试验机示意图；(b) 平行板压缩机实物图

对于流变性测试，将浇注的坯料转移 [温度（598±2）℃] 至平行板压缩试验机上，然后在（598±2）℃下施加 2.2kg 静载荷进行单轴压缩。利用精度为 0.02% 的测力传感器和全行程精度为 ±(0.1～0.2)% 的位移传感器来监测施加的力和产生的位移。压缩试验机上安装了一个圆柱形炉，以保持压缩过程中坯料温度恒定。炉子装有耐热石英窗口，以便观察坯料。两个 K 型热电偶放置在炉内以控制炉内温度保持 ±2℃ 的精度。所有样品压缩 10min 后从炉中取出并在水中淬火至室温。

（4）落锤锻造黏度测试方法

落锤锻造黏度计是平行板压缩测试的特例[84,86]，可利用类似的方程来计算黏度。该仪器的设计是为了在黏度测试中提供更大范围的剪切速率，$10^{-5} \sim 10^{4} \, s^{-1}$。通常，高剪切速率测试在千分之一秒内进行，是为了研究触变性半固态金属材料的瞬时黏度。基于式（4.28）演变出适用于该条件下的式（4.35）：

$$m_{p}\left(\frac{d^2 h}{dt^2}+g\right)=\frac{-3\eta V^2}{2\pi h^5}\left(\frac{dh}{dt}\right) \tag{4.35}$$

式中，m_{p} 是上模板的质量；g 是重力加速度。求导并获得式（4.35）的变量后，可以将黏度表示为时间的函数。

Sherwood 等人[96,97]已经研究出计算两平行板塑性挤压的非牛顿材料黏性的数学方程，其中挤压材料能够填充两压板之间的空隙。假设 σ_{f} 为压缩板和工件平面间的摩擦应力，σ_{y} 为材料的屈服应力，式（4.36）即可以表征压缩黏度测定中物质的变形行为。

$$F=\frac{2\sigma_{f}\sigma_{y}\pi r^3}{3h_0}+\frac{\sqrt{3}\sigma_{y}\pi r^2}{2}\left[\sqrt{(1-\sigma_{f}^2)}+\frac{1}{\sigma_{f}}\sin^{-1}\sigma_{f}\right] \tag{4.36}$$

式中，F 是压缩材料所需的力；h_0 是初始高度；r 是圆形压板半径，其中挤压材料填充它们的空隙。力 F 与压缩速率 $\frac{dh}{dt}$ 无关，应根据与速率无关的塑性理论进行分析。Kolenda 等人[83]利用类似于式（4.36）的方程评估两种混合陶瓷粉末作为陶瓷浆料的黏度。结果表明陶瓷浆料为非牛顿材料。

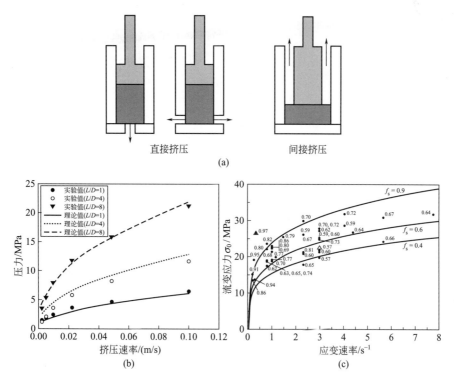

图 4.22 （a）不同的挤压黏度测试方法；（b）压力-挤压速率关系图
（不同尺寸下理论与实验值的对比）[90]；（c）不同固相分数下的流变应力与应变速率的关系图[91]

（5）直接和间接挤压

根据半固态材料的黏度，挤压测试也可以用于研究半固态金属坯料填充模腔的能力。图 4.22 显示了挤压测试示意图及相关图表[90,93]。更多的实验细节、合适的理论处理及数学公式等方法均可参考文献[74,90,93,98]。

（6）压痕测试

压痕测试是另外一种测试半固态金属块机械性能的简单方法。在这种方法中，恒定压力下，压头在半固态坯料中的压入深度被认为是衡量合金黏度的指标。这是一个简单的测试，可对半固态金属坯料进行商业化在线测试。图 4.23 表明了测试参数和固相分数对压头/半固态金属坯料相互作用的影响[92]。式（4.37）用于计算压痕测试中半固态金属试样的黏度：

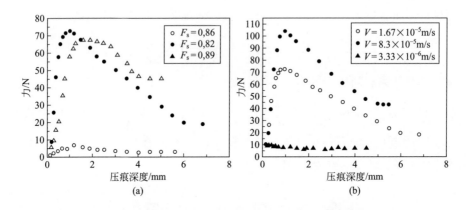

图 4.23　压痕测试结果：（a）恒定压入速率和不同固相分数；
（b）不同压入速率和固定固相分数（0.86）[92]

$$\eta = \frac{16\pi\left[(1-\nu^2)F\right]}{6r\dot{\varepsilon}} \tag{4.37}$$

式中，ν 为泊松比；F 为加载力；r 为圆柱压头半径；$\dot{\varepsilon}$ 为应变速率。研究表明，当固相分数大约为 $0.82 \sim 0.85$ 和类固相分数超过 0.85 时，Al-4%Cu 合金表现为假塑性行为[92]。

部分研究者也采用拉伸测试的方法研究半固态材料的流变行为[92]。然而，拉伸和压痕测试都不适用于固相分数低于 0.85 的材料[16,92]。压痕测试其实就是具有更多限制条件的压缩测试。

Lahaie 等人[99]提出了一个物理模型来表明拉伸强度和半固态参数之间的关系，如式（4.38）：

$$\sigma = \frac{\eta\dot{\varepsilon}}{9}\left(\frac{f_s^m}{1-f_s^m}\right)^3\left\{\left[1-1/2\left(\frac{f_s^m}{1-f_s^m}\right)\varepsilon\right]^{-3}+2\left[1+\left(\frac{f_s^m}{1-f_s^m}\right)\varepsilon\right]^{-3}\right\} \tag{4.38}$$

从式（4.38）中可以看出，半固态材料的力学性能，如拉伸强度（σ）取决于晶间液相黏度（η）、外加应变速率（$\dot{\varepsilon}$）、累积应变（ε）、固相分数（f_s）和微观结构参数 m，其界限为 1/2 和 1/3，并分别对应柱状和等轴状结构。Wahlen[27]将类似的方程应用到了铝合金的压缩流变行为研究中。

4.2.3.3　切削力测量

该设备基本上被设计为生产线上的质量控制工具。这种方法使用钢刀或钢丝对半固态浆料进行切割。装置中有一个测量力的载荷传感器以及确定速度和线/刀片张力的传感器。刀片通过半固态金属坯料的速度，浆料抵抗切割刀片的阻力，以及施加在刀片上的力是微观结构特征的表征参数[52,94]。图 4.24(a) 为测试设备，图 4.24(b) 表明了用于表征切割距离的四个指标。

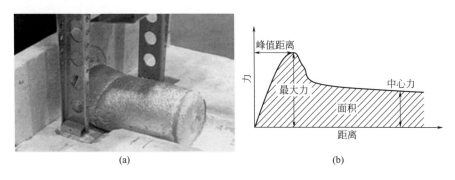

图 4.24　(a) 切削力测试设备；(b) 具有四个指标的力-切割距离示意图[52]

① 最大力；

② 峰值距离；

③ 与切削能量相关的坯料前半周曲线下的面积；

④ 与坯料中心的平均切削力有关的中心力（30～40mm）。

图 4.25(a) 为 A357 铝合金在 675℃、655℃ 及 635℃ 三个不同浇注温度下的测试结果（坯料测试温度为 590℃）。浇注温度高会产生更多的枝晶结构，其对刀片切过坯料的抵抗力比球状微结构更大。四个指标的平均值均随着浇注温度的升高而增大，如图 4.25(b) 所示。

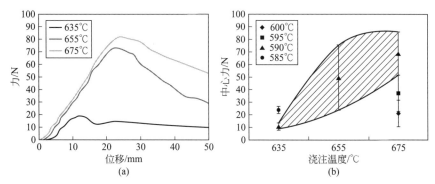

图 4.25　(a) 不同浇注温度下力-位移曲线；
(b) 不同浇注温度下中心力-浇注温度曲线

4.3 微观/宏观组织结构分析

除了对半固态金属（SSM）的凝固过程进行热分析，及铸态 SSM 坯料的流变分析外，本节还对组成相的宏观和微观组织结构进行分析，进一步研究 SSM 半成品坯料或 SSM 成品的特性。

在一定温度范围内，液相和固相共存是浆料制备的前提条件，因此为获得半固态结构，合金体系起着关键作用。由于球状组织的形成可提高金属的模具填充能力并能改善铸态零件的力学性能，因此初生颗粒演变的理论与机制，即枝晶到等轴晶的转变，是一个必须考虑的问题。SSM 浆料的理想微观结构是细小球状固相颗粒均匀分布在液态基体中。固相分数应慎重考虑，固相率低，可能导致金属因黏度和湍流度不足而充型困难，而高固相率的金属可能导致成形困难或增加机械成本。

基于上述要求，对半固态材料进行表征，是制定、完善和获得具有最优结构的 SSM（半固态金属）构件成形工艺的必要条件。其结果不仅丰富了材料学的理论，还可促进更好地理解流变行为并最终改善铸件的力学性能。本节旨在采用定性和定量金相学原理进一步表征 SSM 坯料和产品[100]。

4.3.1 定性金相学

为了能够准确地表征 SSM 微观结构，有必要了解所得到的凝固组织的特征和复杂性，并且能够区分观察到的二维（2D）结构和实际的三维（3D）形貌。

通常在肉眼观察后，使用光学显微镜在抛光平面上观察凝固合金的显微组织。二维分析可能无法提供具有完整信息的结构图，有时还会导致无效的结论。有时尽管从某些二维平面上看，初生相分布良好，但是在抛光平面下方，一些看似孤立的初生颗粒是相互连接的，这时就会导致关于工艺有效性的误导结论。

各文献采用不同的技术用于揭示初生相的真实形态演变，包括通过连续切片重建三维图像、X 射线显微断层摄影术以及通过电子背散射衍射（EBSD）研究晶体取向关系。连续切片是基于对样品进行连续研磨和抛光并采集后续图像的破坏性技术，主要困难在于校准切片距离和工作框架，而这些问题可通过自动抛光程序和钻孔导轨以及垂直于抛光截面的孔来进行控制。初生颗粒的形态及其可能的相互连接性是基于沿着这些连续截面的每个特征的位置和形状来表征的。最终的三维图像是通过计算机软件来构建的[103-107]。图 4.26 给出了一个实例。

电子背散射衍射（EBSD）是通过在扫描电子显微镜（SEM）中分析样品来提供晶体学信息的技术。进行电子背散射衍射（EBSD）测试时，样品倾转 70°，固定入射电子束轰击样品，并与之相互作用，在荧光屏上形成衍射花样。该衍射花样所对应的样品区域的晶体结构和取向是唯一的，因而可用于测量晶体取向，晶界取向差，区分不同材料，并提供关于局部晶体完整性的有用信息。通过在多晶样品上进行光栅扫描，并测量每个点的晶体取向，最终得到的取向图可显示组成晶粒形态、取向和边界。此外，测试结果也可显示材料中存在的择优取向（织构）[101,102]。

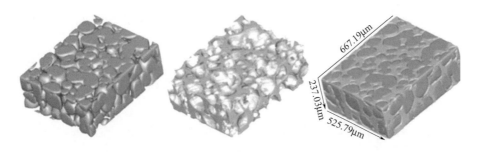

图 4.26　通过 60 张连续切片图像重建的 A356 浆料的三维形貌（Xiangjie Yang 教授提供）[107]

X 射线显微摄影术是由 Suery 和他的合作者在法国格勒诺布尔开发的一项三维可视化技术。这一非破坏性技术基于 X 射线束穿过样品，随后通过 CCD 或 CMOS 相机捕获透射图像。样本放置在一高精度的旋转台上，X 射线束投射到样品后，部分被吸收，而透射出去的 X 射线被闪烁体转换成可见光。然后将样品旋转 180°或 360°，并在此旋转过程中记录足够多的投影。最后阶段与连续切片方法一样获得样品的三维图像[108]。采用这种方法时，各相之间的对比度与不同相之间的原子序数差异直接相关，事实上由于化学组分的巨大差异，固相和液相具有良好的吸收对比度。该技术最开始在室温下使用，随着后期发展，目前在半固态下的原位扫描也是可行的[108-110]。

Salvo 等人[108]将 X 射线断层摄影分为两类（图 4.27）：具有发散多色 X 射线束的实验室断层摄影术和具有同步辐射光源（法国的 SOLEIL、ESRF，瑞士的 SLS，日本的 Spring-8 等）的断层摄影术，后者发出的平行 X 射线束可以是多色的或单色的。

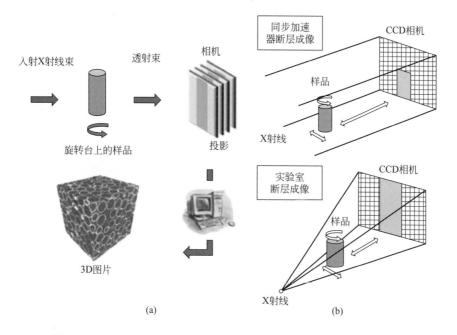

图 4.27　（a）层析成像原理；（b）同步加速器和实验室断层成像[108]

Kareh 等人[109]使用同步加速器 X 射线断层摄影术，研究了 $Al_{15}Cu$ 在小规模的间接挤压过程中的变形能力。将样品加热至共晶温度以上约 5℃保温 200h 后，再加热至共晶温度以上 10℃约 558℃保温 5min，此时固相分数为 0.73，然后以 0.01mm/s 的挤压速度进行等温间接挤压。图 4.28(a) 为实验装置实物图和压缩装置示意图；图 4.28(b) 为三个时间快照，显示了填充过程以及分离的球状 α-Al 仅向上挤出的 3D 渲染效果。

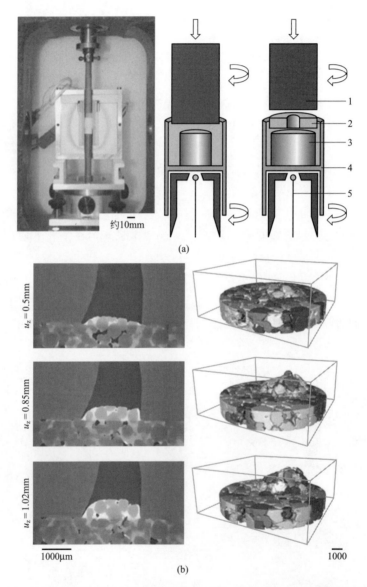

图 4.28　(a) 实验装置实物图和压缩装置示意图；(b) 半固态挤压三种情况下的显微结构
（左侧是 xz 面切片，右侧是固体的 3D 渲染效果）（灰色为 α-Al，白色为富含
Cu 的液体，黑色为孔洞）[109]
1—压头；2—氮化硼挤压模具；3—样品；4—容器；5—热电偶

目前有一项现代技术，使用聚焦离子束（FIB）来研磨一系列切片，实现自动连续切片，然后通过内置在组合 FIB-SEM 仪器中的电子背散射衍射（EBSD）系统产生晶体学

信息，最后使用计算机软件生成 3D 晶体学取向图。在将各 2D 信息组合成 3D 影像前，FIB 切片和 EBSD 成像过程需多次重复进行。这一技术使得显微结构的各种晶体学特征在空间分布上得以量化[111,112]。

本节主要涉及 SSM 铸件的显微结构特征，其中的某些复杂性可能会产生误导性结果。通过偏光显微镜❶[113]和图像分析来区分 SSM 微观结构特征，以期能提供更可靠的表征结果（除了基于显微镜的方法外，还有流变测试，作为生产线质量检查方法，用来区分球状结构和之前描述的枝晶结构）。

4.3.1.1　枝晶与非枝晶结构的区别

有时根据工艺参数，凝固条件可能导致全部或部分的半固态坯料生成枝晶，例如最容易发生树枝状凝固的区域是靠近型模内壁处。因此，最终抛光的微观结构可能会显示枝晶的主干及其分支。或者在一些区段中，可观察到孤立的单个小球，但事实上它们并不是真正的小球。因此，当枝晶臂相交于抛光表面时，在抛光面上可能会观察到大量的假个体和孤立颗粒（图 4.29）。

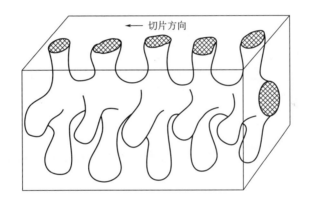

图 4.29　枝晶与抛光表面相交的三维视图（经矿物、金属和材料学会许可转载)[100]

图 4.30 中的常规明场和偏光显微照片证实了在二维切片上进行分析的弊端。通过图像分析系统进行处理时，二次枝晶臂可能被视为单个孤立的粒子。此时，由于枝晶结构被错误地解释成球体，晶粒尺寸及形态（如平均晶粒直径和球形度/平均圆直径和圆整度）在统计上会出现偏差，进而导致工艺参数不能准确计算。

电子背散射衍射（EBSD）分析是研究枝晶和球状结构之间差异的另一种方法。图 4.31 是 356 商业 Al7％Si 合金（熔化温度约为 615℃）在两种不同的浇注温度（690℃ 和 625℃）下的晶粒取向图。EBSD 分析法对晶粒的定义和描述与传统金相分析法不同。EBSD 分析法中如果两个相邻扫描点之间的晶体学取向差小于定义值（通常为 10°或 15°），则属于同一晶粒[101,102]。

---

❶ 金相腐蚀，是当需要显示某些特定感兴趣的微观结构特征，而这些特征在抛光状态下又不明显时，进行的一道工序。阳极氧化是电解蚀刻，在样品表面沉积氧化物薄膜，并通过交叉偏振光来使晶粒显色。值得注意的是，某些非立方晶体结构的有色合金，如镁、钛和锆中，晶粒尺寸可以在抛光条件下有效判定，而对于具有各向同性的立方结构的金属，这种方法是不可行的。通常使用偏振光，对立方金属（如铝）表面上的阳极氧化膜进行检测，以显示晶粒间的对比[113]。

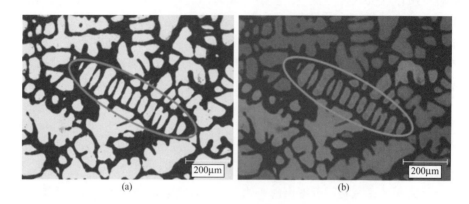

图 4.30 A356 合金在 598℃淬火时的枝晶臂形态：（a）明场；（b）偏光

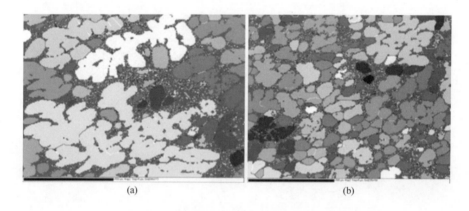

图 4.31 356 商业 Al7%Si 合金在两种浇注温度下的晶粒取向图：
（a）690℃；（b）625℃（熔化温度约为 615℃）
（每个晶粒被分配一种颜色以区别于相邻的晶粒）（黑色比例尺为 500μm）

4.3.1.2 伪球体

半固态显微结构中的初生颗粒具有复杂的形态。看似是一个球体的颗粒可能与其他球体相互连接，因此对这种颗粒比较恰当的命名是"伪球体"。通过比较图 4.32 所示为不同颗粒的光学显微照片，伪球体的概念可以很容易地理解。用线圈出的小球体在明场下似乎是独立存在的。然而，偏振光显微镜清楚地显示出分离的颗粒具有相同的颜色对比度，因此这些小球体起源于同一个颗粒。

这种现象在基于搅拌的工艺中比较普遍，例如机械搅拌或电磁搅拌。通过搅拌产生的强制流动，迫使初始枝晶通过机械破碎[4]或枝晶重熔机制[114]破裂。然而，如果施加的剪切力不足以打断枝晶臂，则它们可能发生塑性弯曲，形成所谓的细长枝晶。因此，前一种情况下产生的是真实的孤立颗粒，会有不同的颜色对比度；而后一种情况下产生的细长颗粒，颜色对比度是相似的。图 4.32 中看到的伪球体可能起源于细长枝晶。这些粒子并不是孤立的小球体聚集在一起，因为它们具有相同的颜色对比度，因此基于枝晶弯曲和交织

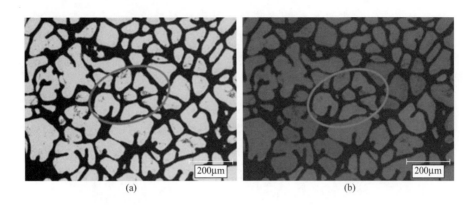

图 4.32　A356 合金在 598℃淬火时狭窄枝晶的形成：(a) 明场；(b) 偏振光

的理论可对此做出有效解释。这种孤立颗粒的唯一判定可通过二维金相学切片方法。伪球体对半固态金属浆料的流变性质起关键作用并导致了较高的黏度。

　　通过机械搅拌打断和破碎初生枝晶是最早采用的制备半固态金属的方法。然而，用该方法制备的浆料结构中，往往存在形状非常复杂的较大的初生团聚体。这些初生颗粒群似乎是由细小、单个颗粒团聚而成的，但这并不是一个准确的假设。Ito 等人[106]对机械搅拌 Al6.5%Si 合金过程中形成的颗粒进行了分析，团聚粒子的研究可追溯到其工作上。将制备好的半固态金属浆料以 900s^{-1} 的速率剪切 2h，固相分数为 0.2，然后进行淬火处理。将淬火后的样品进行抛光，并测量 $10\sim20\mu m$ 部分的连续切片。通过对这些连续切片进行三维模型重建发现，看似孤立的颗粒实际上与其他颗粒相互连接。图 4.33 是该微观结构的三维重构，结果显示，研究区域中的大部分颗粒相互连接形成了单一团聚体。

图 4.33　颗粒连接形成的团聚体的三维重建模型（经矿物、金属和材料学会许可转载）[106]

　　通过电子背散射衍射技术（EBSD）探究 Al6.5%Si 中团聚颗粒之间的晶体学取向关系的研究证实了上述观点[58]。该研究指出，一个团聚体的所有颗粒间，或者成小角度晶界（角度小于 10°）关系，或者沿［111］晶体轴成约 60°取向差关系，即孪晶界关系。图 4.34 和表 4.3 显示了包含十个颗粒的聚集体，其中所有颗粒都具有至少一个相邻颗粒，并且具有两种观察到的取向关系之一。例如，9 号颗粒与 2、3、6、7 和 10 号颗粒均具有小角度晶界的取向关系，而与 1 号颗粒具有孪晶界关系。这表明，9 号颗粒通过第三维与团聚体的其他颗粒相连接[58]。

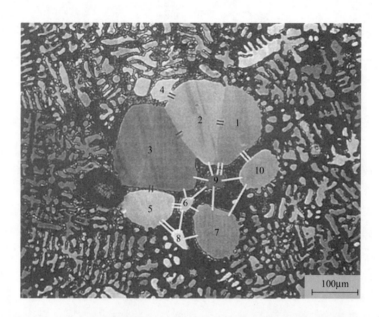

图 4.34　含十个颗粒的聚集体。（经矿物、金属和材料协会许可转载）[58]

——小角度晶界（0～10°）；＝—沿［111］旋转轴取向差成 60°±5°

表 4.3　图 4.34 所示聚集体中颗粒之间的取向差相关数据

（取向差 θ，旋转轴 $[h,k,l]$ 和角偏差 $\Delta\phi$）（经矿物、金属和材料协会许可转载）[58]

粒子	取向差 $\theta/(°)$	旋转轴 $[h,k,l]$	角偏差 $\Delta\phi/(°)$	界面类型
1-2	59.6	[1,1,1]	0.9	共格孪晶界
2-3	3.7	[1,3,6]	2.8	小角度晶界
2-4	56.3	[1,1,1]	5.2	共格孪晶界
3-4	55.8	[1,1,1]	8.8	共格孪晶界
3-5	56.8	[1,1,1]	13.6	共格孪晶界
3-6	3.4	[1,4,5]	12.4	小角度晶界
5-6	57.2	[1,1,1]	12.4	共格孪晶界
5-8	55.6	[1,1,1]	7.9	共格孪晶界
6-8	10.3	[0,2,3]	2.3	小角度晶界
6-7	4.1	[1,1,3]	2.5	小角度晶界
7-8	6.9	[1,3,3]	2.5	小角度晶界
7-10	6.7	[1,2,3]	8.4	小角度晶界
10-1	56.1	[1,1,1]	7.8	共格孪晶界

续表

粒子	取向差 $\theta/(°)$	旋转轴 $[h,k,l]$	角偏差 $\Delta\phi/(°)$	界面类型
9-1	59.1	[1,1,1]	3.3	共格孪晶界
9-2	2.8	[2,3,3]	1.6	小角度晶界
9-3	6.4	[1,2,3]	0.7	小角度晶界
9-6	5.9	[1,6,8]	0.3	小角度晶界
9-7	4.9	[1,2,10]	2.1	小角度晶界
9-10	7.3	[2,3,6]	1.6	小角度晶界

在另一项研究中，Niroumand 等人[103]使用 Al-10.25％Cu 合金和机械搅拌器，并通过连续切片证明了浆料在抛光面上的微观结构由伪颗粒/团簇组成。许多研究人员已将这一现象解释为小球粒的团聚过程，并将它们确定为单一的初始晶粒，事实上，这些粒子的大部分从下方三维地互相连接。图 4.35 显示了样品中的伪团簇及其三维模型，表明了结构的复杂性。

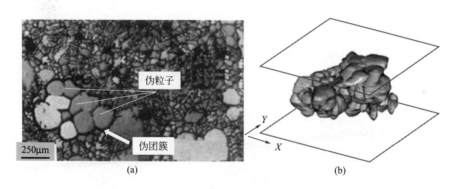

图 4.35　(a) 伪粒子和伪团簇的定义；(b) CAD 生成的伪团簇的三维渲染图[103]

如前所述，X 射线显微摄影术是一种实时工具，能够构建半固态金属结构在凝固过程中的演变过程。事实上，通过分析高分辨率图像，可以将固相形成过程可视化，并能够观察初生相是否独立或相互连接。图 4.36(a) 为 A356 合金在 587℃等温保持 10min 后的三维图像。将三维图像中的液体去除后，固体颗粒之间的连接变得相对明显了，如图 4.36(b) 所示[16]。

4.3.1.3　烧结和凝聚

初生颗粒的烧结和凝聚也是半固态金属加工过程中的有效机制。该机制认为，在搅拌过程中固体颗粒彼此碰撞形成焊接接头，并且由于高温和易于扩散，最终可加强焊接接头。

对特殊晶界的观察可以追溯到 Apaydin 等人对 Al10％Mg 合金的研究工作上[114]。该研究在低冷却速率（1.5K/min）下以不同的搅拌时间和剪切速率搅拌浆料（图 4.37）。据称这些特殊的边界是低能量边界，因为它们在固溶和时效过程中没有出现析出。他们推测这些特殊的边界可能是由烧结产生的，其中搅拌引起的颗粒碰撞导致初生颗粒-颗粒的接触。另一种使特殊边界形成的可能性是孪生生长机制。通常在铝及其合金中，（100）面

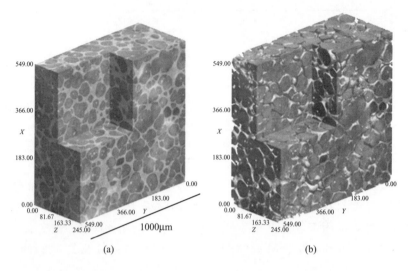

(a)   (b)

图 4.36　A356 合金在 587℃等温保持 10min 后的三维图像：（a）固相和液相；（b）仅固相[16]

优先在与热流相反的方向生长[4]。然而，如果这种择优生长可被任何方式扰乱（如引入溶质元素或通过搅动），则更多的（112）面沿与热流相反的方向生长，并导致生长缠绕在固-液界面上的形核[114]。

图 4.37　Al10％Mg 合金包含四种特殊边界的光学显微照片
（剪切速率为 400s⁻¹，搅拌时间为 7min，放大倍数×193）[114]

图 4.38(a) 是电磁搅拌（EMS）Al-6082 合金样品的二次电子图像，样品在 638℃保温 10min[60]。所有的特殊晶界通过 EBSD 分析进行表征并在图 4.38(a) 中以白线表示。图 4.38(b) 是同一区域的晶界图（白色晶粒代表未熔化的材料，灰色区域淬火熔化）。大角度晶界用粗黑线标出，而小角度晶界和孪晶界用细线标出。小方块突出显示的六个晶粒

间是小角度晶界或孪晶界关系，因此属于同一个团聚体。据称，普通晶界的形成在能量上是不利的，因为一些能量为 $95mJ/m^2$ 的固-液界面将被能量为 $324mJ/m^2$ 的晶界所取代[60]。另一方面，小角度晶界和共格孪晶界是容易形成的，因为它们的界面能比具有大角度边界的固-液界面更低。

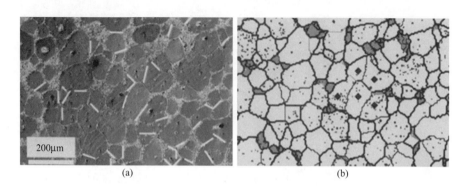

图 4.38　经电磁搅拌和晶粒细化的 Al-6082 合金的晶粒结构（700℃下浇注）：（a）二次电子图像，所有特殊的边界用白线标出；（b）晶界取向图，小角度晶界和共格孪晶界用细线标出[60]

图 4.39 和图 4.40 显示了半固态金属材料烧结的一个实例。两个或多个孤立的固相颗粒相连接形成伪团簇，这可能与搅拌过程中的稳定接触有关（箭头显示的固相联结颈）。这种效应可在低速搅拌或液、固体停滞不动的区域看到。不同的小球体代表不同取向的初生 α-Al 颗粒。采用彩色金相学或 EBSD 技术，通过不同的颜色对比，可以很容易地检测单个初生颗粒的烧结。在半固态学中，团聚是由呈简单的孤立球状或蔷薇状（玫瑰状）的初生颗粒接触并烧结在一起形成的。颗粒之间通过固相联结颈相互连接，并通过元素扩散进一步球化，特别是在负曲率的联结颈区域。烧结机制被认为在 $\gamma_{gb}<2\gamma_{sl}$ 的条件下发生，其中 γ_{gb} 和 γ_{sl} 分别为晶界能和固-液相界面能。正如 Doherty 等人[115]提到的，小角度晶界具有较低的能量，一旦上述条件形成，它们可以保留在微观结构中。

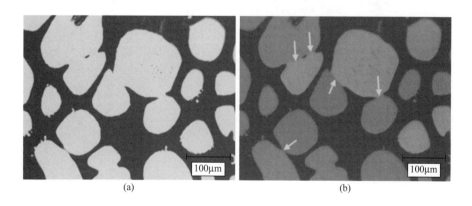

图 4.39　电磁搅拌 A356 合金的烧结效果（593℃再次加热）：（a）明场；（b）偏振光

图 4.41 是 X 射线显微断层摄影术的实例。选用 Al15.8％Cu 合金作为研究对象，该

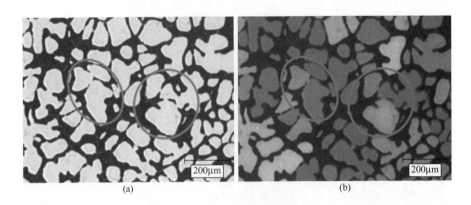

图 4.40 A356 合金中小球体的烧结效果（598℃淬火）：（a）明场；（b）偏振光

合金中的固、液相具有很好的基于成分的吸收对比度，制备好的样品在 555℃保温 80min，同时进行 X 射线显微层析[116]。该研究提出了两种粗化机制：一种机制研究的小球体尺寸差异很大，如图 4.41(a) 所示，可以清楚地看到较小的固相球（1）逐渐溶解（Ostwald 熟化机制），对于其相邻的小球，肉眼并没有观察到明显的粗化；另一种机制研究的小球体尺寸相近，如图 4.41(b) 所示，颗粒 1 和颗粒 2 之间的联结颈尺寸不断增大，而颗粒 2 和颗粒 3 或颗粒 2 和颗粒 4 之间的联结颈尺寸保持稳定。颗粒 1 和颗粒 2 之间的联结颈直径迅速增大，颗粒半径缓慢减小，这是典型的颗粒聚结并最终形成单个颗粒[116]。

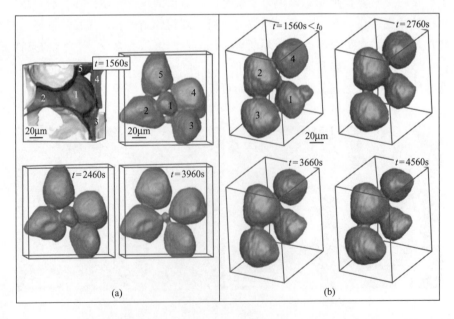

图 4.41 Al15.8％Cu 合金的 X 射线显微层析（555℃保温 80min）：（a）尺寸不同的小球体（小球体 1 随时间逐渐溶解）；（b）尺寸相近的小球体（聚结成单颗粒）[116]

4.3.2　定量金相学

根据前面提到的颜色对比和先前的报道，利用偏光显微镜可以简单地将半固态金属结构划分为完全分离的球体或假球体，假球体包括枝晶、退化枝晶和玫瑰状结构。一旦做出区分，图像处理和分析就可以定量表征结构[100]。

一般认为，定量金相学是一种简单的技术，但仍有几点需要记住，其中重要的一点是需要考虑可能产生的结果。根据作者的经验，图像分析最主要的工作就是在处理和分析图像之前做好准备工作。这就意味着要加强样片的准备，包括抛光和刻蚀，同时还要选择合适的显微镜及其放大倍数。这样所得到的分析结果将会更可靠。对于图像分析，以下几点特别重要：

- 图像采集；
- 图像增强；
- 阈值；
- 图像校正；
- 数据提取。

阈值定义为图像成分的灰度级。灰度级的差异性越好，所得结果就会越可靠。因此，分析的精度取决于阈值极限，以及从处理的图像中区分不必要的对象。另外一个重要的问题是，其重复性不仅取决于阈值设置、放大倍数、光强度及滤光，还取决于样品的制备以及不同样品在金相制备时是否使用相同的程序。视野（图像）数量是另一个决定性参数。通过增加拍摄和处理的图像数量，误差变得更小，统计结果将会更可靠。

半固态金属成形是基于凝固过程中初生相小球的形成，因此主要目标是确定初生颗粒的体积分数、尺寸和形貌。对于形貌，长径比和球状颗粒数是表征颗粒形状的最重要因素；而对于尺寸分析，平均等效圆形区域直径（与被测颗粒具有相同面积的圆的直径）是需要考虑的因素。

4.3.2.1　固相分数

固相分数是流变学研究中的主要参数之一，其变化会影响浆料的黏度。在二维抛光表面测量固相分数（面积分数），如文献［117］中的数学表示，体积分数等于面积分数的平均值。需要强调的是，测量精度等级取决于分析视场（图像）的数量。

文献中报道了用于测量固相分数的不同方法，其中常用的几种方法是：定量金相学、热分析[118]、杠杆法则（热力学平衡条件）、Scheil 方程[4]以及软件包的应用[119, 120]。最常用的就是定量金相学法，样品在半固态金属成形温度下快速淬火以保持糊状，并对该区域内的结构进行分析。缺点是淬火速度慢，阻碍了固相颗粒的进一步长大，导致分析结果错误。

热分析被广泛用于确定金属和合金的凝固特性。该方法可分为两种：差示扫描量热法（DSC）和冷却曲线分析（CCA）。潜热的测定就是 DSC 的典型应用，对于许多材料（包括金属和合金）而言，DSC 比 CCA 更准确。DSC 测量的是样品在降温、升温或保温时释放或吸收的能量（热量）。然而，它只能测量尺寸非常小的样品（毫克范围内），成本高，需要专业技术知识，不适用于冶金或铸造车间作业。冷却曲线分析（CCA）简单，价格低廉，最适用于商业应用。简而言之，通过测量一阶导数曲线和基线之间的面积来计算测试样品凝固时产生的热量，这一热量与固相分数成比例[118]。在第 6 章中，将用这个方法来确定凝固过程中的临界温度。

计算热力学软件包如 CALPHAD（相图计算）作为补充工具为多组分合金系统提供定量数据。在这种方法中，单个相的吉布斯自由能被模拟为组分、温度、临界温度的函数，有时也是压力的函数，结果均被收集在热力学数据库中。通过计算相分布和组成来计算多元相图并追踪单个合金在热处理或凝固过程中的分布[119,120]。

对比以上方法计算/测量的结果，了解每种方法存在的缺点是很重要的。杠杆法则、Scheil 方程和热分析方法可能会得到不同于定量金相学的结果。例如 Al7Si 和 A356 合金（Al7Si0.35Mg）593℃下淬火后产生高达 60％ 的固相分数（图 4.42），此结果与热分析、Scheil 方程和杠杆法则测量的有 30％ 的差异[46,121]。如此大的差异可能来源于以下几个方面。

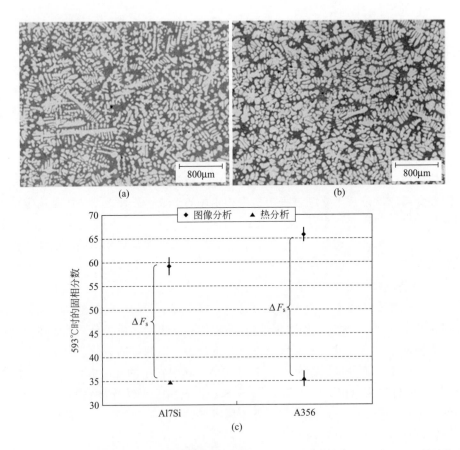

图 4.42　典型的坯料样品在（593±2）℃糊状区域淬火：（a）Al7Si；（b）A356；（c）通过热力学和图像分析测量的约 593℃下的固相分数[46]（ΔF_s 是两种测量方法的差距）

- 淬火方法效率低。共晶体的产生证实了水淬并不能有效地阻止液相到固相的进一步转变。这可能是由于坯料周围蒸汽层的形成减少了热量从样品中的散失，因此可以尝试改变淬火介质。Tzimas[44]将淬火介质改为液态 Sn-Pb 低共熔物，其具有更高的热扩散性和良好的润湿性，但该方法并不成功，而且在淬火后观察到更高的固相分数。此外，在将坯料输送至淬火站期间，残余液相可能在预淬火的初生固相颗粒上产生偏析。

● 初生颗粒的长大也有可能造成测量不准确。在转移和淬火过程中，初生颗粒的长大受到液相中温度分布的限制，而且残余液相可能会在预先淬火的初生颗粒上沉淀。Martinez 和 Flemings[122] 指出，在淬火过程中多余球状颗粒的产生是造成这种高估的原因。他们还指出，在淬火期间，Al4.5％Cu 合金中直径为 $40\mu m$ 的初生球的直径增大了近 $40\mu m$。

● 高冷却速率的影响，这在先前的报道中并没有提到过。随着冷却速率的提高，不仅液相线（初生枝晶形核温度点）向上移动，而且共晶线向下移动，从而产生更大的凝固范围[46]。如图 4.43 所示，随着冷却速率增加，初生 α-Al 相增加，这将导致新的初生颗粒的形成和先前较早的初生颗粒的粗化。

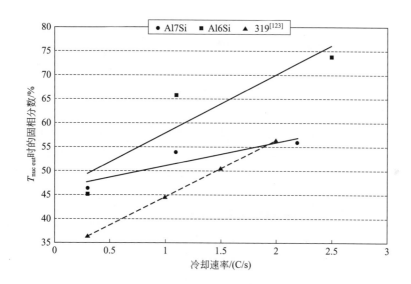

图 4.43　不同冷却速率对固相分数的影响，Al7％Si，Al6％Si 及 319 合金
（319 合金数据参考文献[123]）

4.3.2.2　残留液相分数

液相残留是半固态金属成形过程中保温时的一个明显特征，通常在触变过程中产生。在半固态结构的保温过程中首先发生的就是晶粒粗化。在枝晶结构中，枝晶臂通过熟化和聚结而消失，这已经在第 3 章中讨论过了。来自相同枝晶（相同结晶取向）的孤立小球的聚结或相邻枝晶臂的聚结可能会导致液相金属的残留（图 4.44）。"液相残留"反过来会影响材料的变形能力，这与相互连接的液相减少有关，从而影响浆料的流变行为。

残留液相的体积取决于以下几个参数，包括半固态成形、冷却速率和铸态结构的形貌，再加热时间和温度。实际上与其名称相反，有时这些似乎被封装在二维平面上的池可能在体积上相互连接。

4.3.2.3　颗粒尺寸，平均圆直径

半固态成形金属的理想微观结构是没有枝晶并具有均匀球形颗粒。小球的尺寸对铸件的铸造性能和机械性能起着重要的作用。然而，应该考虑到初生固相是较软的相，并且使

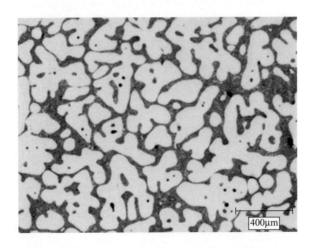

图 4.44　残留液相的金相照片（石墨模具铸造的 A356 合金重新加热至 583℃ 保温 10min）

其尺寸最小化对于获得所需的机械性能至关重要。一般情况下，半固态金属合金的最优初生颗粒粒径要小于 $100\mu m$[124]。

值得注意的是，图像分析技术的能力有限。因此，应始终记住，图像分析并不总是有效的，例如，软件中直径的定义基于方程式 $d = 2\sqrt{A/\pi}$，A 是指被测物体的面积。这种测量方法假设测量物体的形状接近于圆形，如果颗粒矩形形状较多，误差就会较大（在这种情况下，长径比是更好的参数）。考虑到这一点，应该测量玫瑰状的平均圆直径与具有相同面积的球形 α-Al 颗粒之间的微小差异。

如本章前面所述必须注意图像分析技术的弊端，就是分析系统无法区分枝晶分枝和单个小球。因此，如果所测区域为枝晶结构，将导致计算的圆形直径降低或球形数增加，这也将成为误差来源之一。有时晶粒和球形颗粒尺寸应该单独测量。

从技术上讲，小球和晶粒的尺寸有两种不同的定义。小球是明显彼此分开的初生颗粒。然而，通过偏振光显微镜，可以清楚地看到相邻的单个小球颗粒可以从抛光表面的下方相互连接（具有相同的晶体学取向关系）。此时，这种相同颜色的相邻小球被指定为特殊晶粒。通过这种方法可以将晶粒和小球区分开。图 4.45 为 583℃ 保温 10min 的电磁搅拌（EMS）样品。图中清楚地显示了选定的晶粒和小球。

4.3.2.4　数量密度

在某些情况下，有必要估算单位面积内的颗粒数量，即数量密度（个/mm²）。数量密度的值越高表明该区域内的颗粒越小。例如，添加晶粒细化剂后产生更多的有效形核位置，这将导致初生颗粒的有限长大和更均匀地分布。图 4.46 表明，A356 合金中添加 AlTiB 中间合金后，初生颗粒的密度增大，且当颗粒的圆形直径变小时，数量密度增大[125]。

4.3.2.5　圆整度/形状因子

初生颗粒的形状是定量金相学中影响半固态浆料黏度的关键因素。理论上，圆形颗粒比矩形颗粒具有更好的流动性。圆整的计算公式为 $\dfrac{4\pi A}{P^2}$，其中 A 是初生颗粒的总面积，

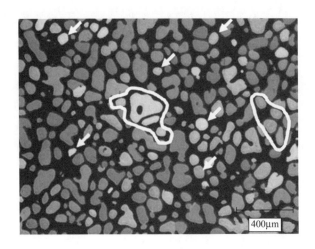

图 4.45　电磁机械搅拌（EMS）加工的 Al7Si0.8Fe 合金在 583℃保温，630℃铜模浇注
箭头—小球；闭合曲线—晶粒

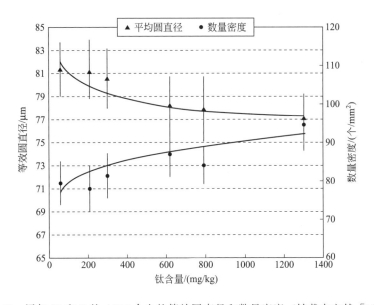

图 4.46　添加 Ti 和 B 的 A356 合金的等效圆直径和数量密度（转载自文献 [125]）

P 为液相-初生颗粒界面的周长。圆整度系数在 0（具有细长横截面的颗粒）和 1（具有圆形横截面的颗粒）之间变化。圆整度的平均值对形貌发生微小变化时没有响应，并且在多数情况下，大量颗粒圆整度的平均值最大差值小于 0.1。因此，需选择一个更灵敏的参数，即圆整度大于特定值的球形颗粒的百分数。

4.3.2.6　比容积表面

比容积表面即为单位体积内的表面积，它可以用来定义半固态金属成形过程中单个颗粒的成功率，这就意味着具有更大的 S_v。S_v 的数学表达式为 $S_v = \dfrac{4}{\pi}\dfrac{P}{A}$，其中 A 是初生颗粒的总面积，P 为液相-初生颗粒界面的周长。$\dfrac{A}{P}$ 是与 S_v 成反比的定量金相学参数。

4.3.2.7 长径比

长径比被简单地定义为最短的 feret 直径与每个宽度的长度比。feret 直径定义为颗粒两侧平行切线之间的距离 [图 4.47(a)]。当值接近 1 时被认为是球形颗粒，当值较大时被认为是细长（针状）颗粒。图 4.47 揭示了不同浇注温度下的 356Al-Si 合金浆料的长径比。由于浇注温度的影响，出现了长径比大于 2 的颗粒。浇注温度的升高，促进了细长颗粒的形成，这表明了枝晶结构的产生。

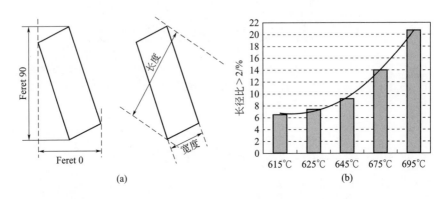

图 4.47　（a）feret 长宽的定义[100]；（b）长径比大于 2 的颗粒百分数[67]

4.3.3　显微镜/图像分析设置

为了表征 α-Al 颗粒，对总面积为 255mm^2 的 85 个视场进行了检测（放大倍数为 50）；而为了评估石墨杯中的硅形态，扫描了面积为 1.48mm^2 的 50 个视场（放大倍数为 500）。对于电磁搅拌（EMS）样品，采用不同的冷却速率时，不可能做到在同一个放大倍数下测试，因此对于砂模铸件，选用面积为 9.3mm^2 的 50 个视场（放大倍数为 200），对于铜模铸件，选用面积为 2.3mm^2 的 80 个视场（放大倍数为 500）。对于铝合金样品，要获得

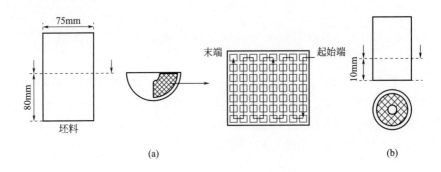

图 4.48　（a）半固态金属坯料的定量分析区域及采用的扫描模式；
（b）常规铸件定量分析区域，石墨杯

单个晶粒的最佳分辨率，可使用偏光显微镜对电解阳极化处理的样品进行检测。在测定晶粒尺寸时，样品使用氟硼酸溶液❶进行阳极化处理，并在石墨杯样品的外壁和中心之间进行测量，如图 4.48 所示。

对于流变测试，在样品纵截面上选取变形速率最高的区域进行显微组织观察，如图 4.49 所示。

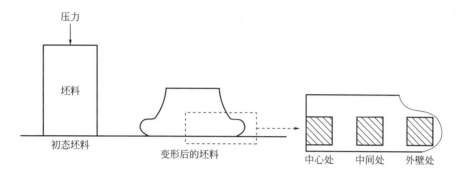

图 4.49 坯料经典型变形后的光学显微组织观察区域

参考文献

1. L. Backerud, G. Chai, J. Tamminen, *Solidification Characteristics of Aluminum Alloys, Volume 2, Foundry Alloys* (American Foundry Society, Des Plaines, 1990)
2. B.L. Tuttle, AFS Thermal Analysis Committee, Definitions in thermal analysis. Modern Casting (Nov 1985), 39–41
3. D. Gloria, Control of grain refinement of Al-Si alloys by thermal analysis. PhD Thesis, Department of Mining and Metallurgical Engineering, McGill University, Canada, June 1999
4. M.C. Flemings, *Solidification Processing* (McGraw-Hill, New York, 1974)
5. B.J. Yang, D. Stefanescu, J. Leon-Torres, Modeling of microstructural evolution with tracking of equiaxed grain movement for multicomponent Al-Si Alloy. Metal. Trans. A **32**, 3065–3076 (2001)
6. Norax, Canada http://www.noraxcanada.com
7. D.B. Spencer, R. Mehrabian, M.C. Flemings, Rheological behavior of Sn-15 Pct Pb in the crystallization range. Metal. Trans. **3**, 1925–1932 (1972)
8. R. Mehrabian, M.C. Flemings, Die castings of partially solidified alloys. AFS Trans. **80**, 173–182 (1972)
9. J.R. Van Wazer, R.E. Colwell, *Viscosity and Flow Measurement* (Wiley Interscience, New York, 1966)
10. D.R. Poirier, G.H. Geiger, *Transport Phenomena in Materials Processing* (TMS, Warrendale, 1994)
11. J.W. Goodwin, R.W. Hughes, *Rheology for Chemists, An Introduction* (Royal Society of Chemistry, London, 2000)
12. J.D. Ferry, *Viscoelastic Properties of Polymers* (Wiley, New York, 1970)
13. J. Campbell, *Casting* (Butterworth-Heinemann, Oxford, 1991). Chap. 2
14. Y.D. Kwon, Z.H. Lee, The effect of grain refining and oxide inclusion on the fluidity of Al-4.5Cu-0.6 Mn and A356 alloys. Mater. Sci. Eng. **A360**, 372–376 (2003)

---

❶ 使用这种方法时，在试样表面沉积一层 Al_2O_3 的薄膜，其厚度主要取决于晶粒的晶体学取向。使用透过分析仪的偏光观察样品时，薄膜可以根据底层颗粒的取向旋转偏光平面，最终通过插入灵敏色板产生各种颜色[113]。

15. A. Assar, N. El-Mahllawy, M.A. Taha, Fluidity of stir-cast Al-10% Cu alloy. Aluminum **57**, 807–810 (1981)

16. M. Suéry, *Mise en Forme des alliages métalliques a l'état semi solide* (Lavoisier, France, 2002)

17. M.C. Flemings, Behavior of metal alloys in the semi-solid state. Metal. Trans. A **22A**, 952–981 (1991)

18. D.H. Kirkwood, Semisolid metal processing. Int. Mater. Rev. **39**, 173–189 (1994)

19. Z. Fan, Semisolid metal processing. Int. Mater. Rev. **47**(2), 49–85 (2002)

20. H.V. Atkinson, Modelling the semisolid processing of metallic alloys. Progr. Mater. Sci. **50**, 341–412 (2005)

21. M.J. Stefan, Versuche Uber Die Scheinbare Adhasion SitzberMth. Naturw. Kl. Bagar Akad. Wiss Munchen **69**, Part 2 (1874)

22. X. Yang, Y. Jing, J. Liu, The rheological behavior for thixocasting of semi-solid aluminum alloy (A356). J. Mater. Proc. Tech. **130–131**, 569–573 (2002)

23. W. Nan, S. Guangji, Y. Hanguo, Rheological study of partially solidified Tin-Lead and Aluminum-Zinc alloys for stir casting. Mater. Trans. JIM **31**(8), 715–722 (1990)

24. R. Ghomashchi, *An Introduction to Engineering Materials* (University of South Australia, Australia, 1999)

25. R. Zehe, First production machine for rheocasting. Light Met. Age **57**(9), 62–66 (1999)

26. A. Beaulieu, L. Azzi, F. Ajersch, S. Turenne, F. Pineau, C.A. Loong, Numerical modeling and experimental analysis of die cast semi-solid A356 alloy, in *Proceeding of M.C. Flemings on Solidification and Materials Processing*, ed. by R. Abbaschian, H. Brody, A. Mortensen (TMS, Warrendale, 2001), 261–265

27. A. Wahlen, Modelling the processing of aluminum alloys in the semi-solid state. Mater. Sci. Forum **396–402**, 185–190 (2002)

28. M. Modigell, J. Koke, Rheological modelling on semi-solid metal alloys and simulation of thixocasting processes. J. Mater. Proc. Tech. **111**, 53–58 (2001)

29. C.G. Kang, H.K. Jung, A study on thixoforming process using the thixotropic behavior of an aluminum alloy with an equiaxed microstructure. J. Mater. Eng. Perform. **9**(5), 530–535 (2000)

30. M.C. Flemings, R.G. Riek, K.P. Young, Rheocasting processes. AFS Int. Cast Metals J. **1**(3), 11–22 (1976)

31. K. Brissing, K. Young, Semi-solid casting machines, heating systems, properties and applications. Die Casting Eng. **44**(6), 34–41 (2000)

32. T.Z. Kattamis, T.J. Piccone, Rheology of semi solid Al-4.5%Cu-1.5%Mg alloy. Mater. Sci. Eng. **A131**, 265–272 (1991)

33. D. Brabazon, D.J. Browne, A.J. Carr, Experimental investigation of the transient and steady state rheological behavior of Al-Si alloys in the mushy state. Mater. Sci. Eng. **A356**, 69–80 (2003)

34. J.Y. Chen, Z. Fan, Modeling of rheological behavior of semisolid metal slurries, part 1— theory. Mater. Sci. Technol. **18**, 237–242 (2002)

35. P.A. Joly, R. Mehrabian, The rheology of partial solid alloys. J. Mater. Sci. **11**, 1393–1403 (1976)

36. O. Lashkari, R. Ghomashchi, F. Ajersch, Deformation behavior of semi-solid A356 Al-Si alloy at low shear rates: the effect of sample size. Mater. Sci. Eng. **A444**, 198–205 (2007)

37. O. Lashkari, R. Ghomashchi, Deformation behavior of semi-solid A356 Al-Si alloy at low shear rates: effect of morphology. Mater. Sci. Eng. **A454–455**, 30–36 (2007)

38. O. Lashkari, R. Ghomashchi, Deformation behavior of semi-solid A356 Al-Si alloy at low shear rates: effect of fraction solid. Mater. Sci. Eng. **A486**, 333–340 (2008)

39. C.L. Martin, P. Kumar, S. Brown, Constitutive modeling and characterization of the flow behavior of semi-solid metal alloy slurries-II. Structural evolution under shear formation. Acta Metall. Mater. **42**(11), 3603–3614 (1994)

40. O. Lashkari, R. Ghomashchi, The implication of rheology in semi-solid metal processes: an overview. J. Mater. Proc. Tech. **182**, 229–240 (2007)

41. O. Lashkari, R. Ghomashchi, Evolution of primary α-Al particles during isothermal trans-

formation of rheocast semi solid metal billets of A356 Al-Si alloy. Canad. Metall. Quart. **53**, 47–54 (2014)

42. H.V. Atkinson, D. Liu, Coarsening rate of microstructure in semi-solid aluminium alloys. Trans. Nonferrous Met. Soc. China **20**, 1672–1676 (2010)

43. M. Perez, J.C. Barbe, Z. Neda, Y. Brechet, L. Salvo, M. Suery, Investigation of the microstructure and the rheology of semi-solid alloys by computer simulation. J. Phys. IV France **11**, 93–100 (2001)

44. E. Tzimas, A. Zavaliangos, Evaluation of volume fraction of solid in alloys formed by semisolid processing. J. Mater. Sci. **35**, 5319–5329 (2000)

45. Y. Zhu, J. Tang, Y. Xiong, Z. Wu, C. Wang, D. Zeng, The influence of the microstructure morphology of A356 alloy on its rheological behavior in the semisolid state. Sci. Tech. Adv. Mater. **2**, 219–223 (2001)

46. S. Nafisi, D. Emadi, R. Ghomashchi, Semi solid metal processing: the fraction solid dilemma. Mater. Sci. Eng. **A507**(1–2), 87–92 (2009)

47. J.Y. Chen, Z. Fan, Modeling of rheological behavior of semisolid metal slurries, part 3—transient state behavior. Mater. Sci. Technol. **18**, 250–257 (2002)

48. G. Chai, T. Roland, L. Arnberg, L. Backerud, Studies of dendrite coherency in solidifying aluminum alloy melts by rheological measurements. in *Second International Conference, Semi-Solid Processing of Alloys and Composites* (Cambridge, 1992), 193–201

49. O. Lashkari, R. Ghomashchi, The implication of rheological principles for characterization of semi-solid Al-Si cast billets. J. Mater. Sci. **41**, 5958–5965 (2006)

50. Z. Fan, J.Y. Chen, Modelling of rheological behavior of semisolid metal slurries, part 4—effects of particle morphology. Mater. Sci. Technol. **18**, 258–267 (2002)

51. S. Jabrane, B. Clement, S. Ajersch, Evolution of primary particle morphology during rheoprocessing of Al-5.2%Si alloy. in *Second International Conference, Semi-Solid Processing of Alloys and Composites* (Cambridge, 1992), 223–236

52. M. Silva, A. Lemieux, H. Blanchette, X. Chen, The determination of semi-solid processing ability using a novel rheo-characterizer apparatus. In *10th International Conference on Semi-Solid Processing of Alloys and Composites* (Aachen, Germany, 2008) (published in Solid State Phenomena, vol. 141–143, 2008, 343–348)

53. E.J. Zoqui, M. Paes, M.H. Robert, Effect of macrostructure and microstructure on the viscosity of the A356 alloy in the semi-solid state. J. Mater. Proc. Tech. **153–154**, 300–306 (2004)

54. M. Mada, F. Ajersch, Rheological model of semisolid A356-SiC composite alloys. Part I. Dissociation of agglomerate structures during shear. Mater. Sci. Eng. A **212**, 157–170 (1996)

55. M. Mada, F. Ajersch, Rheological model of semisolid A356-SiC composite alloys. Part II. Reconstitution of agglomerate structures at rest. Mater. Sci. Eng. A **212**, 171–177 (1996)

56. T.Y. Liu, P.J. Ward, D.H. Kirkwood, H.V. Atkinson, Rapid compression of aluminium alloys and its relationship to thixoformability. Int. Mater. Rev. **34**, 409–417 (2003)

57. M. Modigell, L. Pape, M. Hufschmidt, Kinematics of structural changes in semisolid alloys by shear and oscillation experiments. in *8th International Conference on Semi-Solid Processing of Alloys and Composites* (Limassol, Cyprus, 2004)

58. S. Sannes, L. Arnberg, M.C. Flemings, Orientational relationships in semi-solid Al-6.5wt% Si, in *Light Metals*, ed. by W. Hale (TMS, Anaheim, 1996), 795–798

59. Z. Fan, J.Y. Chen, Modeling of rheological behavior of semisolid metal slurries, part 2—steady state behavior. Mater. Sci. Technol. **18**, 243–249 (2002)

60. L. Arnberg, A. Bardal, H. Sund, Agglomeration in two semisolid type 6082 aluminum alloys. Mater. Sci. Eng. **A262**, 300–303 (1999)

61. M. Hirai, K. Takebayashi, Y. Yoshikawa, Effect of chemical composition on apparent viscosity of Semi-solid alloys. ISIJ Int. **33**(11), 1182–1189 (1993)

62. M. Hirai, K. Takebayashi, Y. Yoshikawa, R. Yamaguchi, Apparent viscosity of Al-10mass% Cu semi-solid alloys. ISIJ Int. **33**(3), 405–412 (1993)

63. H. Wang, C.J. Davidson, J.A. Taylor, D.H. St John, Semisolid casting of AlSi7Mg0.35 alloy produced by low temperature pouring. Mater. Sci. Forum **396–402**, 143–148 (2002)

64. W. Mao, C. Cui, A. Zhao, J. Yang, X. Zhong, Effect of pouring process on the microstructure of semi solid AlSi7Mg alloy. Mater. Sci. Eng. **17**(6), 615–619 (2001)

65. K. Xia, G. Tausig, Liquidus casting of a wrought aluminum alloy 2618 for thixoforming. Mater. Sci. Eng. **A246**, 1–10 (1998)

66. S. Midson, K. Young, Impact of casting temperature on the quality of components semi-solid metal cast form alloys 319 and 356. in *5th AFS International Conference of Molten Aluminum* (1998), 409–422

67. O. Lashkari, S. Nafisi, R. Ghomashchi, Microstructural characterization of rheo-cast billets prepared by variant pouring temperatures. Mater. Sci. Eng. **A441**, 49–59 (2006)

68. D. Doutre, G. Hay, P. Wales, J.P. Gabathuler, SEED: a new process for semi solid forming. in *Light Metals Conference, COM 2003*, ed. by J. Masounave, G. Dufour (Vancouver, Canada), 293–306

69. D. Bouchard, F. Pineau, D. Doutre, P. Wales, J. Langlais, Heat transfer analysis of swirled enthalpy equilibration device for the production of semi-solid aluminum. in *Light Metals Conference, COM 2003*, ed. by J. Masounave, G. Dufour (Vancouver, Canada), 229–241

70. H.I. Lee, R.D. Doherty, E.A. Feest, J.M. Titchmarsh, Structure and segregation of stir-cast aluminum alloys, The Metals Society. in *Proceeding of International Conference, Solidification Technology in Foundry and Cast House* (UK, 1983), 119–125

71. D. Brabazon, D.J. Browne, A.J. Carr, J.C. Healy, Design, construction, and operation of a combined rheocaster/rheometer. in *Fifth International Conference on Semi-Solid Processing of Alloys and Composites* (Golden, 1998), 21–28

72. O. Lashkari, R. Ghomashchi, F. Ajersch, Rheological study of 356 Al-Si foundry alloy prepared by a new innovative SSM process. in *EPD Congress*, ed. by Mark E. Schlesinger (TMS, Warrendale, 2005), 149–156

73. P.R. Prasad, A. Prasad, C.B. Singh, Calculation of primary particle size in rheocast slurry. J. Mater Sci. Lett. **14**, 861–863 (1995)

74. E.A. Vieira, A.M. Kliauga, M. Ferrante, Microstructural evolution and rheological behavior of aluminum alloys A356, and A356 + 0.5% Sn designed for thixocasting. J. Mater. Proc. Tech. **155–156**, 1623–1628 (2004)

75. V. Laxmanan, M.C. Flemings, Deformation of semi-solid Sn-15 Pct Pb alloy. Metal. Trans. A **11A**, 1927–1937 (1980)

76. L. Azzi, F. Ajersch, Development of aluminum-base alloys for forming in semi solid state. in *TransAl Conference* (Lyon, France, 2002), 23–33

77. H. Mirzadeh, B. Niroumand, Fluidity of Al-Si semisolid slurries during rheocasting by a novel process. J. Mater. Proc. Tech. **209**, 4977–4982 (2009)

78. S. Nafisi, O. Lashkari, R. Ghomashchi, A. Charette, Effect of different fraction solids on the fluidity of rheocast 356 Al-Si alloy. in *Multi Phase Phenomena and CFD Modeling and Solidification in Materials Processes* (TMS, North Carolina, 2004), 119–128

79. Y. Murakami, K. Miwa, M. Kito, T. Honda, N. Kanetake, S. Tada, Effects of injection conditions in the semi-solid injection process on the fluidity of JIS AC4CH aluminum alloy. Mater. Trans. **54**(9), 1788–1794 (2013)

80. J. Wannasin, D. Schwam, J.A. Yurko, C. Rohloff, G. Woycik, Hot tearing susceptibility and fluidity of semi solid gravity cast Al Cu alloy. in *Ninth International Conference on Semi-Solid Processing of Alloys and Composites* (Busan, Korea, 2006) (published in Solid State Phenomena, vol. 116–117, 2006, 76–79)

81. M. Forte, D. Bouchard, A. Charette, Fluid flow investigation of die cast tensile test bars. in *Ninth International Conference on Semi-Solid Processing of Alloys and Composites* (Busan, Korea, 2006) (published in Solid State Phenomena, vol. 116–117, 2006, 457–463)

82. T. Haga, H. Fuse, Semi-solid die casting of Al-25%Si. in *13th International Conference on Semi-Solid Processing of Alloys and Composites* (Muscat, Oman, 2014) (published in Solid State Phenomena, vol. 217–218, 2015, 436–441)

83. F. Kolenda, P. Retana, G. Racineux, A. Poitou, Identification of rheological parameters by the squeezing test. Powder Tech. **130**, 56–62 (2003)

84. J.A. Yurko, M.C. Flemings, Rheology and microstructure of semi-solid aluminum alloys compressed in the drop forge viscometer. Metal. Trans. A **33A**, 2737–2746 (2002)

85. M. Suéry, M.C. Flemings, Effect of strain rate on deformation behavior of semi-solid dendritic alloys. Metal. Trans. A **13A**, 1809–1819 (1982)

86. Y. Fukui, D. Nara, N. Kumazawa, Evaluation of the deformation behavior of a semi-solid hypereutectic Al-Si alloy compressed in a drop-forge viscometer. Metal. Trans. A **46A**, 1908–1916 (2015)

87. J.H. Han, D. Feng, C.C. Feng, C.D. Han, Effect of sample preparation and flow geometry on the rheological behavior and morphology of micro phase-separated block copolymers: comparison of cone-and-plate and capillary data. Polymer **36**, 155–167 (1995)

88. W.M. Gearhart, W.D. Kennedy, Cellulose acetate butyrate plastics. Indus. Eng. Chem. **41**(4), 695–701 (1949)

89. G.H. Dienes, H.F. Klemm, Theory and application of the parallel plate plastometer. J. Appl. Phys. **17**, 458–464 (1946)

90. O. Draper, S. Blackburn, G. Dolman, K. Smalley, A. Griffiths, A comparison of paste rheology and extrudate strength with respect to binder formulation and forming technique. J. Mater. Proc. Tech. **92–93**, 141–146 (1999)

91. S. Turenne, N. Legros, S. Laplante, F. Ajersch, Mechanical behavior of Aluminum matrix composite during extrusion in the semisolid state. Metal. Trans. A **30A**, 1137–1146 (1999)

92. M. Ferrante, E. de Freitas, Rheology and microstructural development of Al-4wt%Cu alloy in the semi solid state. Mater. Sci. Eng. **A271**, 172–180 (1999)

93. M. Ferrante, E. de Freitas, M. Bonilha, V. Sinka, Rheological properties and microstructural evolution of semi-solid aluminum alloys inoculated with Mischmetal and with Titanium. in *Fifth International Conference on Semisolid Processing of Alloys and Composites* (1998), 35–42

94. H. Blanchette, Development a quality control method for Aluminum semi solid billet obtained from the SEED process. M. Eng Thesis, University of Quebec, Canada, 2006

95. O. Lashkari, R. Ghomashchi, A new machine to characterize microstructural evolution of semi solid metal Billets through viscometry. Mater. Design **28**(4), 1321–1325 (2007)

96. J.D. Sherwood, Squeeze flow of a Herschel-Bulkley fluid. J. Newtonian Fluid Mech. **77**, 115–121 (1998)

97. J.D. Sherwood, D. Durban, Squeeze flow of a power-law viscoplastic solid. J. Non-newtonian Fluid Mech. **62**, 35–54 (1996)

98. J.P. Gabathuler, Evaluation of various processes for the production of billets with thixotropic properties. in *Proceeding of 2nd Conference of Semi solid Materials* (1992), 33–46

99. D.J. Lahaie, M. Bouchard, Physical modeling of the deformation mechanisms of semisolid bodies and a mechanical criterion for hot tearing. Metal. Trans. B **32B**, 697–705 (2001)

100. S. Nafisi, R. Ghomashchi, The microstructural characterization of semi-solid slurries. JOM **58**(6), 24–30 (2006)

101. Oxford instruments www.ebsd.com

102. OIM Analysis Tutorials, Ametek, Inc.

103. B. Niroumand, K. Xia, 3D study of the structure of primary crystals in a rheocast Al-Cu alloy. Mater. Sci. Eng. A **283**, 70–75 (2000)

104. J. Alkemper, P.W. Voorhees, Three-dimensional characterization of dendritic microstructures. Acta. Mater. **49**, 897–902 (2001)

105. T.L. Wolfsdorf, W.H. Bender, P.W. Voorhees, The morphology of high volume fraction solid-liquid mixtures: an application of microstructural tomography. Acta. Mater. **45**(6), 2279–2295 (1997)

106. Y. Ito, M.C. Flemings, J.A. Cornie, Rheological behavior and microstructure of Al-6.5wt%Si alloy. in *Nature and Properties of Semi-Solid Materials*, ed. by J.A. Sekhar, J. Dantzig (TMS, Warrendale, 1991), 3–17

107. Private communication with Prof. Xiangjie Yang, School of Mechanical Engineering, Nanchang University, China, 2016

108. L. Salvo, M. Suery, A. Marmottant, N. Limodin, D. Bernard, 3D imaging in material science: application of X-ray tomography. Comptes Rendus Phys. **11**, 641–649 (2010)

109. K.M. Kareh, In situ synchrotron tomography of granular deformation in semi solid Al Cu alloys. PhD Thesis, Imperial College London, Sep 2013

110. G.C. Gu, R. Pesci, L. Langlois, E. Becker, R. Bigot, M.X. Guo, Microstructure observation and quantification of the liquid fraction of M2 steel grade in the semi solid state, combining confocal laser scanning microscopy and X-ray microtomography. Acta Mater. **66**, 118–131 (2014)

111. W. Xu, M. Ferry, N. Mateescu, J.M. Cairney, F.J. Humphreys, Techniques for generating 3-D EBSD microstructures by FIB tomography. Mater. Character. **58**, 961–967 (2007)

112. Z. Zaafarani, D. Raabe, R.N. Singh, F. Roters, S. Zaefferer, Three dimensional investigation of the texture and microstructure below a nanoindent in a Cu single crystal using 3D EBSD and crystal plasticity finite element simulations. Acta Mater. **54**, 1863–1876 (2006)

113. G. Vander Voort, *Metallography, Principles and Practice* (ASM International, Materials Park, 1999)

114. A. Apaydin, K.V. Prabhakar, R.D. Doherty, Special grain boundaries in Rheocast Al-Mg. Mater. Sci. Eng. **46**, 145–150 (1980)

115. R.D. Doherty, H.I. Lee, E.A. Feest, Microstructure of stir-cast metals. Mater. Sci. Eng. **A65**, 181–189 (1984)

116. N. Limodin, L. Salvo, M. Suery, M. DiMichiel, In situ investigation by X-ray Tomography of the overall and local microstrucutral changes occurring during partial remelting of an Al158 wt Cu alloy. Acta Mater. **57**, 2300–2310 (2009)

117. R.T. DeHoff, F.N. Rhines, *Quantitative Microscopy* (McGraw-Hill, New York, 1968)

118. D. Emadi, L.V. Whiting, S. Nafisi, R. Ghomashchi, Applications of thermal analysis in quality control of solidification processes. J. Thermal Anal. Calorimetry **81**, 235–242 (2005)

119. N. Saunders, A.P. Miodownik, *CALPHAD (Calculation of Phase Diagram): A Comprehensive Guide* (Elsevier, Oxford, 1998)

120. B. Sundman, *ThermoCalc Version L User's Guide, Division of Computational Thermodynamic* (Department of Material Science and Engineering, Royal Institute of Technology, Stockholm, 1996)

121. S. Nafisi, R. Ghomashchi, A. Charette, Effects of grain refining on morphological evolution of Al-7%Si in the swirled enthalpy equilibration device (SEED). in *66th World Foundry Congress* (Turkey, Sep 2004), 1253–1263

122. R.A. Martinez, M.C. Flemings, Evolution of particle morphology in semisolid processing. Metal. Trans. A **36A**, 2205–2210 (2005)

123. R.I. MacKay, M.B. Djurdjevic, J.H. Sokolowski, Effect of cooling rate on fraction solid of metallurgical reactions in 319 alloy. AFS Trans. **108**, 521–530 (2000)

124. D. Apelian, Semi-solid processing routes and microstructure evolution. in *7th International Conference on Semi-Solid Processing of Alloys and Composites* (Tsukuba, Japan, 2002), 25–30

125. S. Nafisi, R. Ghomashchi, Grain refining of conventional and semi-solid A356 Al-Si alloy. J. Mater. Proc. Tech. **174**, 371–383 (2006)

第5章

流变铸造：近液相线浇注、旋转焓平衡装置和电磁搅拌技术

摘要： 本章致力于理解近液相线浇注、旋转焓平衡装置（SEED）和电磁搅拌（EMS）三种不同流变铸造工艺中的形核和长大机制。采用热分析、平行板黏度测定（parallel plate viscometry）和定量金相学方法证实了在前述半固态金属（SSM）加工工艺过程中的微观结构组织演变机制。

5.1 概述

如第 2 章所述，有一系列 SSM 工艺可生产具有球形或近球形初晶颗粒的坯料。如果需要对整个 SSM 过程进行分类，使用温度和流体流动等参数作为标准是较为合理的，因为主要是这些参数诱导了凝固过程中枝晶结构的热、机械或热机械瓦解从而产生球形组织。基于此，本章选择了三种已经过深入研究的工艺进行讨论，分别为热控制的近液相线浇注，以及热机械结合的电磁搅拌（EMS）和旋转焓平衡装置（SEED）工艺。

5.2 近液相线浇注工艺

浇注温度直接影响初生相如低共晶 Al-Si 合金中 α-Al 的形核和长大，其中形核控制了形成晶粒的数量和尺寸，长大决定了晶粒形貌和基体内合金元素的分布。形核的驱动力是凝固过程中产生的过冷度，而长大受温度梯度和液相中溶质浓度控制，并且这两个过程都受到传热速率影响。因此，最终的组织结构取决于形核密度、生长形态、流体流动以及溶质的扩散和传输，通过精确控制铸造条件，如浇注温度、冷却速率、成核位置和温度梯度，可得到希望形成的铸态组织。

对半固态浆料施加外力时，浇注温度引起的微观结构变化导致黏度不同。这是因为用黏度描述的流动特性依赖于冶金参数，包括固相分数及其形态（如树枝状、蔷薇状或球

状)、固相颗粒尺寸与分布、合金化学组成以及浇注温度[1-3]。固相特性对半固态金属(SSM)坯料黏度和流变行为的影响也在本书第 4 章进行了详细讨论。

本节重点探讨了浇注温度的影响,并且建立了过热度、初生 α-Al 颗粒形貌及半固态浆料流变行为之间的关系。

5.2.1　实验设计

整个实验使用了商业 356 合金,化学成分如表 5.1 所示。熔体制备和实验装置见第 4 章(直径 75mm、长 250mm 涂层圆柱钢模,过热范围 0~80℃)。所有实验中,在模具中心和靠近模具壁位置安装两个 K 型热电偶,模具顶端距离底部 80mm。浇注后,凝固继续进行,直到坯料中心的熔体温度达到 (593±2)℃。根据相平衡杠杆法则和 Scheil 方程,预计在此温度下固相分数为 0.3~0.35。当模具壁附近的熔体温度约 (591±1)℃时,将坯料从模具中取出,此时仍处于两相区,并迅速用冷水淬火。对于流变实验,将安装在平板压缩试验机上的炉温保持在 (594±1)℃,施加 2.1~5.1kg 的静载荷(参见 4.2)。

表 5.1　熔体化学成分　　　　　　　　单位：%(质量分数)

Si	Mg	Fe	Mn	Cu	Ti	B	Sr	Al
6.9~7.1	0.3~0.31	≤0.09	≤0.001	≤0.001	0.1~0.13	无	无	余量

5.2.2　热分析

图 5.1 的冷却曲线显示了模具壁附近与中心位置熔体温度的变化。如图所示,在每次实验开始阶段,模具壁和中心区域冷却曲线变化趋势明显不同,但随后冷却速率均逐渐趋于一个稳定值。浇注后模具中心处的熔体温度总是较高,这是由模具壁的冷却效应导致的。在图 5.1 的冷却曲线上确定了三个不同阶段,如下所示。

阶段Ⅰ：位于凝固初始阶段,浇注坯料边缘和中心位置温度差最大。

阶段Ⅱ：从坯料边缘和中心位置温度差最大的位置到液相降温速率开始趋于稳定的时间段。因为液相尚未达到热平衡,此阶段被称为"亚稳态时期"。此处的热平衡可以定义为整个坯料即接近模具壁和模具中心的均匀冷却速率。

阶段Ⅲ：从均匀冷却速率开始到淬火的时间段。由于整个液相冷却速度均匀,此阶段被称为"稳定期"。

从图 5.1 中可以明显地看出,在 615℃、645℃和 695℃的三个浇注温度下模具壁附近的熔体温度不同,615℃浇注时熔体处于严重过冷状态。此外,615℃浇注后壁温的升高最高,约 10℃。这种温度升高只可能是快速相变和释放熔化潜热,或者由于阶段Ⅰ较大的温差导致热量从中心区域向模具壁快速流动引起。同样值得注意的是,阶段Ⅰ的温差幅度随着浇注温度的升高而降低,如图 5.2 所示。普遍认为,阶段Ⅰ的温差是坯料内部热量流动的驱动力,所以它的降低必然延长在模具内冷却速率达到均匀的时间。这应该在亚稳态时期(阶段Ⅱ)比较明显,即靠近模具壁和模具中心的熔融金属冷却速率从最大到趋于稳定的时间。通过提高浇注温度,亚稳态阶段时间延长,见图 5.2。图 5.3 所示的光学显微照片清楚地说明了浇注温度对所得微观结构的影响。

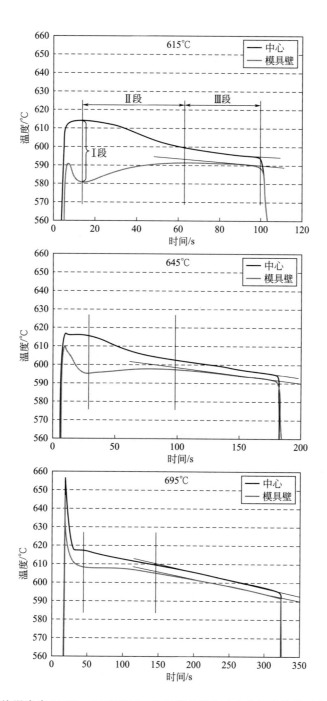

图 5.1　浇注温度为 615℃、645℃ 和 695℃ 时模具壁和中心位置熔体典型冷却曲线[4]

基于上述观察，提出了两种假说来解释图 5.3 中所示的球状细晶结构。这两种假说正是基于 α-Al 初晶颗粒的形核或长大过程这两大主要因素。

5.2.2.1　基于形核的假说

在过热度较低时，液相通过使接触模具壁快速降温至一个温度，在这一温度下爆发式

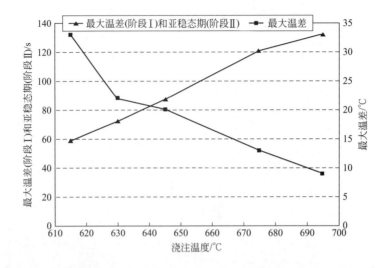

图 5.2　浇注温度对最大温差（阶段Ⅰ）和亚稳态期（阶段Ⅱ）的影响[4]

形核，液相内产生大量晶核，导致靠近模具壁的熔体温度升高。随着浇注温度的降低，冷却到这种程度的液相量增加。然而，即使在最低的浇注温度下，模具壁附近的温度升高也不足以通过重新熔化晶核来影响凝固过程以及熔化产生的总热量（图 5.1）。由于较高的形核率和较短的亚稳态时间，浇注温度较低时，模具壁附近的升温速率较大。中心部分以正常方式凝固，但由于在浇注期间晶核随流体流动或者由模具壁区域自然对流至中心位置，最终导致形成均匀的冷却速率。在较低的浇注温度下，这种晶核更容易幸存，并且圆柱形状的模具均匀性高、可多方向冷却，这也促进了 615℃ 浇注温度下等轴细晶结构的形成，如图 5.3 所示。

通过增大过热度，冷却到形核温度的液体量减少，并且大量形核的机制被削弱，最终导致较粗糙结构的形成。伴随着热量的释放，与模具接触所形成的晶核迅速长大，而随液相移动到中心部分的晶核在较热的液相中迅速溶解。

5.2.2.2　基于长大的假说

在较低的浇注温度下等轴细晶结构的形成也取决于晶核的生长特点。模具壁和中心之间形成的大温度梯度（如在 615℃ 时）在凝固初期导致热量更快地流向模具壁。换言之，靠近模具壁的熔融合金充当了散热器。此外，更大的热量和流体对流促进了晶粒增殖和结构演变。然而，模具涂层与因此产生的气隙以及模具薄壁共同作用，降低了热量通过模具壁进入周围环境的热耗散速率，从而升高了模具壁附近的熔体温度。其结果是在较低的浇注温度（615℃）下，较短时间内在整个熔体内形成一个均匀的温度分布。这可由其最短的"亚稳态时间"Ⅱ段所证实。结果，在 615℃ 浇注温度下，朝向模具壁的热流量减少，生长速度降低得更快，再加上由模具几何形状引起的多方向热流动，二者共同作用，促进了等轴和球状结构的形成，如图 5.3(e) 所示。

随着浇注温度的升高，爆发式形核机制作用弱化，并且整个液相内形核数目较少，最终导致较粗大结构的形成。随着浇注温度的升高，暂时的温升或再辉也降低，这支持了较低形核率的假说（必须指出，图 5.1 中观察到的不同浇注温度下的温度升高可以用熔体由

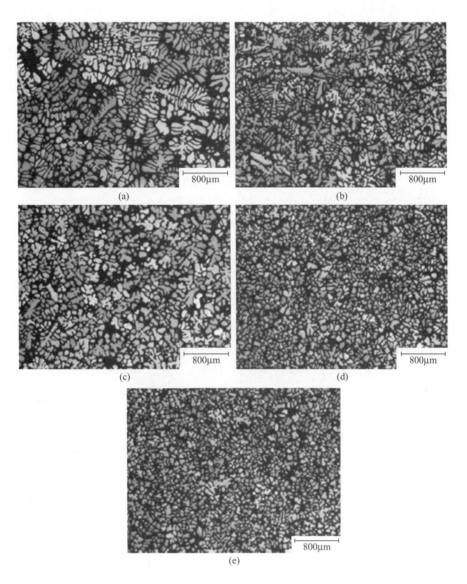

图 5.3 过热度对淬火坯料显微组织演变的影响：
（a）695℃；（b）675℃；（c）645℃；（d）625℃；（e）615℃

于模具壁附近和中心位置的温度差较大造成的对流来解释）。这种温度变化在最低浇注温度下最大。有必要重新强调，在更高的温度下（如 695℃）存在更长的亚稳态时间，这促进了初生 α-Al 晶粒生长为更典型的枝晶形态，如图 5.3 所示。

5.2.3　结构分析

　　过热度对淬火坯料显微组织演变的影响如图 5.3 所示。随着过热度的增大，初生 α-Al 晶粒的形貌树枝状特征更为明显。随着过热度的降低，晶粒形貌变为蔷薇状、等轴状，并最终伴随着成熟过程，较细的枝晶臂重新熔化和较粗的枝晶臂长大，结构变成球状。偏光显微镜有利于表征这种由于过热造成的形貌变化。浇注温度较高的样品中树枝状特征明显，随过热度降低，组织明显由树枝状转变为球状（图 5.3）。当浇注温度接近 615℃ 时，熔体不再过热。模具本身（由于其薄壁）经模具壁释放热量的速率降低，因此在熔融合金内部建立了较低的温度梯度。如此低的温度梯度（G）促使初生 α-Al 在熔体内广泛成核，因此形成等轴状并最终形成球状结构，如图 5.3（625℃ 和 615℃）所示。应该强调的是，通过减少过热，不仅生长形态发生变化，而且晶粒和球形结构的尺寸也减小。

为了更好地表征并进一步分析微观结构与浇注温度之间的关系，使用自动图像分析系统对抛光样品进行定量金相学分析（图 5.4）。图像处理结果可以总结如下。

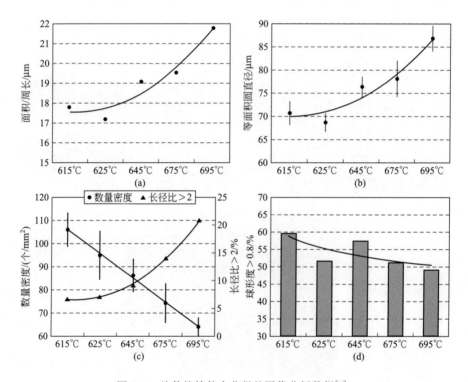

图 5.4　从传统铸件中获得的图像分析数据[4]

- 随着浇注温度的降低，面积/周长比和等面积圆形直径减小，而数量密度增大［图 5.4(a)～(c)］。这与图 5.3 所示的金相照片一致，当浇注温度降低时，初生 α-Al 相的组织细化并且树枝状减少。

- 随着过热度的降低，等轴晶凝固占主导地位，晶粒向各个方向生长，因此球形度以及球形度＞0.8 的颗粒百分比增大［图 5.4(d)］。与之对应的，长径比大于 2 的颗粒的百分比随着浇注温度降低而降低。为了更好地进行说明，不同球形度值颗粒的百分比分布如图 5.5 所示。

图像分析技术基于微观结构的数码再现，可能与当下研究的组织不完全相同（见 4.3 节讨论）。因此，应该始终记住图像分析的缺陷。例如，在淬火的传统淬火坯料中它无法区分被抛光面截断的枝晶断面和球状晶，见图 5.6。图像分析仅检测单个颗粒之间的差异并忽略孤立颗粒的来源。这意味着枝晶与抛光表面相交的方式可能会产生单个孤立的颗

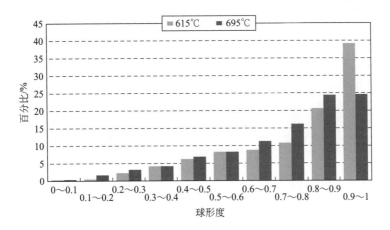

图 5.5　浇注温度分别为 615℃ 和 695℃ 时的晶粒球形度百分比变化[4]

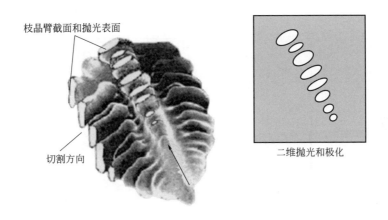

图 5.6　单个枝晶的三维视图——交叉位置的抛光截面显示出枝晶的分支如同独立的球形颗粒

粒。因此，图像分析将导致圆形直径值较低或球形度值增大，而不能显示出实际的树枝状结构。然而，即使考虑到这一缺陷，数据也显示了与浇注温度变化有很好的相关性。

5.2.4　流变学研究

5.2.4.1　应变-时间关系

　　形成如图 5.3 中 615℃ 所示的球状微观结构一直是 SSM 研究的主要目标，因为不同形貌中它具有最低的黏度值（参阅 4.2 节）。增大熔体内的温度梯度可促使初生 α-Al 相的定向生长。在 630～645℃ 的浇注温度范围内，等轴和柱状（定向）生长所形成的蔷薇形貌组织的黏度值高于球状形貌组织但低于树枝状形貌组织。在 675～695℃ 的熔融温度范围内，形貌转变为完全的树枝状。枝晶形貌早期骨架结构的形成以及其较高的树枝状搭接点（dendrite coherency point，DCP）对糊状浆料的机械变形产生一定阻力。这种阻力决定了 SSM 浆料的流动性，并且在坯料成形期间使得模具的填充更加困难。

　　图 5.7 所示的应变-时间曲线图明显展示了 α-Al 形态对坯料变形能力的影响。施加的压力是增加最大工程应变值的重要因素。然而，无论施加的压力如何，最大和最小工程应变仍然分别在 615℃ 和 695℃ 浇注温度下获得。换句话说，在 615℃ 下的结构表现出较小的塑性变形阻力，如果结合图 5.3 中的金相照片进行分析，得到明显的结论是"更高的球

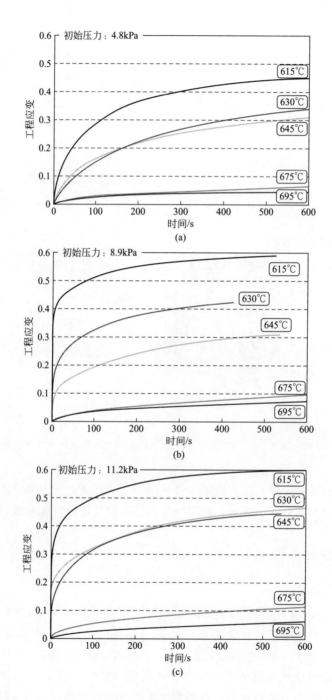

图 5.7　在不同浇注温度和施加不同压力下获得的应变-时间曲线：
(a) 4.8kPa；(b) 8.9kPa；(c) 11.2kPa[4]

状态和更细的显微组织会产生更大的工程应变和更好的流动性"。630℃和645℃的浇注温度下得到的蔷薇状微观结构表现出在球形和树枝状形态之间存在某种程度的变形抗力。对于浇注温度为675℃和695℃获得的最低变形（最大流动阻力）过程中树枝状形态占主导地位，与施加的压力无关。

图5.8比较了在施加4.8kPa的压力下，在695℃、630℃和615℃浇注温度下铸造SSM铸坯的变形特性。在615℃和630℃下铸坯的流动特性似乎比在较高温度下铸坯的流动特性好得多。

图5.8　从左到右分别为695℃、630℃和615℃下施加4.8kPa压力的铸造变形坯料照片[4]

5.2.4.2　液相偏析

图5.9和图5.10为变形坯料中心部分到边缘部分纵向截面的金相照片。此研究中，在低浇注温度下坯料几乎没有表现出液相偏析，在较高的过热温度下有一些微小的偏析。低浇注温度的坯料没有液相偏析可能是由坯料的球状结构造成的，这种结构下初晶颗粒与液相几乎以相同的速度流过颗粒间通道。同时，这也得益于细小的颗粒尺寸和较低的剪切速率（小于 $0.01s^{-1}$）。

低剪切速率允许固相颗粒易于移动而不会过度碰撞，从而导致 α-Al 相的均匀分布。

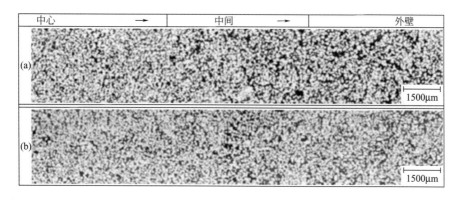

图5.9　615℃下施加压力（a）8.9kPa、（b）11.2kPa至最大应变为
0.6的变形SSM坯料显微组织[4]

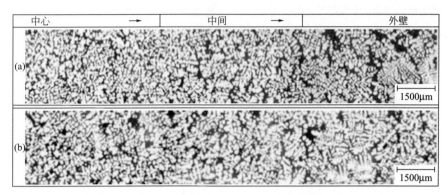

图 5.10　695℃下施加压力 (a) 8.9kPa、(b) 11.2kPa 至
最大应变为 0.6 的变形 SSM 坯料显微组织[4]

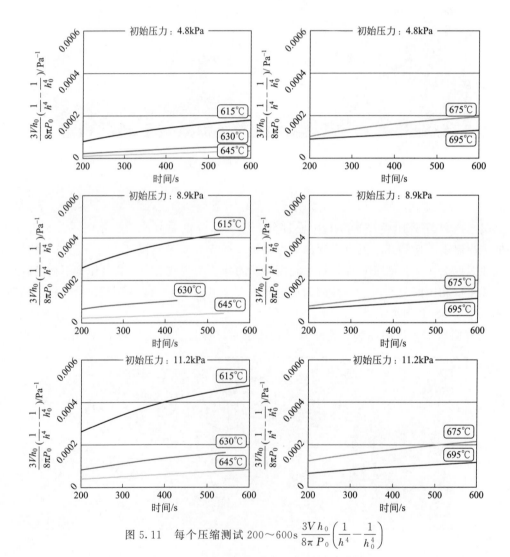

图 5.11　每个压缩测试 200～600s $\dfrac{3V h_0}{8\pi P_0}\left(\dfrac{1}{h^4}-\dfrac{1}{h_0^4}\right)$

对时间作图得到的准稳态段的计算结果[4]

图 5.9 所示的组织照片证实了这种假设，并显示在不同的施加压力下几乎都没有液相偏析。尽管如此，在模具壁附近仍可以观察到较小的液相偏析，特别是在树枝状结构中（图 5.10），这是由于枝晶互锁并因此不能自由移动，这与球状颗粒相反。

值得注意的是，在枝晶结构时出现的这种偏析发生在 0.1 工程应变之后，见图 5.10，而在球状结构时出现在 0.6 工程应变后，见图 5.9。这进一步证实了，在半固态金属（SSM）坯料压铸过程中球状结构对液相偏析的敏感性较低、流动性较好。因此，可以预测由具有球状形态的坯料制成的压铸件具有更均匀的组织结构以及与此对应的性能。

由于固相颗粒的细化和球化，减轻甚至克服了半固态材料的主要缺点，即在压力作用下液相与固相分离而导致的变形期间残余液体的偏析。在这种情况下，施加较低的剪切速率（较低的力）不仅有利于弱化偏析问题，而且还降低了高压压铸（HPDC）机器的成本。

5.2.4.3 黏度

为计算黏度，图 5.11 所示为式（4.30）$\dfrac{3Vh_0}{8\pi P_0}\left(\dfrac{1}{h^4}-\dfrac{1}{h_0^4}\right)=\dfrac{t}{\eta}$ 的左边对时间作图，仅列出准稳态段（每个压缩测试开始 200s 后）的计算结果。黏度由这些曲线的斜率倒数计算得出。所有实验的黏度和剪切速率的计算值列于表 5.2 中。树枝状（695～675℃铸造）和球状（615℃铸造）的黏度数值之间几乎有三个数量级的差异，树枝状和花状（630～645℃铸造）之间有两个数量级的差异。换句话说，具有树枝状结构的坯料具有最高的黏度值。

表 5.2 不同压力、浇注温度、$[\lg\eta(\mathrm{Pa\cdot s})]$ 以及剪切速率对数 $[\lg\dot\gamma(\mathrm{s}^{-1})]$ 下的黏度值[4]

施加初始压力 p_0/kPa	$\lg\eta,[\lg\dot\gamma]$ (695℃)	$\lg\eta,[\lg\dot\gamma]$ (675℃)	$\lg\eta,[\lg\dot\gamma]$ (645℃)	$\lg\eta,[\lg\dot\gamma]$ (630℃)	$\lg\eta,[\lg\dot\gamma]$ (615℃)
4.8	9，[-3.9]	8.6，[-3.95]	7.3，[-3.54]	7，[-3.33]	6.6，[-3.09]
8.9	9，[-3.82]	8.6，[-3.83]	7.3，[-3.18]	6.6，[-2.87]	6.3，[-2.74]
11.2	9，[-3.84]	8.6，[-3.82]	7，[-3.12]	6.6，[-2.86]	6.3，[-2.68]

更值得注意的是，每个温度的黏度数值并没有随着初始施加压力的变化而显著变化，这可以印证在低剪切速率范围内将 SSM 坯料作为牛顿流体的假设是合理的。此外，该结果支持之前在相同的剪切速率范围测试的半固态球状形貌 Pb-15%Sn[5]、A356[6] 和 Al-SiC 微粒复合材料[7] 的研究结果，如 4.2 节中图 4.16 所示。

5.3 旋转焓平衡装置

正如在 2.1.12 节中介绍的，SEED 工艺由两个主要步骤组成：第一步包括搅拌并且从熔融金属中放出一定热量而生成液-固相浆料；第二步是排出一些剩余液相产生独立成形的紧实原料用于流变铸造操作（基于原始 SEED 工艺）。本节研究了实验过程中的微观结构演变以及工艺参数对最终微观结构和力学性能的影响。

5.3.1 实验设置

SEED 过程见第 2 章解释。表 5.3 所示为本研究中商用 356 合金的化学成分[8,9]。

表 5.3　商用 356 铸造合金的化学成分　　单位：%（质量分数）

合金	Si	Mg	Mn	Ti	Fe	Cu	Zn	Al
A356	6.5～7.5	0.2～0.45	0.1	0.2	0.2	0.2	0.1	余量

将制备好的熔体在 625～690℃某个温度下倒入模具。模具首先旋转一段时间"x"，然后静置一段特定时间"y"。之后，打开模具的底部用特定的时间"z"将剩余的液相排出（x、y、z 分别是旋转、静置和排出期）。

静置时间（y）设置为 10s，仅通过改变旋转时间（x）和排出时间（z）来增加总处理时间。这些条件如下。

- t_1：45-10-45（总时间 100s）
- t_2：60-10-60（总时间 130s）
- t_3：75-10-75（总时间 160s）

在配备有 U 形模具的 600t 布勒（Buhler）铸造机中浇注半固态坯料（金属块）。铸件从模腔中取出（排出）后在水中急冷。在研究过程中，测量每种条件下半固态坯料的最终温度，以确保实验的可重复性并使误差最小化。最后，经 X 射线确认铸件质量。然后对铸件进行热处理以获得 T5 回火状态（在 170℃下 6h）。取样进行微观结构分析和拉伸测试。图 5.12 显示了铸件和取样位置。

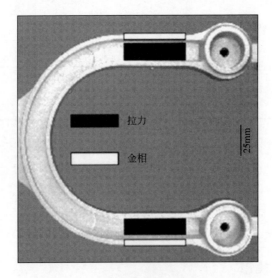

图 5.12　铸件和取样位置（在白色部分的内表面上进行金相分析）[8]

5.3.2 冷却曲线

图 5.13 显示了 SEED 和传统方法（未搅拌、无排出）制备的铸件在模具中心的冷却

曲线，以此来说明两个过程的热历史（浇注温度 645℃）。如图所示，随着将熔融合金浇注到模具中，温度迅速升高，但最终温度略低于初始浇注温度。如图 5.13 所示，合金在短期热平衡后开始凝固。

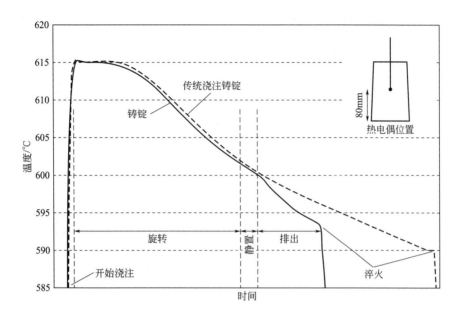

图 5.13　SEED（实线）和传统铸造（虚线）（浇注温度 645℃）的典型冷却曲线[10]
（经加拿大采矿、冶金及石油学院许可转载）

随着时间延长，旋转导致样品中温度分布均匀。在排出阶段，冷却速度似乎有所增大。排出过程中较高的冷却速率可归因于液相流动；坯料顶部较冷的液相向下流动，而底部较温热的液体随之排出[10]。

5.3.3　铸坯微观组织

希望通过旋转分解枝晶，并且消除或减小熔体和模壁间温度梯度的斜率，从而产生更细、更等轴的 α-Al 晶粒。图 5.14 的光学显微照片可明显看出这种效果。应该强调的是，对于传统的铸态微观组织，被抛光面截断的 α-Al 晶粒的枝晶臂不属于这种独立球形晶粒（图 5.6）。然而，SEED 工艺似乎在将大部分 α-Al 枝晶转变为蔷薇状和球状方面非常有效，尤其在较高的浇注温度下效果特别明显。旋转不仅可以导致温度均匀化，而且引起枝晶破碎形成 α-Al 球晶（静置期可稳定系统中的热梯度，并使剩余液相达到更稳定的状态。在排出阶段，浆料中的固相部分增加，铸件随之成形）[10]。

5.3.4　工艺参数优化

图 5.15 显示了初始浇注温度为 625℃时处理时间对显微组织的影响。正如本章前面所强调的，低浇注温度会明显改变 SSM 浆料的形貌。因此，低浇注温度会掩盖处理时间变化的影响（处理时间的改变似乎对初生 α-Al 颗粒形貌影响不大）。另外，延长旋转/整

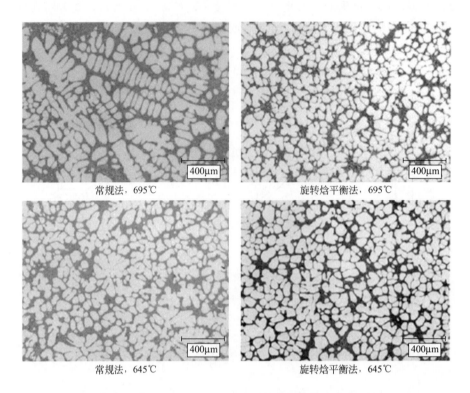

图 5.14　在 695℃ 和 645℃ 浇注的典型旋转焓平衡法
（SEED）和常规铸造的 356 合金淬火组织

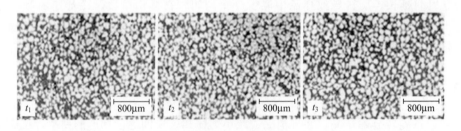

图 5.15　初始浇注温度为 625℃ 时处理时间对显微组织影响[8]
t_1—45-10-45；t_2—60-10-60；t_3—75-10-75

体处理时间会导致更多的球状晶生成。

随着浇注温度升高到 635℃，初生 α-Al 颗粒的形貌稍微偏离球形（图 5.16）。这可归因于此时熔体内部温度梯度较大，并且冷却有一定的方向性，此条件下的形核动力学和生长方向使得初生 α-Al 颗粒在半固态浆料处理之前就偏离典型的球状。根据在浇注温度为 625℃ 条件下的结果，t_3 样品中，由于较长的旋转/整体处理时间，晶粒更接近于球形。由于在旋转/保温/倾出循环末期糊状区的整体温度要高于 625℃，也就是说液相分数更大（图 5.25），所以随着浇注温度的升高，固相分数略微减小。这种现象在浇注温度为 660℃ 时更为明显（图 5.17）。考虑固/液相的倾出，这就变得更加复杂了。

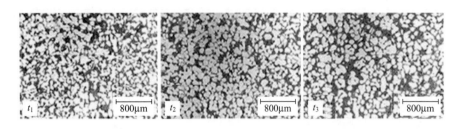

图 5.16　浇注温度为 635℃时，处理时间的影响[8]

t_1—45-10-45；t_2—60-10-60；t_3—75-10-75

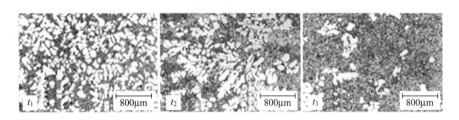

图 5.17　浇注温度为 660℃时，处理时间的影响[8]

t_1—45-10-45；t_2—60-10-60；t_3—75-10-75

　　图 5.17 给出的是浇注温度为 660℃时，整体处理时间对显微组织的影响。在这个浇注温度下，处理时间的延长可改变初生 α-Al 枝晶的形貌和数量。较高的浇注温度会明显影响形核动力学和生长行为。最高的浇注温度下（与图 5.15 和图 5.16 比较）形核率降低，熔体内部的温度梯度提高；因而初生 α-Al 相形貌由蔷薇状变为树枝状。在这 3 种浇注温度条件下，初生 α-Al 相粒子的体积分数随着处理时间 t_3 的延长而减小。这种现象部分与较长的旋转时间有关。较长的旋转时间促进枝晶重熔，并促进初生相在液相中的均匀分布。值得注意的是，在较高的浇注温度下，液相偏析现象在高压铸造时更为明显。这就是在 660℃浇注温度时液相分数较高的原因。

　　总之，通过图像分析可以确认以下内容[8]：

- 提高过热度可提高初生 α-Al 颗粒尺寸；
- 初生 α-Al 颗粒在较低浇注温度时更接近于球形；
- 整体处理时间对初生 α-Al 颗粒的形貌和体积分数都有影响。

　　不同处理条件下的铝合金在进行 T5 回火（170℃ 6h）后的力学性能见表 5.4。力学性能，特别是塑性，受 SEED 工艺参数变化的影响明显。延伸率的变化主要取决于显微组织。另外，值得一提的是组织由枝晶向球状结构转变，会减少氧化物、冷隔、缩孔等显著影响力学性能的缺陷。

　　另外，还可得到这样的结论：形貌与固相分数的变化能够影响浆料的流变行为，从而影响整体的充填能力。Jorstad 等人[11]指出在挤压铸造工艺中，金属熔体以 0.5m/s 的流速流动不产生紊流缺陷，增大到 1m/s 则流速太快，会产生孔洞和气泡。随着固相分数的逐渐增加，可允许的流动速度也会相应提高。换句话说，较大的固相分数会提高流动的稳

表 5.4　特定条件下的典型力学性能（T5 回火条件：170℃ 6h）[8]

条件		抗拉强度/MPa	屈服强度/MPa	延伸率/%
625℃,t_2	最大	281	206	7.9
	最小	252	174	2.7
	平均	265	187	5.1
635℃,t_3	最大	276	203	11.5
	最小	249	173	9
	平均	263	184	10
660℃,t_3	最大	282	221	2
	最小	230	205	1
	平均	256	214	1.5

定性，因此可以采用较大的流速，也不会产生 X 射线可见的缺陷和/或热处理后的鼓泡。研究结果表明当固相分数为 50%（$f_s = 0.5$）时，流速可以超过 3m/s 或 4m/s 而不产生缺陷（图 5.18）。

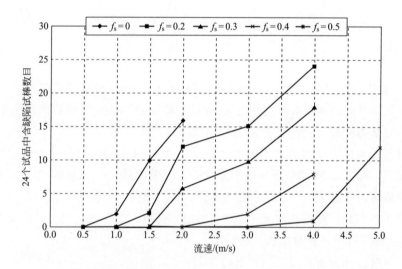

图 5.18　A356 合金经 SLC 工艺改性及晶粒细化后进行 T6 回火处理（540℃ 4h 固溶处理＋在热水中淬火＋170℃ 4h 析出时效处理），流动/紊流缺陷与固相分数和流速的关系（摘自文献 [11]）

表 5.4 给出了上述 3 种处理时间条件下得到的铝合金的主要力学性能结果。635℃ 浇注温度条件下获得的样品具有最佳的强度和延伸率关系，原因在于此浇注温度条件下形成了更多的蔷薇状组织。

5.3.5　化学成分均匀性

合金系的凝固完全不同于纯金属。实际上，纯金属系的变化仅限于热量流动现象，而合金系不仅有热量流动现象，还存在溶质再分配现象。合金系的凝固有个温度范围，同时伴随着结晶、固相运动、溶质再分配、成分偏析和粗化（熟化）等多种变化。溶质再分配方面，有 3 种传统的方法可预测合金的凝固[12]：

- 在固相和液相中平衡凝固或完全混合；
- 在液相中完全混合，在固相中不发生扩散，即 Scheil 凝固；
- 在固相中无扩散，在液相中存在有限扩散。

事实上，凝固速度永远不会缓慢到满足第一种情况，因此多数情况下包含另外两种情况。在分配系数小于 1（$k<1$）的合金系中，溶质原子受到正在凝固的液相的排挤，在固液界面即固相附近的液相处聚集，从而在凝固过程中形成显微偏析。随着凝固的进行，特别是在凝固的最后阶段，液相中的溶质浓度很高，从而产生较大区域的溶质富集区，即所谓的"宏观偏析"。这也有助于形成不同的相或化合物，如金属间化合物相。

偏析模式是近净成形过程中的一个关键因素。在 SSM 工艺中，由于坯料是后续成形过程的原料，因此原始坯料中合金元素的均匀性非常重要。通过减小坯料内部的化学成分变化，可以保证复杂形状零件的性能均匀性。

在理论上，微观结构化学成分的变化可以采用平衡相图和杠杆原理，或利用商业软件进行理论研究，也可采用如光学发射光谱（OES）、扫描电子显微镜（SEM）、电子探针（EPMA）的点和线扫描方式等方法进行宏观或微观尺度上的实验研究。

在最简单的情况下，忽略固相的熟化和扩散，可通过质量平衡原理给出固-液两相区特定位置上初生相的固相分数。在这种情况下，认为液相是完全扩散的，糊状区液相的质量分数 f_1 和液成分 C_1 之间的相互关系可由 Scheil 方程给出，方程中含分配系数（k）（根据文献［12］重新计算）：

$$f_1 = \left(\frac{C_1}{C_0}\right)^{\frac{-1}{1-k}} \tag{5.1}$$

式中，C_0 为合金成分。由于糊状区的温度 T 和液相成分 C_1 取决于液相平衡线，式（5.1）可以变为：

$$f_1 = \phi^{\frac{-1}{1-k}} \tag{5.2}$$

式中，Φ 是无量纲参数，$\frac{T_m - T}{T_m - T_1}$；$T_m$ 和 T_1 分别是纯溶剂的熔点和成分为 C_0 的合金的液相线温度。

式（5.2）说明了局部固相质量分数与固-液两相区温度的关系，常用于用温度测量值直接计算局部固相分数的实验研究。

这些公式还可以计算在固相分数一定时，给定合金的瞬时化学成分。在特定固相分数和温度下，分析凝固合金的化学成分，可以得出平衡或非平衡二元相图液相线和固相线浓度。式（5.3）给出了在特定温度下相的化学成分和含量的简单关系：

$$\%B = f_s C_{固相}^{T_0} + f_1 C_{液相}^{T_0} \tag{5.3}$$

式中，%B 是 T_0 温度条件下合金元素的含量；f_s、f_1、$C_{固相}^{T_0}$、$C_{液相}^{T_0}$ 分别是固相分数、液相分数、元素 B 在固相线和液相线温度时的百分含量，%。

本节将引入分析凝固合金成分的新实验方法，还将揭示浇注温度对坯料化学成分均匀性的重要作用。

5.3.5.1 研究方法

实验材料为 Al7Si 二元合金和商用 356 铝锭，其化学成分见表 5.5。熔炼过程与 4.1 节中提到的方法相同。制备好的熔体浇注到圆柱形钢模中，熔体过热温度范围是 15～75℃。所有实验中，浇注后，在特定时间（45～50s）打开底部塞子，流出部分熔体。熔体流出 1min 后用冷水冷却坯料。采用这种实验方法，可得到一系列的倾出金属熔体的质量和冷却温度。

表 5.5　检测合金的化学成分　　　　　　　　　单位：%（质量分数）

实验材料	Si	Mg	Fe	Cu	Ni	Ti	Al
Al7.54Si	7.54	无	0.07	0.002	0.004	无	余量
356	6.9～7.1	0.32～0.35	≤0.1	≤0.002	≤0.001	0.12～0.13	余量

淬火后的浆料，如图 5.19 所示，分别从顶部、中部和底部剖开。由于从底部倾出的熔体成分不同，并且不均匀，倾出材料需要在氩气氛中重熔、在标准对开模中铸造，然后进行化学成分分析。

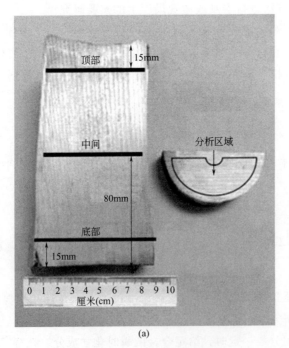

图 5.19　（a）锭坯纵剖面图，显示了横剖面分析区域的位置；（b）排出液相，俯视[13]

5.3.5.2 部分倾出对化学成分均匀性的影响

图 5.20 给出的是浇注温度为 645℃时坯料铸造过程典型的时间-温度曲线。浇注过程中，模具中心的温度快速升高，最高温度低于浇注温度，这与凝固最初阶段热量大量散失有关（见 5.2.2 节）。提取一部分熔体后，冷却速率略有增大，原因在于流体流动和底部液相的流出。

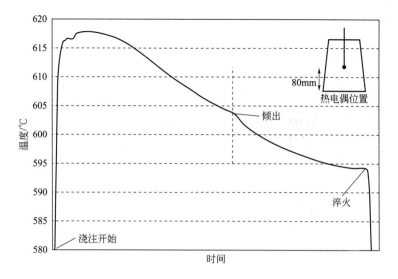

图 5.20　浇注温度为 645℃时典型的时间-温度曲线[14]

（1）Al7Si 二元合金

由于商用合金成分较为复杂，采用二元 Al-Si 合金，即 Al-7.54%Si 合金进行第一轮的熔炼实验（表 5.6）。

表 5.6　Al-Si 二元合金的实验参数

浇注温度/℃	$T_{倾出}$/℃	$T_{淬火}$/℃	Si 含量/%（质量分数）		
			熔体	锭坯	倾出材料
645	602.1	592.5	7.54	7.25	9.68

倾出后，凝固的坯料和倾出部分的硅含量均与熔体中的硅含量不同，这与偏析现象有关。根据 Al-Si 二元相图，在凝固过程中的任何阶段剩余熔体中的溶质含量都会越来越高。通过分析倾出或提取凝固颗粒附近过饱和液相的成分，表明剩余的液相具有不同的成分。换句话说，剩余的液相将以不同的凝固路径凝固，如图 5.21 所示。

本节提出的验证液相富集的方法就是在给定的温度范围倾出处于两相区的液相，然后分析倾出液相和坯料化学成分。图 5.21 中的虚箭头显示了在 602.1～592.5℃温度范围内倾出部分液相导致的合金坯料成分变化。

根据二元平衡相图，根据杠杆原理（$f_1 = \dfrac{C_0 - C_s}{C_1 - C_s}$），可以得到在 602.1℃和 592.5℃时液相分数分别为 0.838 和 0.697，而根据 Scheil 公式（5.2）计算的液相分数分别为 0.839 和 0.703。因此，可以推断在这些温度下，Scheil 公式和杠杆原理的计算结果接近。因此，将这些数据求平均，可以得到在 602.1℃，f_s 和 f_1 的值分别为 0.16 和 0.84，而在 592.5℃，f_s 和 f_1 的值分别为 0.3 和 0.7。

在倾出时间 45～50s、浇注温度 645℃条件下，在 602.1～592.5℃温度范围内可以倾出大约 15%的液相。液相体积的减小导致固相分数达到新的平衡，并提高其在坯料中的含量。因此，坯料内最终的固相分数可由式（5.4）计算：

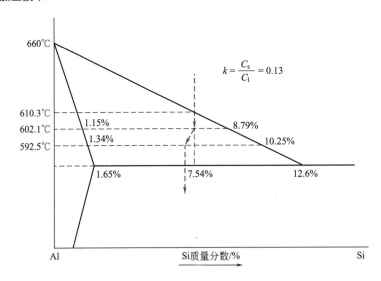

图 5.21 645℃浇注 Al7.54Si 合金后，在 602.1～592.5℃温度范围内
倾出液相的化学成分变化示意图[13]

$$f_s^{倾出后} = \frac{f_s}{f_s + (f_1 - 0.15)}, \quad f_1 = 1 - f_s \tag{5.4}$$

然后在 592.5℃时：

$$f_s = \frac{0.30}{0.30 + 0.55} = 0.353, \quad f_1 = 0.647$$

根据这些条件，样品中的硅含量和平衡条件下倾出的液相可根据式(5.5) 计算：

$$\%Si_{坯料} = (\%f_s^{倾出后} C_{固相}^{T_0} + \%f_1^{倾出后} C_{液相}^{T_0}) \tag{5.5}$$

在 592.5℃：

$$\%Si_{坯料} = 0.353 \times 1.34 + 0.647 \times 10.25 = 7.1\%Si_{坯料}(592.5℃)$$

$$\%Si_{倾出(来自二元相图，图5.21)} = 10.25\%Si$$

由于液相倾出开始温度为 602.1℃，结束温度为 592.5℃，测得的 Si 含量值应是这个温度范围内的平均含量。为了与实验结果一致，应该计算出 Si 含量在 602.1℃和 592.5℃这两个温度之间的平均值。因此，从二元平衡相图计算的结果，高溶质含量倾出液相的Si 的平均含量是 9.52%，而坯料中 Si 的平均含量是 7.32%。如表 5.6 所示，实际的 Al-7.54Si 二元合金倾出 15%液相后，对铸件和倾出液相进行化学成分分析，其结果是坯料中含 7.25%的 Si，而残余液相中含 9.68%的 Si。这个结果与计算结果相符。计算值与测量值之间的微小差异可以归因于一系列的参数，如二元相图中液相线和固相线为直线的假设、微量元素的存在、样品的非平衡凝固和杠杆原理及 Scheil 公式的假设。非平衡凝固尤其重要，因为这可以导致合金化元素在铸态坯料中的进一步溶解，从而减少 Si 在倾出液中的含量。另外，测量的实验分散性也是需要认真考虑的另一个因素。

图 5.22 给出了坯料中部及倾出液相（在倾出阶段，将排出液相用冷水淬火）的典型光学显微照片。对于铸件 [图 5.22(a)]，初生 α-Al 颗粒的生长由于淬火受到抑制，说明了这些颗粒在不同温度下的尺寸和形貌。倾出材料的显微组织非常均匀，并且比坯料组织细小，这是由于倾出液相在水中淬火激冷。特殊情况下，在倾出样品中也会看到一些较大

的初生颗粒。在图 5.22(b) 中观察到的初生 α-Al 枝晶很可能是在倾出阶段从凝固的网状结构中脱离，并随液相倾出。这种不典型的特征不常见，并且这种基于倾出液相而非固相的计算几乎是正确和有效的。

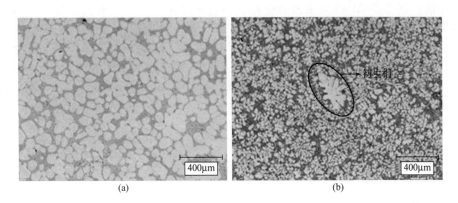

图 5.22　浇注温度为 645℃ 时，铸件 (a) 和倾出液相凝固后 (b) 中间截面的显微组织光学照片

(2) 商用 356 合金

同二元 Al-Si 合金相似，采用商用 356 合金凝固至固相分数为 0.2～0.3 时，要倾出一部分剩余液相。用光学发射光谱法（OES）研究主要元素含量变化，并将测量结果与理论计算值相比较。

图 5.23 给出的是熔体、坯料顶部和底部、倾出件中 Si、Mg、Fe 和 Ti 的含量。倾出时，液相向下流出，由于合金化元素在初生 α-Al 中的溶解度很小，合金化元素被排斥留在液相中。因此，认为这部分倾出的液相中的合金化元素含量高。然而，由于凝固开始于模具顶部和模具壁，在顶部富含溶质的液相留了下来，而导致该处的合金化元素含量略高。浇注温度较低时，如 645℃，液相内会同时大量形核，因此，这些地方的合金虽富含溶质但产生偏析的可能性较小，也就是意味着成分更均匀。

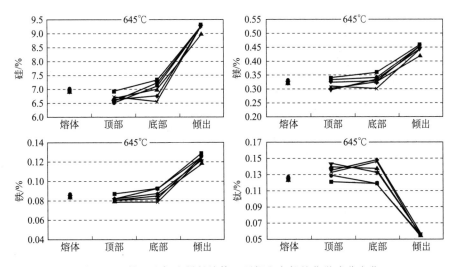

图 5.23　锭坯和倾出材料熔体、顶部和底部的化学成分变化

根据以上结果可得到如下结论。

- 645℃浇注时，坯料顶部与底部的成分略有差别。

- 倾出材料，Si、Fe 和 Mg 含量要高于原始合金成分，但倾出熔体中的 Ti 含量小。这是由于初生 α-Al 形成过程中在凝固前沿液相中的溶质元素被排斥。而对于 Ti 元素，趋势刚好相反，这与在 Al-Ti 合金相图中存在的包晶反应（$k>1$）有关。另外，Ti 最初与铝熔体反应生成 Al_3Ti 粒子，这些粒子成为包晶反应 $L+Al_3Ti \longrightarrow (\alpha)Al$ 中初生 α-Al 的形核核心。在开始倾出液相过程之前，认为 Ti 元素就已消耗。因此，从模具中倾倒的液相中的 Ti 的含量并不高。

在几次实验中，熔体中 Si 的平均含量的测量值为 6.96%，坯料从顶部到底部的平均 Si 含量为 6.83%，而倾出材料的 Si 的平均含量为 9.29%。下面将讨论根据 Al-Si 二元平衡相图及式(5.4) 和式(5.5) 进行的理论计算。

假设 Al-Si 二元合金系中 Si 含量为 6.96%，在 602.1℃ 和 592.5℃，根据杠杆原理固相分数计算为：

$$f_s=0.24, \ f_l=0.76 \ (602.1℃)$$
$$f_s=0.37, \ f_l=0.63 \ (592.5℃)$$

图 5.24 还给出了利用 ThermoCalc 软件和热分析方法计算得到的固相分数。比较固

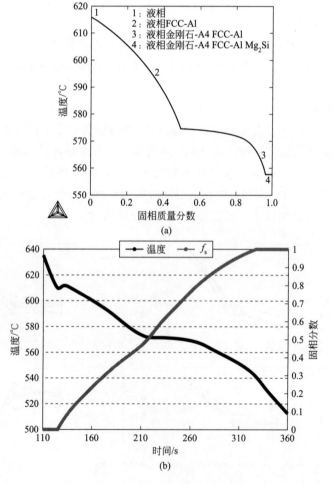

图 5.24　固相分数测量值：(a) ThermoCalc 软件，Al7Si0.35Mg
[0.25 (602.1℃) 和 0.35 (592.5℃)][14]；(b) 热分析法，Al7.1Si0.38Mg
[0.22 (602.1℃) 和 0.32 (592.5℃)]

相分数的计算值，可以发现这些计算值几乎相同。表明尽管这些方法具有不同的假设条件，但通过 Scheil 公式、杠杆原理和热分析方法计算得到的固相分数值是相同的。

当 15％（体积分数）的液相倾出后，在 592.5℃ 坯料中余下的液相分数计算为 0.48（0.63－0.15＝0.48）。因此，根据式(5.4)，在倾出后期固相和液相分数分别为：

$$f_s＝0.43 \text{ 和 } f_l＝0.57 \text{ (592.5℃)}$$

根据式(5.5)，在倾出材料和坯料中最终的 Si 含量分别为：

$$\%Si_{倾出}＝10.25 \text{ 和 } \%Si_{坯料}＝6.41\% \text{ (592.5℃)}$$

比较铸件和倾出件中 Si 含量的实验测量值（分别为 6.96％ 和 9.29％）和理论计算值（分别为 6.68％ 和 9.52％），发现一致性很好。存在微小差异的原因可能有：

- 多元合金系要比简单的二元合金复杂得多。熔体中微量元素的存在，如 Mg、Fe 和 Ti，可改变平衡线，从而使液相线和固相线上移或下移。另外，微量元素可还以聚集一些主要元素，如 Si 以 Mg_2Si 形式存在并/或形成含 Fe 的中间合金。

- 铸造过程中的非平衡凝固改变了固相线、液相线和共晶线的位置。另外，倒入热的液相也会改变热交换，并最终导致平均冷却速率变大。

- Scheil 公式没有考虑固相中的逆扩散。

然而，尽管倾出部分剩余液相，与商用 356 合金成分比较，最终坯料的成分仍在 356 合金国际标准范围内，见表 5.7。

表 5.7　A356 合金的化学成分（AA 标准）[15]　　单位：％（质量分数）

成分	Si	Mg	Fe	Cu	Ti	Zn	Al
标准成分	6.5～7.5	0.2～0.45	≤0.2	≤0.2	≤0.2	≤0.1	余量
坯料成分	6.83±0.3	0.32±0.02	0.085±0.005	≤0.002	0.13±0.01	≤0.002	余量

（3）化学成分均匀性随浇注温度的变化

图 5.25 给出的是浇注、倾出和激冷温度与倾出液相体积之间的相互关系。提高浇注温度，使模具内所含热量增加，在相同时间内倾出液相体积增加（是指 5.3.1 节中的处理时间）。相同处理时间内热量越多，则固相分数越小。较小的固相分数对液相流动阻碍效果小，高的热量也会提高液相的流动性，从而使倾出操作简单。

图 5.26、图 5.27 和图 5.28 给出在不同浇注温度下熔体、倾出件、坯料顶部和底部的 Si、Mg 和 Fe 元素分析结果。倾出件作为糊状区残留液相的部分，富含合金化元素。随着凝固在糊状区的进行，根据二元平衡相图，液相的合金化元素较多，因此分析结果显示具有较高的溶质含量。低的浇注温度也会提高倾出件中 Si、Mg 和 Fe 元素的含量。正如前面介绍实验装置时提到的，开始浇注后，底部柱塞打开一定的时间，较低的过热会导致更多 α-Al 颗粒的生成，根据杠杆原理，同过热度较高且合金化元素不饱和的液相相比，在倾出阶段较低过热度的液相中合金化元素含量较高。

降低浇注温度，坯料顶部和底部的分析结果存在差异，但顶部和底部的化学成分差异减小。这是由于在熔体内部存在较小的温度梯度，从而促使生成等轴和多方向凝固，即整

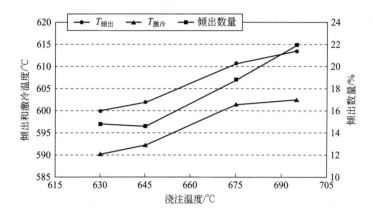

图 5.25　商用 356 合金浇注温度、倾出温度和淬火温度之间的关系

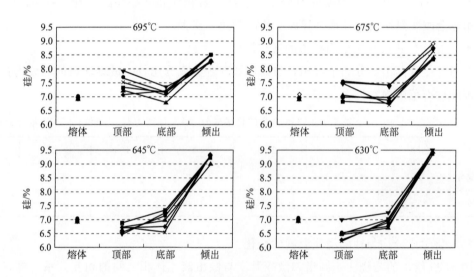

图 5.26　不同浇注温度下获得的铸态 SSM 锭坯不同位置
的硅含量（不同曲线代表不同的铸造实验）

个熔体几乎同时开始凝固，而并非自顶部到底部的顺序凝固，从而使各处的合金化元素含量变化减小。降低浇注温度，化学成分均匀性提高，从而具有更好的性能和使用性，这一点对铸件产品来说很重要。

　　图 5.29 给出的是熔体、倾出件和坯料顶/底部钛元素的变化。钛元素的变化趋势与其他元素的变化趋势完全相反。Si、Mg 和 Fe 元素在倾出熔体中的含量最大，而 Ti 元素含量则最小。如已经讨论过的，这种现象与 Al-Ti 合金系中存在的包晶反应有关，在一定程度上，Ti 可以当作细化剂，见 6.2.1.4 节。根据相图，最初形成的固相中富含 Ti 元素，降低温度，Ti 元素在液相中的含量逐渐减少。另一个原因在其他文献[16]中介绍过，由于可形成 Ti 的金属间化合物相，Ti 具有为初生 α-Al 粒子提供形核核心的能力。倾出件中

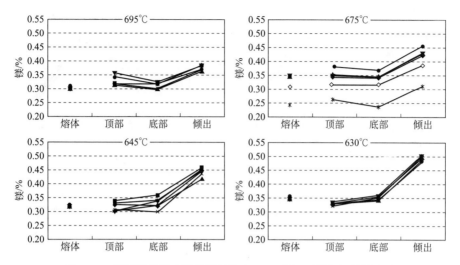

图 5.27　不同浇注温度下获得的铸态 SSM 锭坯不同位置的镁含量

（不同曲线代表不同的铸造实验）

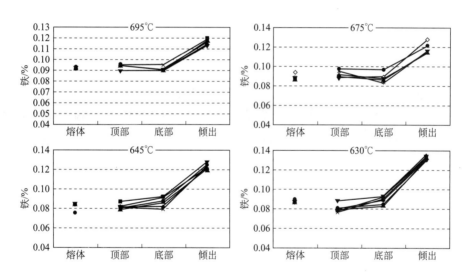

图 5.28　不同浇注温度下获得的铸态 SSM 锭坯不同位置的铁含量

（不同曲线代表不同的铸造实验）

的 Ti 元素含量与浇注温度之间也存在一定关系。倾出件中的 Ti 含量随过热度的降低而减少，这表明在倾出件中，初生 α-Al 粒子被倾出的可能性小。换句话说，由于液相的体积分数较低，浆料具有保留坯料中初生粒子的能力。

在较高过热度的条件下，坯料中底部的 Ti 含量要高于顶部的 Ti 含量。这可能归因于在较高的浇注温度下，坯料中存在较大的自然对流。大的过热可导致从坯料中倾出更多液相，由于对流和密度变化，初生粒子易于在铸坯底部沉降和聚集。这些初生粒子含 Ti，光谱分析证实底部 Ti 元素含量较高。

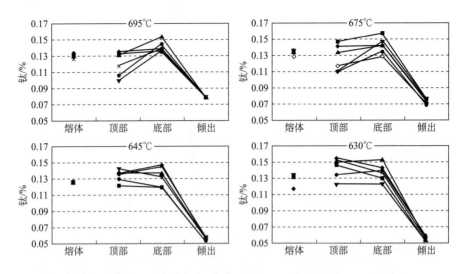

图 5.29 不同浇注温度下获得的铸态 SSM 锭坯不同位置的钛含量
(不同曲线代表不同的铸造实验)

5.4 电磁搅拌

如第 2 章所述,在电磁搅拌过程中,局部剪切应力是由电磁场产生的,在磁场中凝固态金属起到转子作用,并且由熔体流动形成的搅拌作用剪切树枝晶。因此,加工原料可用作半固态材料的来源。在这一部分将讨论电磁搅拌的重要性、冷却速率和浇注温度对 α-Al 初生粒子的晶粒尺寸/粒径大小的影响。硅和铁金属间化合物微观结构的演化已经在 3.3.3 节中进行了讨论。

为了建立浇注温度与搅拌效果对坯料结构和质量的影响之间的相互联系,正如第 4 章中所描述的,采用两种不同材料的模具(砂模和铜模)加电磁搅拌的方式。图 5.30 给出了砂模和铜模非电磁搅拌铸态坯料的显微组织。由于冷却速率不同,采用不同材料模具获得的坯料的枝晶尺寸与枝晶间距不同。较快的冷却速率不仅能够细化初生 α-Al 晶粒尺寸,也使得共晶成分变细。不同模具导致 β-铁金属间化合物(箭头处)与硅晶片的尺寸明显不同:在铜模具里二者尺寸都较小和较短[比较图 5.30(b)、(d)]。

- **过热度和搅拌对晶粒尺寸大小的影响**

(1) 砂模

图 5.31 中的偏振光光学照片揭示了结合电磁搅拌同时改变浇注温度后的组织演变规律。无搅拌时,初生 α-Al 晶粒具有枝晶形貌;在搅拌过程中初生 α-Al 晶粒球化。在搅拌过程中降低过热度,随着熟化过程、细小枝晶的重熔和较粗枝晶的生长,α-Al 相的形貌逐渐变为蔷薇状、等轴晶,最后变成球状晶。砂模自身会降低散热速率,并在熔体内形成

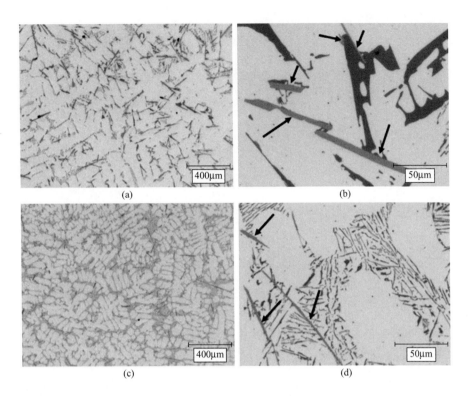

图 5.30　显微组织与冷却速率的关系（铸态、非搅拌态）：（a）与（b）砂模；
（c）与（d）铜模（浇注温度 690℃）（箭头指示的是铁金属间化合物）

一个低的温度梯度。这种低温度梯度促进了残留晶核的均匀分布，最终生长为等轴晶。

　　从 SSM 工艺方面，微观组织的演变主要是由于机械和/或热-机械作用导致的枝晶破碎以及熔体中的多重形核[12]。电磁搅拌作用及产生的熔体强对流导致枝晶破碎，破碎的原因主要是热或溶质对流形成机械分解或者枝晶根部重熔[12,17,18]。这些破碎的粒子成为初生 α-Al 相的优先形核位置，因为它们被视为材料生长的没有错配度的新形核剂。这就意味着在连续冷却过程中强对流作用下整个熔体会同时发生异质形核。然而生长机制是基于合金连续冷却和搅拌过程中流动枝晶碎片的粗化。随着熔体内部的连续剪切，枝晶形态逐渐变为蔷薇状或球状。随着进一步搅拌，由于界面自由能降低，粒子熟化成为主导。

　　图 5.32 给出的是在 660℃浇注温度下铸造试样的 EBSD 结果[19]。与偏振光显微图片相比，此处用特定的颜色代表晶粒以描述大致的微观结构，确保相邻两晶粒的颜色是不同的。白色线代表取向差在 5°～10°的亚晶界，黑色线代表取向差大于 10°的高角度晶界。与偏振光显微照片一致，常规铸造试样晶粒尺寸相当大，然而搅拌能有效地降低晶粒尺寸（在未搅拌的样品中分散的小颗粒，是抛光面上被切开的枝晶/铁金属间化合物/共晶团簇，这一点可以通过偏光显微照片证实）。

　　很多亚晶在图 5.32 中看不到，因为图中只显示了取向角大于 5°的亚晶。如果将晶界的最小取向差降低到 1.5°，电磁搅拌坯料的 EBSD 晶粒图中就可显示大量的晶粒和亚晶

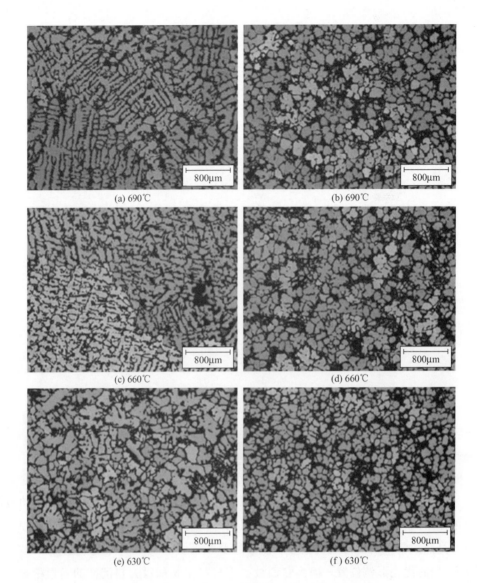

图 5.31 偏振光显微照片表明在砂模铸造中浇注温度
（690℃、660℃和630℃）与搅拌对晶粒和球晶尺寸变化的影响：
（a）、（c）、（e）常规；（b）、（d）、（f）电磁搅拌

界，如图5.33所示（白色线和黑色线分别代表取向差大于1.5°和10°的晶界）。正如上面图片，常规铸造样品的晶界结构仅有微小的变化，几乎观察不到亚晶粒，而电磁搅拌铸造样品的晶粒更细小并且可观察到大量取向差最低到1.5°的亚晶界。由于再加热时间主要取决于晶界类型与数量，所以亚晶界的数量是再加热过程中的关键因素。

图5.34显示了未搅拌的常规样品中晶粒尺寸随过热度的变化。在浇注温度为690℃时，显微组织全部为树枝晶，并且晶粒相当粗大，平均尺寸约为2000μm。

浇注温度降低到660℃，晶粒尺寸几乎相同，组织结构没有明显不同。浇注温度为630℃时，柱状晶结构转变为等轴晶，晶粒尺寸显著下降近70%。正如本章前面的详细讨

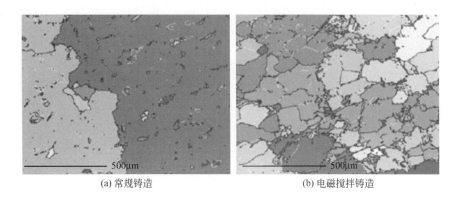

(a) 常规铸造　　　　　　　　　　　　　(b) 电磁搅拌铸造

图 5.32　晶粒图：白色线表示取向差在 5°～10°的亚晶界，黑色线表示取向
差大于 10°的高角度晶界（浇注温度为 660℃）[19]

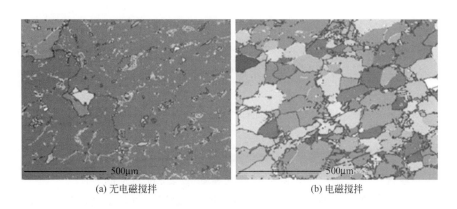

(a) 无电磁搅拌　　　　　　　　　　　　(b) 电磁搅拌

图 5.33　EBSD 晶粒图：白色线和黑色线分别表示大于 1.5°和 10°的
晶界角度取向差（660℃浇注温度）[19]

论，由于熔体整体温度较低，促使浇注过程中在模具内形成窄的温度梯度，从而导致晶粒尺寸大幅度减小。正如所指出的那样，由于浇注温度低，熔体内存在大量晶核，潜在的晶核在熔体任何地方都可生成，也促进了等轴晶的形成。根据每次的实验观察结果，确定晶粒尺寸减小的温度范围是 660～630℃。

图 5.34(b) 给出的是搅拌铸造样品的晶粒尺寸（注意晶粒尺寸是使用偏光显微照片测量的，测量过程中颜色相同且相邻的一组 α-Al 颗粒看作是一个晶粒）。显而易见，搅拌大大降低了晶粒平均尺寸。随着过热度降低，显微组织不断球化；浇注温度最低时，搅拌合金的整体晶粒尺寸减小约 20%［图 5.34(b)］。对于晶粒尺寸的减小，搅拌铸造低于常规铸造，这可以归因于剧烈搅拌对颗粒尺寸的影响超过了浇注温度的影响（有趣的是，低温浇注时常规铸造和电磁搅拌铸造样品的标准偏差更小，可以解释为工艺的一致性）。

在常规铸造中，等轴晶区与柱状晶区总存在竞争，其结果取决于不同因素的程度与范围，如温度梯度、成分过冷度和柱状前沿的生长速度。Hunt[20] 分析了等轴晶在柱状晶前沿的生长，定义了柱状晶向等轴晶转变（CET）的参数，并表明了在异质形核过程中，

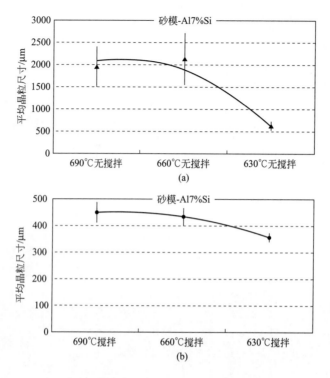

图 5.34 平均晶粒尺寸随浇注温度的变化
(a) 常规砂模铸造；(b) 电磁搅拌砂模铸造

增加合金化元素含量、形核粒子，降低过热度和临界过冷度可提高 CET。

本研究中关于常规铸造的结果也证实，降低浇注温度，可观察到柱状晶生长减少，随后形成等轴晶。另一方面，由电磁力引发的强制流动能够细化晶粒组织，并促进生成更大比例的等轴晶区。常规砂模铸造的 CET 温度在 660～630℃，而使用 EMS，促进等轴晶转变并使浇注温度提高到 690℃。换句话说，可以在高浇注温度下通过剧烈搅拌实现与在低温浇注温度下常规铸造相同的微观组织。另外的好处是可形成更多的球状晶。这种细化主要归因于树枝晶的分解和后续碎片在主体熔体中的迁移和分散。

正如第 3 章所分析，在搅拌铸造中晶粒增殖的理论之一是搅拌作用产生的剪切力使枝晶塑性弯曲，提出用"枝晶碎片"来解释晶粒增殖[21,22]。塑性变形容易产生位错，特别是为了适应具有高弹性能量变形曲率的同号位错。这种位错通过迁移和重置减小弹性能，形成低能量构型，从而形成亚晶粒，最后形成新的晶界。这些晶界在一次枝晶的退化过程中起关键作用。位错密度取决于半固态浆料的搅拌条件和热学特性。由于 SSM 浆料的热学条件，位错会重置为位错壁（攀移），这比随机排列具有更低的总弹性应变能，从而形成亚晶界并伴随存在晶内取向差。

电子背散射衍射（EBSD）分析可证实这个理论。为了实现这个目的，选择浇注温度为 660℃、分别经搅拌和不搅拌而得到的两组砂模铸件试样，进行 EBSD 分析。图 5.35 给出这两组试样典型的晶界取向差直方图[19]。电磁搅拌试样具有较宽的晶界取向差范围和晶界数量，特别是取向差角度＜10°的亚晶界含量（这个直方图是一个标准的取向差分

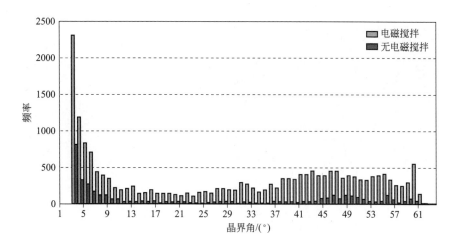

图 5.35　660℃浇注温度下搅拌铸造与常规铸造样品的晶界数量随晶界取向角的变化对比[19]

布直方图，Y 轴表示晶界取向角的数量）。这种情况下，每次测量晶界的取向差都要计数，意思是说测量到一次相邻像素的取向差要计入一次晶界取向差。如果边界不是完全垂直或水平的话（因为晶界常位于一些像素的两侧或更多侧），一个有 10 像素长的较直的"晶界"将有 10 对相邻像素。

图 5.36 所示为叠加了晶界的背散射电子显微照片，证实了图 5.35 直方图所显示的在搅拌样品中，小角度和高角度晶界的分数都有增加（直方图中的样品分析面积是相同的，因此，较高的边界密度可能是电磁搅拌样品中位错浓度更高的另一例证）。

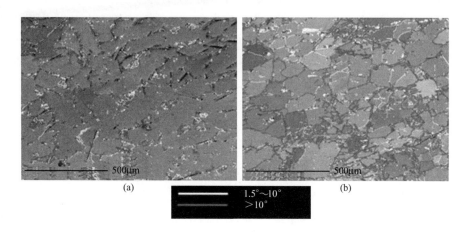

图 5.36　(a) 无电磁搅拌和 (b) 电磁搅拌样品的 EBSD 晶界图：白色线表示取向差在 1.5°~10°的亚晶界，红色线表示取向差＞10°的高角度晶界（浇注温度为 660℃）[19]

图 5.37 为常规铸造和电磁搅拌铸造样品的 TEM 微观组织图片。在常规铸造样品中，位错由于液-固转变过程中的热应力而产生，并且是随机分布的 [图 5.37(a)]。而在电磁搅拌条件下，不仅位错密度增加，还有以亚晶界形式存在的缠结和重排的位错，如图 5.37(b) 显微照片中箭头所示（分析大块样品时，相对于 TEM 的制样复杂和高难度图像

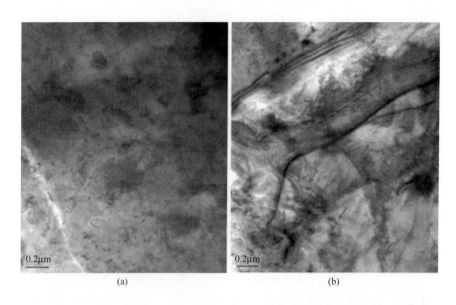

图 5.37　660℃浇注的样品 TEM 明场像照片：(a) 常规铸造样品和 (b) 具有高密度位错
与亚晶界的电磁搅拌铸造样品 (箭头指示的为亚晶界)[19]

分析技术，研究结果强调了采用 EBSD 的操作简便性)❶。

(2) 铜模

图 5.38 为铜模铸造样品的偏振光显微组织图片。图 5.31 和图 5.38 中两组显微组织图片清楚地显示了冷却速率对组织的影响。高冷速铜模的优势在于获得更细小、更密实的树枝晶和更短的枝晶间距 (DAS)。至于浇注温度的影响，砂模铸造中对组织影响的类似趋势在铜模铸造中也很明显，即低的浇注温度可形成更多的等轴晶组织，见图 5.38 (a)、(c)、(e)。关键是通过降低浇注温度提高晶核存活率，同时熔体中可用作散热体的稳定固体颗粒的数目增加，改变热流方向。此时另一优势是缩短铜模样品的凝固时间，从而可获得更小尺寸的枝晶组织 (随后为较小的 DAS)。

通过搅拌，初生 α-Al 相的形态变为蔷薇状和球状。如果更仔细地观察图 5.38 (b)、(d)、(f) 中的组织，会发现搅拌后的组织取决于搅拌温度，因为浇注温度首先控制初始结构。因此在较高的浇注温度下，搅拌仅引起树枝晶的机械破碎，产生的碎片形成蔷薇状结构。铜模的高冷速避免了枝晶碎片和/或树枝晶的完全粗化，从而阻碍了蔷薇状结构的进一步演变。在较低的浇注温度下，由于 α-Al 粒子已是非树枝晶结构，所以初生粒子的形态不受搅拌的影响。因为搅拌不仅可破碎树枝晶，还可消除浓度梯度，从而减缓粒子生长，所以较高过热条件下的搅拌更有效。这是搅拌坯料组织比未搅拌坯料组织更细小的主要原因。

---

❶ 在透射电子显微图像中，由位错产生的应变场周围的衍射束强度是不同的，可以通过衬度变化观察到每条位错。然而在 EBSD 技术中，局部的取向差定义为："位错密度如何变化"。在 TEM 组织中，信息仅仅是从样品上一个很小的面积上获得的，对整个样品来说缺乏代表性。此外，在切片和减薄制备 TEM 样品过程中，缺陷的特性可能会发生变化。

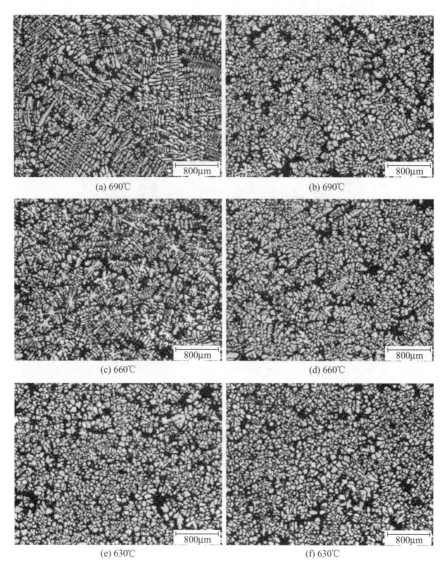

(a) 690℃　　　　　　　　　　　　(b) 690℃

(c) 660℃　　　　　　　　　　　　(d) 660℃

(e) 630℃　　　　　　　　　　　　(f) 630℃

图 5.38　常规铸造 ［(a)、(c)、(e)］ 和电磁搅拌铸造 ［(b)、(d)、(f)］ 样品的偏振光显微组织图片，
表明浇注温度和搅拌对铜模铸造样品晶粒和球径的影响

　　在较高放大倍数下可明显地观察到另一问题，即熔合/团聚现象。如图 5.39 所示，几个颗粒黏附在一起形成一个新的颗粒。在前面的 4.3 节已阐述这一现象。

　　不搅拌和搅拌条件下的平均粒度见图 5.40。

　　在常规铸件中，浇注温度从 690℃ 下降到 660℃，晶粒尺寸急剧减小约 72%。与砂模铸造结果 ［图 5.34(a)］ 相比，由于提高了冷却速度，铜模铸造的柱状等轴晶转变（CET）温度更高。也就是说在砂模铸造中，由于较低的冷却速率，CET 发生在较低的温度；但在较好的冷却条件下，CET 温度会提高，这一情况约在 660℃ 发生。在 690℃ 下获得的铸造坯料，有一个较大的误差，这表明样品晶粒尺寸范围变宽。通过降低温度，这一误差减小，晶粒尺寸分布均匀。

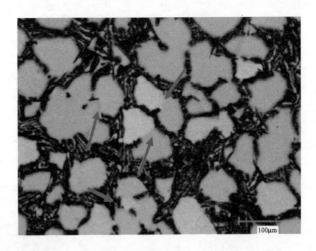

图 5.39　熔合举例（箭头所指）（630℃搅拌，铜模）

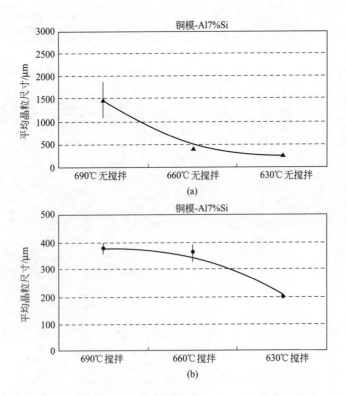

图 5.40　铜模常规铸造（a）和电磁搅拌铸造（b）样品的晶粒度测量结果[23]

◆ 参考文献 ◆

1. M.C. Flemings, Behavior of metal alloys in the semi-solid state. Metal. Trans. A **22A**, 952–981 (1991)
2. D.H. Kirkwood, Semi-solid metal processing. Int. Mater. Rev. **39**(5), 173–189 (1994)
3. Z. Fan, Semisolid metal processing. Int. Mater. Rev. **47**(2), 49–85 (2002)
4. O. Lashkari, S. Nafisi, R. Ghomashchi, Microstructural characterization of Rheo-Cast Billets prepared by variant pouring temperatures. J. Mater. Sci. Eng. A **441**, 49–59 (2006)
5. V. Laxmanan, M.C. Flemings, Deformation of semi-solid Sn-15%Pb alloy. Metal. Trans. A **11A**, 1927–1937 (1980)
6. J.A. Yurko, M.C. Flemings, Rheology and microstructure of semi solid aluminum alloys compressed in drop forge viscometer. Metal. Trans. A **33A**, 2737–2746 (2002)
7. L. Azzi, F. Ajersch, Development of aluminum-base alloys for forming in semi solid state. in *Trans Al Conference* (June 2002, Lyon, France), 23–33
8. J. Langlais, A. Lemieux, B. Kulunk, Impact of the SEED processing parameters on the microstructure and resulting mechanical properties of A356 alloy castings. in *AFS Transactions* (2002), paper 06-125
9. J. Langlais, A. Lemieux, The SEED technology for semi-solid processing of aluminum alloys: a metallurgical and process overview. Solid State Phenomena **116–117**, 472–477 (2006)
10. S. Nafisi, O. Lashkari, R. Ghomashchi, J. Langlais, B. Kulunk, The SEED technology: a new generation in rheocasting. in *CIM-Light Metals Conference* (Calgary, Canada, 2005), 359–371
11. J. Jorstad, Q.Y. Pan, D. Apelian, Effects of key variables during rheocastings—fraction solid and flow velocity. in *111th Metal Casting Congress* (NADCA, 2007)
12. M.C. Flemings, *Solidification Processing* (McGraw-Hill, New York, 1974)
13. O. Lashkari, S. Nafisi, J. Langlais, R. Ghomashchi, The effect of partial decanting on the chemical composition of semi-solid hypo-eutectic Al–Si alloys during solidification. J. Mater. Proc. Tech. **182**, 95–100 (2007)
14. S. Nafisi, O. Lashkari, J. Langlais, R. Ghomashchi, The impact of partial drainage on chemical composition of 356 Al-Si alloy. Mater. Sci. Forum **519–521**, 1765–1770 (2006)
15. ASTM International Standard Worldwide, Volume 02.02, Aluminum & Magnesium Alloys (2004), 78–92
16. D.G. McCartney, Grain refining of aluminum and its alloys using inoculants. Int. Mater. Rev. **34**(5), 247–260 (1989)
17. A. Hellawell, Grain evolution in conventional and Rheo-castings. in *4th International Conference on Semi-Solid Processing of Alloys and Composites* (Sheffield, England, 1996), 60–65
18. R.D. Doherty, H.I. Lee, E.A. Feest, Microstructure of stir-cast metals. Mater. Sci. Eng. **A65**, 181–189 (1984)
19. S. Nafisi, J. Szpunar, H. Vali, R. Ghomashchi, Grain misorientation in Thixo-billets prepared by melt stirring. Mater Charact **60**, 938–945 (2009)
20. J.D. Hunt, Steady state columnar and equiaxed growth of dendrites and eutectic. Mater. Sci. Eng. **A65**, 75–83 (1984)
21. A. Vogel, R.D. Doherty, B. Cantor, Stir-cast microstructure and slow crack growth. in *Proceedings of the Solidification and Casting of Metals* (The Metals Society, London, 1979), 518–525
22. A. Vogel, B. Cantor, Stability of a spherical particle growing from a stirred melt. J. Cryst. Growth **37**, 309–316 (1977)
23. S. Nafisi, D. Emadi, M.T. Shehata, R. Ghomashchi, Effects of electro-magnetic stirring and superheat on the microstructural characteristics of Al-Si-Fe alloy. J. Mater. Sci. Eng. A **432**, 71–83 (2006)

第 6 章

流变铸造：熔体处理

摘要：熔体处理（晶粒细化和变质）是传统铝硅合金的常规处理方法。针对半固态金属（SSM）工艺，细化和变质对初生 α-Al 枝晶和共晶硅的影响值得深入研究。本章详细验证并分析了熔体处理对半固态金属（SSM）坯料显微组织的影响。通过热分析、流变学分析和定量金相分析方法，研究了不同流变工艺中的一系列中间合金和 Sr 基变质剂的细化和变质机理。

6.1　半固态铸造中的熔体处理综述

通常来说，在 Al-Si 合金铸造过程中常进行包括细化和变质的熔体处理，通过细化 α-Al 枝晶和共晶硅的方法强化铸态组织并提高韧性。然而，在半固态金属（SSM）铸造工艺中熔体处理并不是常规操作，因此需要检验是否有必要实施熔体处理以及熔体处理对合金性能的改进效果。在下面的章节中，将讨论使用 Ti、B 和 Sr 基中间合金进行 Al-Si 合金的晶粒细化和变质。

6.1.1　晶粒细化对半固态结构的影响

在熔融铝中添加晶粒细化剂是实现高效低成本铸造的先决条件。晶粒细化剂可以在微观组织中形成等轴晶，使合金具有均匀的机械性能和更好的机械加工性能。它还可以减少合金收缩，提高热裂抗性并改善补缩性能[1]。

在铝合金（特别是 Al-Si 合金）的半固态金属（SSM）加工中，初晶 α-Al 颗粒的尺寸在最终机械性能中起重要作用。虽然大部分常用合金元素都可以减小 α-Al 的晶粒尺寸，但添加晶粒细化剂是减小晶粒尺寸更为有效的方法。据报道，如果坯料的显微结构由更细更圆的球状颗粒组成，则可使半固态金属获得最佳的加工流动性[2]。

在半固态科学研究中，关于加工和制备浆料时加入晶粒细化剂的研究并不多，大部分工作都是与铸坯的后期热处理相关。因此，本章节将涵盖两大类半固态金属（SSM）工艺的研究工作：触变和流变。

6.1.1.1 触变铸造过程中的晶粒细化

图 6.1 所示的典型晶粒细化曲线显示了初生相晶粒尺寸与细化剂添加量的关系。在添加量较低时，晶粒尺寸显著减小。然而，当钛和/或硼添加量达到 C_1（在这种情况下为约 600mg/kg）以上时，晶粒尺寸的改善效果不大。出于技术和经济因素考虑，细化剂添加量通常需要尽可能低。铸造合金通常在 C_1 范围内，而锻造合金甚至在 C_1 以下。如果将这种类型的直接冷却铸造（DC）棒重新加热进行 SSM 加工，需要很长的再加热时间，使枝晶根部重熔、熟化和聚结产生球状颗粒，详见第 3 章。然而，一些初步实验表明，尽管加入更多的晶粒细化剂不会显著改变铸态组织，但可能促进球状颗粒在再加热过程中的形成[3,4]。

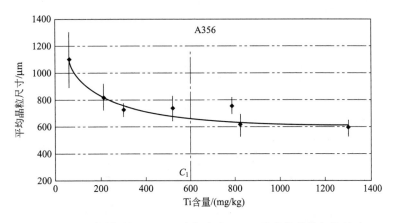

图 6.1 不同添加量 Al5Ti1B 中间合金 A356 合金的晶粒细化尺寸

Gabathuler 等人[2] 使用不同的晶粒细化剂，采用电磁搅拌（EMS）和超声处理，从模具（坯料直径 75mm）挤出 AlSi7Mg0.3 半固态金属坯料，观察其微观组织结构，并研究所需的挤出力，结果发现 Al5Ti1B 和 Al2.5Ti2.5B 中间合金细化效果不满足生产触变坯料。这是因为合适的触变材料所需的晶粒尺寸通常小于 $150\mu m$，而测得的晶粒尺寸均高于 $200\mu m$（表 6.1）。

表 6.1 AlTiB 晶粒细化剂对直接冷铸 Al7Si0.3Mg❶ 晶粒尺寸的影响[2]

细化剂	成分/%	晶粒半径/μm		晶粒尺寸均匀度
		近样品表面	样品中心	
无	—	≈5000	≈2000	羽毛状晶体
AlTi5B1	0.02	350	500	好
	0.1	300	500	好
	0.5	240	420	非常好
AlTi2.5B2.5	0.02	400	450	好/不好
	0.1	300	350	好
	0.5	220	300	非常好

❶ 原著如此，疑为 AlSi7Mg0.3。译者注。

Wan 等人[3,4]将 Al5Ti1B 中间合金添加到 A356 中，并将其浇注到水冷圆锥形黄铜模具（直径 80mm）和预热钢模（直径 50mm）中，以获得不同的铸坯冷却速率。然后在不同的加热速率和保持时间（最多 15min）下，将样品在中频感应加热炉中加热至高于共晶/固相线温度 5℃，并保温后将其淬火。所得结论如下（图 6.2）：

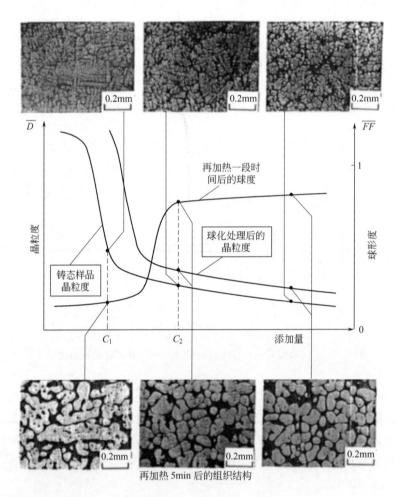

图 6.2　添加细化剂后的晶粒尺寸变化（以 A356 为例的显微结构如图所示，C_1＝常规添加量和 C_2＝临界添加量，之后球形度几乎保持不变）[3]

- 在给定的添加速率下，铸态和再加热条件下的晶粒尺寸随着冷却速率的增大而降低；
- 当 Ti 含量高于约 0.025％时，铸态晶粒尺寸几乎不变并且呈等轴状树枝晶；
- 随着细化剂添加量的增加，形成球状晶粒的再加热最短时间缩短；
- 当添加量高于传统比例时，晶粒尺寸几乎保持不变，但高添加量合金中的初生晶粒形状可以在较短时间内通过再加热从树枝状变为球状；
- 在 0.26％Ti 的添加量下，最短再加热时间达到可接受范围（5min）并且球形尺寸约为 120μm。

Mertens 等人[5]研究了不同制备工艺的坯料和送料路线的锻造铝合金 6082。在细化的铸造组织中，材料已经具有球状树枝晶基体。加热至 635℃ 并保温 5min 后可诱导出适合于触变成形的组织结构，其平均粒径约为 90μm。在 640℃ 保持 20min 后 α-Al 相以近球形结构存在，但结构更加粗化（平均粒径约 130μm）（图 6.3）。

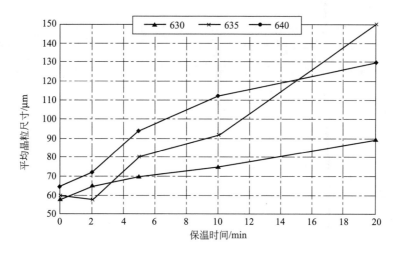

图 6.3　晶粒细化材料的结构变化与温度和保温时间的函数关系（图片取自文献 [5]）

Bergsma 等人[6,7]研究了高凝固速率和晶粒细化对 A356 和 A357 直径为 76.2mm 铸坯的综合效应。样品再加热前的平均晶粒尺寸为 120μm，再加热至 588℃ 然后淬火。结果表明，细化剂的加入和触变成形的综合作用导致球形颗粒的形成。同时，随着 588℃ 保温时间的增加，颗粒长大并变得更加趋于球形，形状因子接近于 1（图 6.4）。

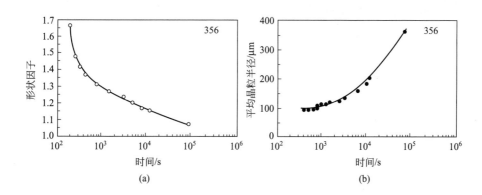

(a)　　　　　　　　　　　　　　　(b)

图 6.4　（a）形状因子与保持时间的函数关系；（b）平均晶粒半径与保温时间的关系
（形状因子被定义为球度的倒数，4.3.2.5 节）[6]

Tahara 等人[8]也报道了添加细化剂对 Al7Si3Cu-0.1％～1％ Fe 的影响。他们向合金中添加 0.2％Ti 并倒入冷却速率为 10℃/s 的金属模具中。在半固态实验时，样品在 587℃ 加热 10min，树枝状 α-Al 颗粒变为球状，晶粒尺寸由初始的约 100μm 略微粗化至 100～150μm。

  Wang 等人[9-11]在不同浇注温度下对 50mm 钢模具中的 Al7Si0.35Mg 进行实验，结果表明使用低浇注温度和晶粒细化剂可以优化坯料铸造、部分重熔和注射过程中的组织结构。他们证实，在该文中的铸造条件下，添加细化剂对晶粒尺寸几乎没有影响，但在580℃保温后，发现由于细化样品具有更多的蔷薇状显微组织，因而比未细化合金中更快地获得球状组织。

  表 6.2 和图 6.5 展示了细化剂添加以及再加热前后的晶粒和球状颗粒尺寸变化。晶粒细化剂对铸态和再加热合金的组织结构都有明显影响。球化时间取决于铸态结构的初始晶粒尺寸和形态。如图 6.6 所示，当铸态晶粒尺寸从 350μm 变为 200μm 时，球化时间从30min 减少到 10min。对于晶粒细化结构（表示为"精细球状结构"），时间从 10min 减少到 5min。因此，晶粒尺寸较小的坯料在触变铸造期间需要的再加热时间也较短。

表 6.2   580℃下保温 15min 铸造和再加热坯料中的显微组织参数[10]

铸态组织			再加热组织	
铸造条件	结构	晶粒尺寸/μm	颗粒尺寸/μm	形态
650℃	细枝晶	200	102	球状
650℃细化	细球状晶	160	95	球状

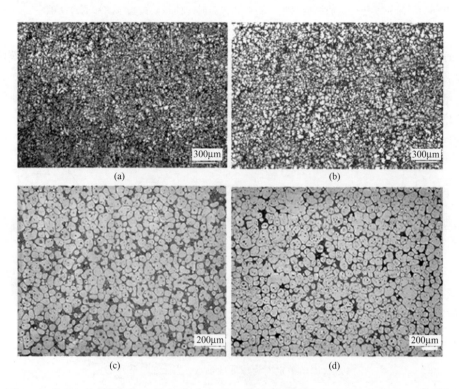

图 6.5   微观组织结构：（a）铸态 650℃；（b）铸态晶粒细化 650℃；（c）和（d）分别为
初始显微组织为（a）和（b）的合金经过部分重熔和在 580℃保温 15min[10]

  此外，使用直接剪切测试可测量半固态材料的剪切行为。在 650℃下制备坯料，用Al5TiB 中间合金进行晶粒细化并使 Ti 含量达到 0.05%。然后，将样品部分重熔并迅速

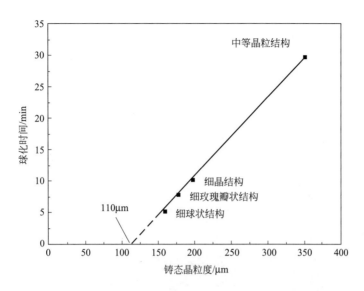

图 6.6　580℃保温条件下不同试样微观组织结构所需球化时间[10]

转移到测试单元。剪切前试样在 580℃ 下保温 0.5min、2min、3.5min、5min 和 10min。图 6.7(a) 为经过不同细化处理和保温时间的试样剪切测试结果。当保温时间较长时，样品中形成更多的小球结构并导致剪切强度降低。对于未晶粒细化的样品，剪切强度降低所需的时间更长：加热 6min 后达到 10kPa 的剪切强度，而晶粒细化合金试样加热 3min 后达到相同的剪切强度。进一步延长再加热时间，剪切强度的差异可以忽略不计[11]。

接着，晶粒细化的坯料在 580℃ 分别保温 0.5min、2min 和 5min，然后注入阶梯式模具中，详见 2.2.3 节，使所有的铸件都完全填满。X 射线照片显示所有铸件没有内部孔隙且材料质量远优于未晶粒细化铸坯［图 6.7(b)］[11]。

Pan 等人[12,13]使用 SiBloy 法添加硼细化剂，还应用商业 TiB₂细化锭进行比较。结果表明，在未经过再加热的样品中，硼细化铸坯比 TiB₂晶粒细化的样品的晶粒尺寸更小［图 6.8(a)、(b)］。此外，B 细化坯料横截面上晶粒度比商业 TiB 细化样品更均匀。图 6.8 比较了再加热前后典型的 B 细化和 Ti-B 细化坯料。可以看到后者的结构中有晶内液池，更大的 α-Al 晶粒和更少的球形颗粒［比较图 6.8(c)、(d)］。采用金相定量表征发现 B 细化铸坯的晶内液池含量少 4/5。图 6.9 显示了 Ti-B 和 B 细化铸坯之间的区别。可以看出硼细化合金是更适用于半固态金属（SSM）加工的候选坯料材料。

另一项研究中，采用添加/不添加细化剂（以 Al5Ti1B 形式）的 2024 和 7075 锻造铝合金的电磁搅拌（EMS）坯料进行触变铸造，研究了其微观结构演变、力学性能和流动性。发现通过添加细化剂可以降低铸态坯料的晶粒尺寸和触变样品的球状晶粒尺寸。电磁搅拌（EMS）制备合金经过 T6 热处理的拉伸性能优于永久性模铸（对于 7075 合金甚至比锻造样品好）。细化后的电磁搅拌（EMS）铸坯具有更均匀液体分布的更细小的球状颗粒，进而具有更优异和更平稳的流动性[14]。

6.1.1.2　流变铸造过程中的晶粒细化

Grimmig 等人[15]使用细化剂和变质剂来研究熔融处理对通过冷却斜板工艺生产的半

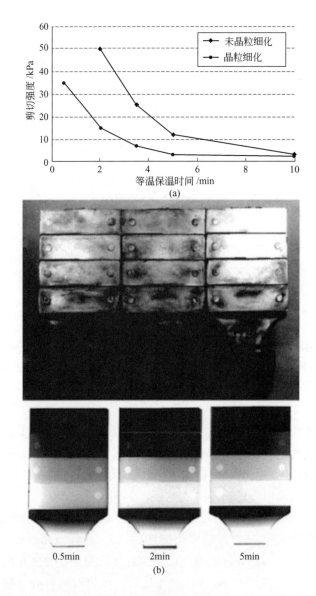

图 6.7 （a）等温条件的剪切强度随保温时间变化（来自文献［11］）；
（b）由晶粒细化的坯料制成的半固态铸件以及铸件的 X 射线照片[11]

固态金属（SSM）A356 材料最终淬火组织的影响。研究发现细化剂的加入并没有改变组织结构。然而，从光学显微照片（图 6.10）可以清楚地看到初晶 α-Al 颗粒更细小，分布更均匀，甚至 α-Al 百分比也随之增加。

在另一项研究中，预合金 Al7Si0.3Mg 锭中添加了 Ti 和 Ti-B（所有合金在 77～92mg/kg 范围内用 Sr 变质）并进行熔化、脱气和细化。然后将熔体倒入压铸储筒并注入模腔。结果表明，加入细化剂可略微提高 α-Al 颗粒的圆度因子（图 6.11）[16]。

为了支持上述结果，Sukumaran 等人[17]对 Al5.2Si 合金的等温流变进行研究，表明添加细化剂后搅拌所获得的初生 α-Al 颗粒的尺寸比没有细化剂时获得的尺寸更细小。这

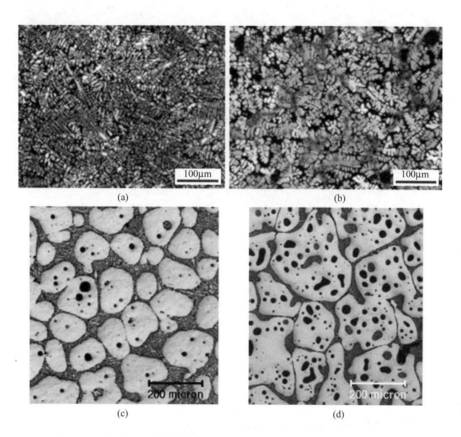

图 6.8　典型 A356 合金的微观组织结构：（a）通过 SiBloy 法进行 B 细化和（b）TiB_2 细化的铸态组织；（c）B 细化坯料和（d）TiB_2 细化（再加热温度 585℃）的半固态组织[12]

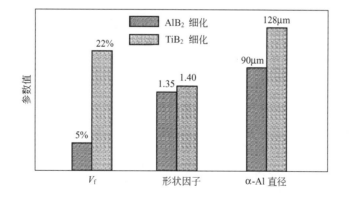

图 6.9　图像分析结果（V_f 为截留液体含量；形状因子定义为球度的倒数，见 4.3.2.5 节）[12]

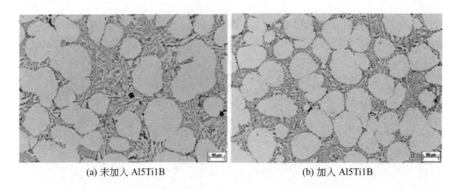

(a) 未加入 Al5Ti1B　　　　　　　　　(b) 加入 Al5Ti1B

图 6.10　在淬火坯料中加入和不加入 Al5Ti1B 的微观组织[15]

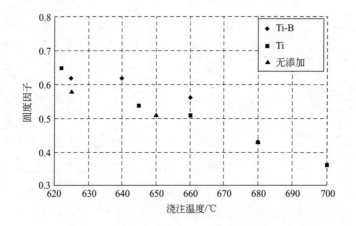

图 6.11　试样的圆度因子（圆度因子定义为 α 颗粒与具有
相同圆周的假想圆的比率）（图片来自文献［16］）

主要是由于非均匀成核导致的等轴晶粒抑制了树枝状/柱状结构的形成。

恒定剪切速率（$210s^{-1}$）下等温搅拌对平均粒径和截距长度的影响见图 6.12。随着

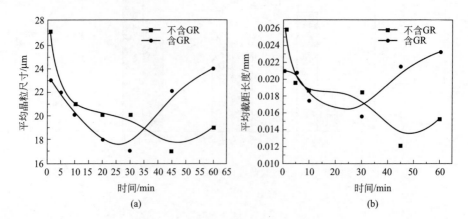

图 6.12　在 615℃下等温搅拌的平均颗粒尺寸（a）和平均截距长度（b）随时间的变化[17]

等温剪切时间的延长，颗粒尺寸开始减小，在达到最小值后再次增大。对于经过细化的合金，达到最小粒度所需的时间少于未细化的合金。从两幅图中可见，加入晶粒细化剂会减小颗粒的大小并提高其圆度。

Yu 和 Liu[18]研究了添加各种 AlTiB 中间合金后的黏度和细化效率之间的关系。在720℃下用 AlTiB 细化剂处理商业铝合金，保温 30min 后（注意实验在液态而不是在半固态区域内进行）使用扭转振动黏度计测量黏度。图 6.13 显示的结果表明，与未细化的铝相比，添加细化剂的液态金属黏度显著增加。结果表明通过添加 Al5Ti1B 细化剂，在TiB$_2$ 界面形成 Ti 过渡区导致黏度增大，在随后的凝固过程中晶粒尺寸减小[18]。

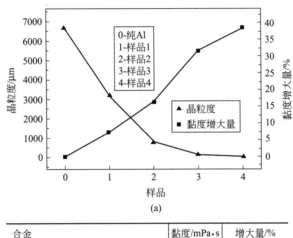

(a)

合金	黏度/mPa·s	增大量/%
纯Al	0.842277	—
纯Al+0.3%Al-2.2Ti-1B(样品1)	0.901910	7.08
纯Al+0.3%Al-2.2Ti-1B +0.084%Al-10Ti(样品2)	0.981337	16.51
纯Al+0.3%Al-5Ti-1B(样品3)	1.110352	31.83
纯Al+0.3%Al-5Ti-1B经过强烈搅拌(样品4)	1.165869	38.42

(b)

图 6.13　添加各种细化剂时（图中的第二轴是黏度增量的百分比），样品 0（无细化剂）的黏度增大[18]

6.1.2　变质对半固态组织结构的影响

众所周知，Al-Si 共晶的生长行为可以通过加入变质剂，例如 Sr，来改变。随着变质元素的不断发现，硅的生长机制逐渐改变并变为纤维状。总的来说，这种结构变化是硅从层状生长到连续生长的机制变化的结果[19]。Si 相的形态变化导致了合金力学性能的改善，主要体现在合金更高的强度和更好的延展性。

半固态金属（SSM）加工的主要目的之一，特别是对于 Al 合金，是通过获得球状结构的初生相以改善合金的力学性能和触变行为。因此，关于铝合金凝固过程中硅相的微观结构的研究工作并不多。Fat-Halla[20]研究了变质剂对商业合金 A-S7G03（7.1% Si，

0.3％Mg）和 A-S4G（4.2％Si，0.1％Mg）搅拌后的影响。正如所料，常规铸造样品中的共晶硅呈现出具有较大尺寸的片状形态。在搅拌后，不仅 α-Al 颗粒转变为菊花状和球体，而且共晶硅破碎且尺寸减小。随着 Sr 的添加，共晶硅变得非常细小，并且在约0.02％的 Sr 添加量下达到了搅拌铸造合金最佳的变质效果。进一步提高 Sr 添加量将导致过度变质，可能对力学性能有不利影响[20]。

图 6.14 为未变质和变质的搅拌铸造 356 合金的应力-应变曲线。两种情况的屈服强度几乎都为 110MPa。而经过变质后合金的极限拉伸强度（UTS）从 160MPa 显著增大至210MPa。此外，伸长率从未变质合金的 2.75％提高到变质合金的 15％。此外，用扫描电镜（SEM）检测到断裂表面显示出韧窝和光滑的波纹图案，说明变质后的搅拌铸造合金具有高延展性[20]。

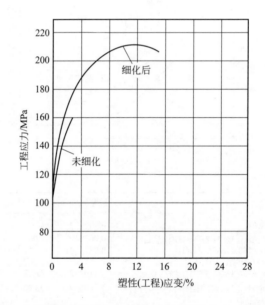

图 6.14　未变质和变质的搅拌铸造 356 合金的应力-应变曲线[20]

Loué 和 Suéry[21] 在 Al7Si（含有 0.3％和 0.6％Mg）合金中添加了 Sr，并用电磁搅拌（EMS）制备了直接冷铸和永久铸模试样。他们研究了 580℃保温对合金微观结构的影响。结果表明，随着 Sr 的加入，共晶硅的形态发生了变化，晶粒尺寸略有下降。同时还发现，共晶相的重熔动力学行为未受到 Sr 变质剂的影响。

Jung 等人[22] 采用电磁搅拌（EMS）并添加 Sr 变质剂研究了 A356 合金中初生 Al 相的形态变化。据报道，最佳实验电流是 15A，Sr 的最佳添加量为 50mg/kg。若超过这个含量，虽然共晶硅仍能得到很好的变质，但初生 α-Al 相的平均尺寸会增大。有人提出，这种 α-Al 粒径的增大是 Sr 添加引起的糊状区带延长所导致的。此外，搅拌条件下共晶硅的平均尺寸略小于未搅拌合金的平均尺寸，这被认为与电磁作用没有直接关系，而可能是因为变质剂在搅拌过程中分布均匀（图 6.15）[22]。

Grimmig 等人[15] 采用冷却倾斜板工艺并向 A356 合金中加入 175mg/kg 的 Sr 变质剂。结果表明，Sr 的添加导致 Si 形态从薄片状（片状）变为纤维状，并且该作用随保温

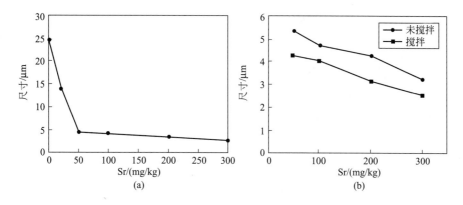

图 6.15　（a）在 15A 下搅拌的共晶硅的平均尺寸随着 Sr 添加量
的变化；（b）电磁搅拌对共晶 Si 平均尺寸的影响[22]

时间延长而减弱。

6.2　半固态铸造中的熔体处理、旋转焓平衡设备制备技术

　　铝合金是最适合采用半固态金属（SSM）工艺的合金之一。在这一类合金中，亚共晶 Al-Si 合金因其成形性好、力学性能优良、比强度高、熔点低和凝固范围宽而受到关注。通常，在半固态金属（SSM）加工中，期望得到无枝晶的球状初生颗粒，并且颗粒内部含有尽量少的共晶组织。因此，与其他变量相比球状形貌的形成是半固态金属加工过程中的关键问题。以亚共晶 Al-Si 合金为例，初生 α-Al 颗粒和共晶硅形貌是影响合金力学性能的主要参数。目前，在 Al 熔体中添加变质剂是提高铸造成品率和降低成本新的关键技术。在常规铸造中，添加晶粒细化剂有利于形成等轴晶粒组织，使力学性能均匀，缩短固溶处理时间，提高合金整体稳固性和机械加工性。同时，还可以消除收缩孔隙，提高合金的抗热裂性，并改善补缩性能。Al-Si 合金的力学性能不仅取决于初生晶粒的尺寸和形貌，还取决于共晶 Si 颗粒的形貌。因此，Si 颗粒变质是铸造过程的另一个重要因素。

　　在传统的高压压铸中，熔体处理（包括细化和变质）相当罕见。这是由于该工艺过程的高冷却速度和更细小的微观组织结构。对于流变铸造，合金凝固有两个阶段：一个阶段是在浆料制备期间采用较低的冷却速率以获得球状组织结构，第二个阶段是在铸坯注射和成形期间采用典型的具有较快冷却速率的常规压铸（图 6.16）。其关键步骤在于浆料制备（低冷却速率）过程中的初晶颗粒的形核，这将影响整个铸造合金的微观组织结构。在此阶段，熔体处理（晶粒细化和变质）至关重要，它会影响合金的物理性能，包括表面张力和流动特性。

6.2.1　晶粒细化

　　通常，亚共晶 Al-Si 合金在凝固过程中形成粗大的柱状晶和等轴晶。不同区域的比例取决于多种参数，包括浇注温度、冷却速度、液体中的温度梯度以及模具材料对熔融金属

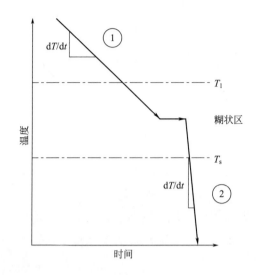

图 6.16 流变铸造中各种冷却速率的示意图
①—低冷却速率浆料制备过程；②—高冷却速率压铸过程

温度梯度的影响。

亚共晶 Al-Si 铸造产品的完整性取决于初生 α-Al 的分数、尺寸和形态，这就是在铸造操作中需密切控制 α-Al 形成的重要原因。通过降低 α-Al 晶粒尺寸并控制其形态，即细化工艺，来改善铸件的质量。如 Kissling 和 Wallace 在 1963 年所述，一般来说在 Al 合金中实现晶粒细化有三种主要方法[23]：

- 快速冷却（激冷效应）；
- 搅拌熔体和半固态金属加工；
- 熔体中添加晶粒细化剂。

第一种方法由于冷却速度快，在凝固开始之前由于大的过冷度会在铸件中形成细小的树枝状结构。这会降低临界形核尺寸并且增加有效形核数目，从而使合金最终呈现细小的组织结构。第二种方法的细化现象是通过分解半固态树枝晶完成的。由于这两种方法的浇注机制有一定的限制，迄今为止，控制晶粒尺寸最方便的方法是在熔体中添加颗粒，使其成为凝固过程中的新晶粒形核质点。

对于半固态铸造而言，尽管有文献报道在半固态金属（SSM）浆料制备过程中直接掺入细化剂，但晶粒细化和变质机理仍存在一些含糊不清之处，将在下一节中讨论。

6.2.1.1 中间合金

（1）Al5％Ti1％B

图 6.17 是商业中间合金横截面的光学和电子显微照片。Al5Ti1B 中间合金的显微组织由 Al_3Ti 和 TiB_2 颗粒嵌入铝基体组成。微观组织结构比较均匀，在铝基体内存在均匀分布的细小 TiB_2 颗粒团簇。Al_3Ti 颗粒的平均长度和宽度分别为 $(27\pm15)\mu m$ 和 $(11\pm6)\mu m$。从硼的 X 射线能谱照片中显示的高硼含量可知合金中存在大量 TiB_2 颗粒。

（2）Al4％B

中间合金的光学显微照片以及 Al 和 B 的背散射电子显微 X 射线能谱照片见图 6.18[25]。

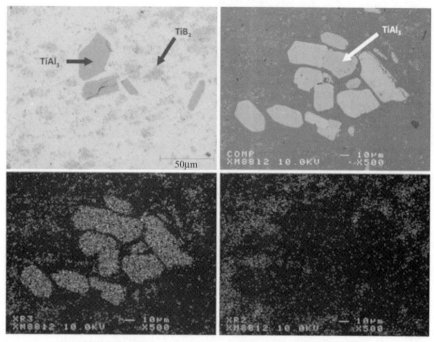

Ti X 射线面分布图片　　　　　　　B X 射线面分布图片

图 6.17　Al5Ti1B 中间合金横截面的光学和
电子显微 X 射线能谱照片[24]

通过电子探针化学剂量分析和晶粒尺寸测量证实 Al4％B 的微观结构主要由平均尺寸为 $6\mu m$ 的 AlB_{12} 颗粒组成。AlB_{12} 颗粒在中间合金中的分布不均匀，且在微观组织结构中能观察到不同尺寸的颗粒团聚。

（3）Al5％B

商业中间合金的微观结构包括平均长度和宽度分别为（9±6）μm 和（6±3）μm 的细小和接近块状的 AlB_2 颗粒。这些颗粒分布在铝基体内，并有一定程度的团聚，如图 6.19 所示。

6.2.1.2　使用 Al5Ti1B 中间合金添加 Ti-B

在诸如 ASTM[26]等不同标准中，商业 356 合金通常含有 0.1％～0.2％（质量分数）的溶解钛。这些 Ti 对抑制初生 α-Al 生长起着关键作用，本书后面的章节将从生长限制因子的角度对其进行解释（6.2.1.4 节）。因此，为了进一步阐明以细化剂形式添加钛以及单独添加硼，本书中 6.2.1.2 节和 6.2.1.3 节分别介绍了两种中间合金添加剂。

该研究是将 Al5Ti1B 添加到几乎不含钛的基体合金中（熔体中 Ti 的最高含量为 58mg/kg），见表 6.3。

表 6.3　基体合金的化学成分分析　　　　　　　　单位：％（质量分数）

Si	Mg	Fe	Mn	Cu	Ti	B	Sr	Al
6.44～6.53	0.36～0.39	≤0.07	≤0.003	≤0.001	≤0.0058	无	无	余量

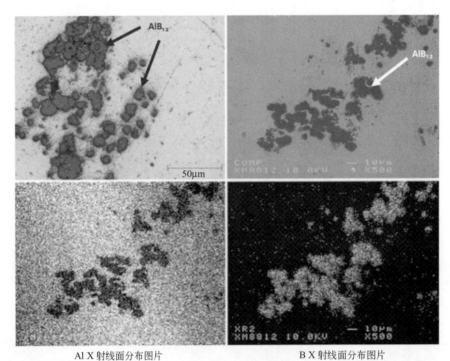

Al X 射线面分布图片　　　　　　　　　　B X 射线面分布图片

图 6.18　Al4B 中间合金的典型光学显微照片以及 A₁ 和 B 的背散射电子显微 X 射线能谱照片[25]

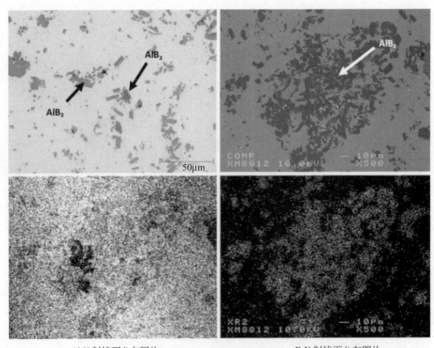

Al X 射线面分布图片　　　　　　　　　　B X 射线面分布图片

图 6.19　Al5B 中间合金横截面的典型光学和背散射电子显微 X 射线照片

（1）传统铸造

① 热分析。

图 6.20 显示了 Al5Ti1B 细化剂在 A356 合金早期凝固过程中的作用。添加少量 Ti-B 会将冷却曲线向上移动且向左偏移，随着中间合金含量的增加再辉程度减少，且浇注后在更高的温度和更短的时间发生形核。据报道[27-29]，有效的细化剂在实际生长温度之前没有任何过冷。实际上，再辉程度越小，细化剂就越有效。这一系列的实验揭示了，即使在最大添加水平下也不能完全消除 Al5Ti1B 的再辉现象。

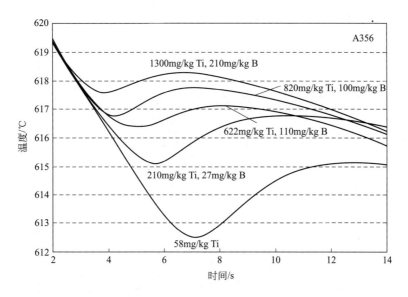

图 6.20　未经处理和处理过的 A356 合金冷却曲线的
初始部分（结果来自中心热电偶，石墨坩埚）[24]

使用 FactSage 软件❶可预测 Ti 对 Al7Si1Mg 合金的影响。添加 Ti 的 Al7Si1Mg 合金的相图垂直截面❷如图 6.21 所示。

形成金属间化合物的预测非常依赖于数据库的选择和用户的专业知识，包括对合金的认识以及组成元素之间可能的金属间化合反应。例如，如果在数据库中没有选择含有二元 Ti-Si 或三元 Al-Si-Ti 体系中的金属间化合物，那么在此处的相计算中仅出现 Al-Ti 的金属间化合物。与二元 Al-Ti 相图 ［图 6.21(a)］ 相比，Al7Si1Mg 合金中的包晶反应成分向约 0.17 ％ Ti 浓度偏移，而 Al-Ti 二元合金的 Ti 浓度约为 0.11 ％。这与 Al_3Ti 粒子作为潜在成核质点而引起的 α-Al 晶粒的成核有关。然而，在实际测试条件下，中间合金中的其他参数如合金化微量元素、冷却速率以及 TiB_2 颗粒（尺寸、形态和分布）可以进一步提高凝固温度范围，并提高细化效率。必须指出，每个预测软件会根据自己的逻辑和数据库计算这种变化，因此结果可能不完全相同。

图 6.22 为热分析参数。通过加入细化剂，α-Al 的成核和生长温度分别提高了大约

---

❶ FactSage 是基于热力学的商业相图软件包（http://www.crct.polymtl.ca/factsage）。

❷ 垂直截面来自三元或多元合金体系的相图，用于描述合金中相关关系随关注元素和温度的变化。

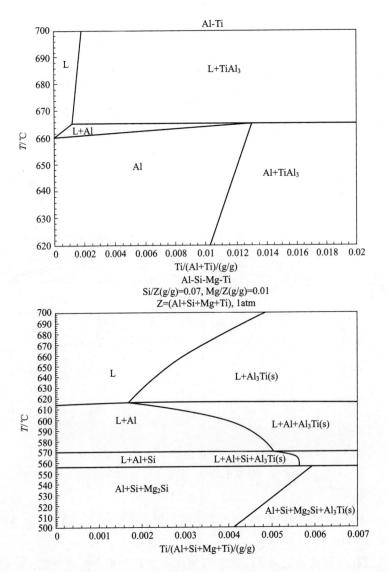

图 6.21　FactSage 计算：（a）Al-Ti 二元图；（b）Al7Si1Mg 相对于 Ti 浓度的等值线
（注：1atm＝101325Pa）

5℃和 3℃。成核温度的提高使得凝固前沿可以形成新的晶体，进而形成等轴细晶粒铸态结构。此外，生长温度提高的速率（曲线的斜率）小于成核温度。换句话说，有更多的形核核心却具有较小的生长趋势，从而达到晶粒细化。这是晶粒细化被评为有效的基本原则之一。

　　加入约 600mg/kg 的 Ti 后，再辉保持稳定，从热分析的角度来看，在这种合金中 Ti 的临界添加量约为 600mg/kg［图 6.22(b)］。若进一步添加，则可能形成对铸态产品机械性能有害的 Ti 基金属间化合物。减少再辉会影响初生 α-Al 颗粒的生长。凝固开始的最低温度（$T_{\min_{Al}}$）表示潜热释放速率与从样品中提取热量达到平衡的温度。在未处理的合金中，再辉现象的存在意味着凝固开始时产生的热量不能完全从模具中转移出去，因此热量

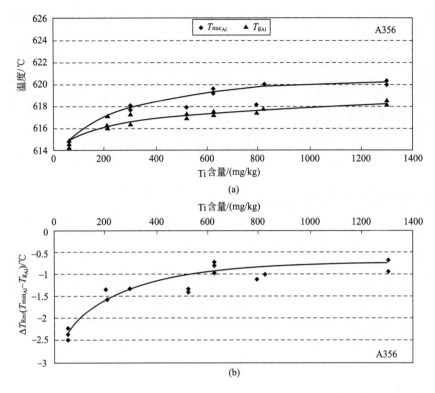

图 6.22　热分析参数：(a) 对初生 α-Al 相的成核和生长温度的影响；(b) ΔT_{Rec}[24]

平衡会导致再辉的出现。在细化合金中，成核温度升高，因此与未经处理的合金相比，对细化合金而言，在相同时间间隔内有更多的初晶析出。这些固体 α-Al 颗粒可以作为冷源吸收周围液体释放的热量，因此与未处理的合金相比会导致较低的再辉温度。

也有第二个假设来证明孕育处理后再辉消失的可能性，即归因于细化合金的低量生长导致需要更少的热量来平衡合金凝固产生的热量。

② 结构分析。

图 6.23 显示了添加 Al5Ti1B 中间合金后的显微组织演变。无细化剂的显微组织包括粗枝晶，粗枝晶随着 Ti 和 B 的增加而细化。细化剂的引入促进了 α-Al 颗粒的形成，这些 α-Al 颗粒由于较小的核间间距而具有较小的边界层，从而导致了低生长量和多向热流，并最终形成等轴组织。

图 6.24 示出了中间合金的细化效果，随着细化剂的添加，晶粒尺寸连续减小，最终晶粒尺寸约为 $590\mu m$。将平均晶粒尺寸与初生 α- Al 的成核和生长温度进行比较，可以看出，当添加达到 800mg/kg Ti 时，晶粒尺寸连续减小，但超过 800mg/kg 时几乎保持不变。Ti 含量达到 800mg/kg 后晶粒尺寸减小效果不明显是由于产生的 Al_3Ti 颗粒不是活性形核剂。这一现象已在第 6.1.1.1 节中讨论。

平均晶粒尺寸与 α-Al 成核温度和再辉时间之间的相关性如图 6.25 所示。加入细化剂会缩短再辉时间（请记住，细化剂百分比的增加导致较小晶粒的产生）。假定成核过程完全停止在最小过冷值，那么小的 t_{Rec} 值说明晶粒的生长周期不长。换句话说，更大的 t_{Rec}

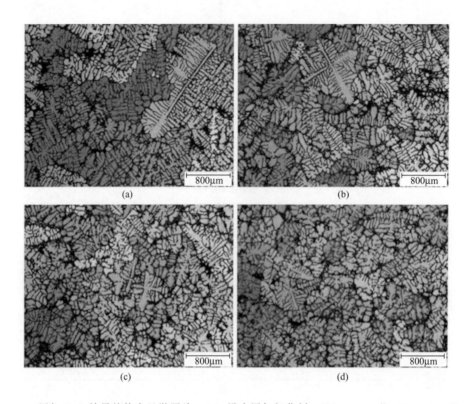

图 6.23 添加 Ti-B 效果的偏光显微照片：（a）没有添加细化剂；（b）210mg/kg Ti，27mg/kg B；（c）520mg/kg Ti，73mg/kg B；（d）820mg/kg Ti，100mg/kg B

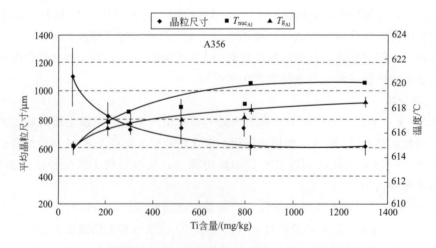

图 6.24 添加 Al5Ti1B 对晶粒尺寸、$T_{\text{nuc}_{Al}}$ 和 $T_{\text{g}_{Al}}$ 的影响[24]

值意味着更多的增长机会和更大的晶粒尺寸。这与图 6.23 中的偏振光显微照片和先前有关添加细化剂对 Al-Si 合金影响的结果一致[30,31]。

Al5Ti1B 中间合金开始细化的能力取决于两个参数。中间合金中金属间化合物颗粒的细化效果与 TiB_2 密切相关。在加入细化剂并经过一段时间后，部分 Ti 将会随着中间合金

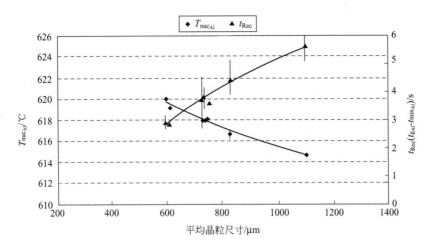

图 6.25 平均晶粒尺寸与 α-Al 成核温度和再辉时间的关系

在熔体内溶解，来自母合金的 α-Al 基体中的 Al_3Ti 或 Ti 将抑制晶粒生长并进一步提高整体细化效率。

（2）半固体加工

① 结构分析。

图 6.26 说明了添加 Al5Ti1B 细化剂对搅拌半固态金属（SSM）合金中初生 α-Al 颗粒

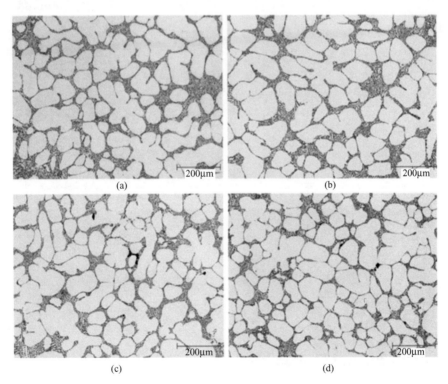

图 6.26 SEED 工艺中细化剂添加效果的光学显微照片：（a）、（b）210mg/kg Ti，27mg/kg B；
（c）520mg/kg Ti，73mg/kg B；（d）1300mg/kg Ti，210mg/kg B

形貌的影响。可以明显看出，相对于已经由于搅拌而产生的细化结构，细化剂进一步降低了初晶 α-Al 晶粒尺寸并使共晶区域均匀分散。如前所述，通过细化处理，初生 α-Al 相的百分比稍微增加，这与更高的成核温度和大量的晶核有关。

随着 Ti 的添加，由于初生 α-Al 枝晶在生长时将 Ti 排出到固液界面中，可能使晶粒生长受到限制。随着界面处 Ti 浓度的增加，界面层内可能形成新的 Al_3Ti 晶核。中间合金中存在的 TiB_2 与新形成的 Al_3Ti 颗粒可以同时促进在界面内形成新 α-Al 晶核，而新形成的 α-Al 颗粒在生长过程中将 Ti 排斥到新形成的界面中。这种机制循环往复，从而形成更细小的等轴颗粒，而这些小颗粒受到邻近小球的限制而不能继续生长，且由于钛的浓度升高提高了对晶粒生长的限制。

然而，随着 Ti 含量超过大约 1000mg/kg，Ti 基化合物发生团聚，会降低形核剂的效果。这种团聚基本上来源于如下几方面（图 6.27）：

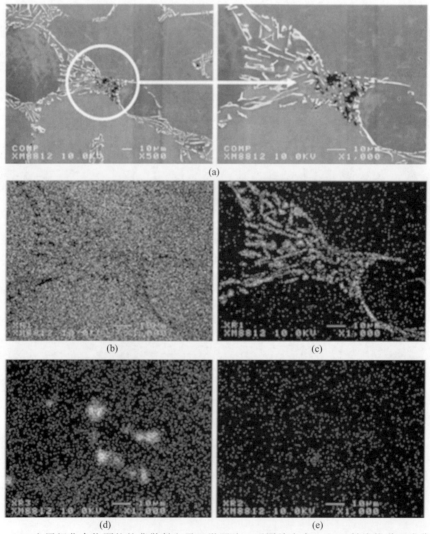

图 6.27　（a）金属间化合物颗粒的背散射电子显微照片（不同放大率）和 X 射线能谱面成分分析图；
　　　　　（b）Al，（c）Si，（d）Ti 和（e）B 图（1300mg/kg Ti 和 210mg/kg B 的样品）

a. 细化剂本身的性质。一些 Ti 基颗粒可能不具有作为成核位点的作用，也不能进入熔体中，并在界面处被排斥，最终在共晶凝固区内发生偏析。

b. 其他来源可能归因于包晶反应。参照 Al-Ti 二元相图和该合金的热力学结果（图 6.21），包晶反应的相变位置发生偏移，这对 Al_3Ti 的形成有一定贡献。

α-Al 晶粒的凝固温度范围（ΔT_α）以及共晶和过共晶反应（ΔT_{eut}）的变化如图 6.28 所示。随着细化剂增加，α-Al 凝固温度区间增加约 6℃，而添加细化剂对共晶凝固温度区间几乎没有影响。这说明细化剂的添加对流变加工有很大的影响，因为 α-Al 颗粒的生长完全取决于在该温度范围内的半固态金属（SSM）加工过程。

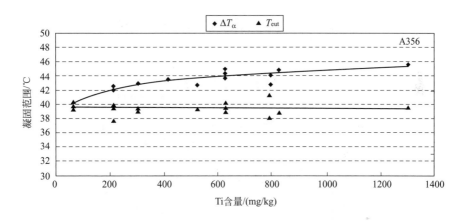

图 6.28　Ti 和 B 对各相凝固温度区间的影响

② 图像分析。

图 6.29 显示了图像处理的定量结果。加入细化剂后，初晶 α-Al 百分比略有增加。这是由于初晶 α-Al 颗粒的有效晶核数量较高，并且在共晶温度保持不变的情况下液相线温度变高。

通过添加细化剂，晶粒等效直径减小，该参数与数量密度（每单位面积的初生颗粒数）有直接关系。更多的有效成核位置导致更好的颗粒分布，进一步限制晶粒生长，从而获得更小的晶粒尺寸和更多的晶粒数。尽管图像处理过程获得数据困难并且在两个相邻的 α-Al 颗粒之间难以区分，尤其是当发生粗化或结构中共晶较少时，但这种数量密度的增大仍然存在，但可能低估了 α-Al 的真实数量密度。

可以得到关键性结论，半固态金属（SSM）加工的主要标准是细小的初生相颗粒（优选直径小于 $100\mu m$、具有球状或玫瑰状结构的颗粒[32]），即使在未处理的合金中，这个标准也很容易实现。

长径比大于 2 的颗粒百分比是结构球状度的量度。随着细化剂的添加，平均面积/周长和长径比下降，如图 6.29 所示，表明具有更细小和单独分布的球形 α-Al 颗粒。

图 6.30(a) 中的直方图显示，随着细化剂添加量的增加，球形度＞0.8 的 α-Al 颗粒百分比略有增加。图 6.30(b) 比较了含和不含细化剂合金的球形度值，球形度值接近 1 时表示具有更多球形颗粒，而在细化合金中这些值更大。

图像分析技术是微观结构的数字再现，可能存在与实际研究不完全相同的情况。因

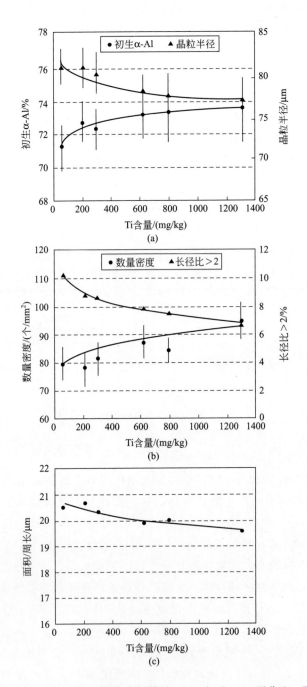

图 6.29　添加 Ti 和 B 时 A356 的图像分析结果：（a）初生 α-Al 百分比、平均颗粒半径；
（b）α-Al 颗粒的数量密度；（c）面积/周长（转载自文献［24］）

此，我们需要知道什么情况下不能进行图像分析。例如，当软件中粒径的定义公式为
$2\sqrt{A/\pi}$ 时，其中 A 是指被测物体的面积。这样的测量是基于假设检查对象具有接近圆
形的形状，因此测量体系中的矩形颗粒越多，计算中的误差越大。考虑到这一点，我
们很难区分具有相同面积的玫瑰花状和球状 α-Al 颗粒平均圆直径之间的差异（读者可

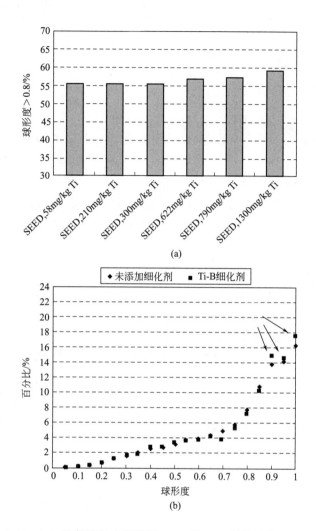

图 6.30 （a）孕育处理对球形度 > 0.8 的 α-Al 颗粒百分比的影响；
（b）细化剂对球形度值（820mg/kg Ti 和 100mg/kg B）的影响[24]

参阅 4.3 节）。

6.2.1.3 硼的添加

目前，最广泛使用的 Al-Si 合金工业细化剂是 AlTiB 中间合金。不过该中间合金仍有一些不足，例如，所谓的潜在成核质点颗粒的衰退和沉降，以及晶粒尺寸均匀性的缺乏。这些因素对工程部件的铸态结构和性能有负面影响。

在本节中将展示，硼细化剂在常规铸造中和半固态金属（SSM）加工中都可以比钛基细化剂有更好的作用。为此使用两种不同的中间合金：包含 AlB_{12} 的 Al4B 以及含有 AlB_2 颗粒的 Al5B。表 6.4 列出了基础化学成分，并且根据中间合金添加量的不同，最终的化学成分也不同。由于结果相似，除非另有说明，本节中的所有结论都为添加 Al5B 中间合金。

表 6.4　硼细化前的样品化学成分　　　　　　　　单位：％（质量分数）

细化剂	Si	Mg	Fe	Mn	Cu	Ti	B	Si	Al
Al4%B 细化	6.42～6.6	0.36～0.39	≤0.07	≤0.003	≤0.001	≤0.0058	无	无	余量
Al5%B 细化	6.5～6.7	0.36～0.4	≤0.07	≤0.003	≤0.001	≤0.0057	无	无	余量

（1）传统铸造

① 热分析。

图 6.31 显示了在凝固早期阶段加入 Al5B 细化剂对合金的影响。可见硼的少量添加就可以对凝固产生显著影响。例如，仅添加 159mg/kg 的硼就可以使生长温度升高约 2℃，并且保持相对恒定。此外，硼的添加消除了过冷和再辉，导致了成核后的温度持续降低。从热分析的角度来看，该合金的临界硼含量似乎超过 159mg/kg，但为防止不溶性硼化物颗粒的聚集和形成，应该小心谨慎地处理更高的硼添加量。

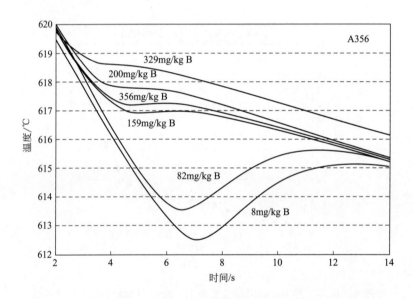

图 6.31　不同硼浓度铸锭中心合金的凝固起始峰（添加 Al5B 中间合金）

ThermoCalc 软件可用于预测和检验三元 Al-Si-Mg 合金中硼添加效果。为此，分别计算了 Al-B 二元合金的富铝端和添加硼的 Al7Si1Mg 合金的垂直截面（图 6.32）。在二元相图中，共晶反应形成了 α-Al 和 AlB_2，即铝合金中的活性形核反应：

$$L \longrightarrow AlB_2 + \alpha（固相）$$

共晶反应刚好在低于纯铝平衡凝固温度（660℃）时发生，所得到的 AlB_2 颗粒可以充当有效成核质点，特别是对于熔点远低于 660℃ 的 Al-Si 亚共晶合金。在 Al7Si1Mg 中，硼的添加扩大了糊状区并导致了 AlB_2 相的形成。这个区域在垂直截面中更加明显并且是一个恒定的硼值 0.02％，见图 6.33。此外，通过形成 AlB_2，液相线转移到更高的温度并且更早成核（液相线未在图 6.33 中示出）。但应注意，在实际铸造条件下，这种热力学计算可能会由于非平衡条件而有所不同，如较高的冷却速率、痕量元素和合金元素的存在等。

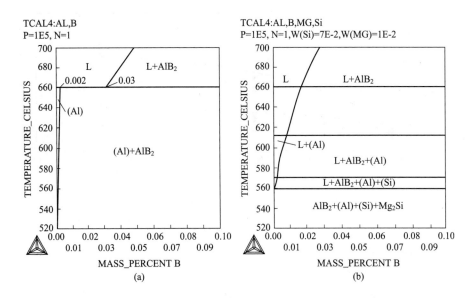

图 6.32　富铝端的 ThermoCalc 计算结果：（a）Al-B 二元相图；

（b）含 B 的 Al7Si1Mg 合金垂直截面

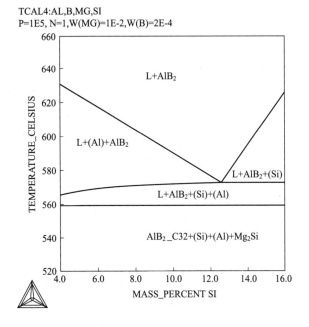

图 6.33　Al7Si1Mg0.02B 合金随 Si 成分的垂直截面

当硼含量低于 159mg/kg 时存在约 2℃的过冷度，但硼含量高于该值时过冷度接近并保持为零。减少再辉会对初生 α-Al 颗粒的生长有很大影响，最低温度 T_{minAl} 表示潜热释放速率与从样品中提取热量平衡时的温度。在未处理的合金中，再辉的存在意味着凝固开

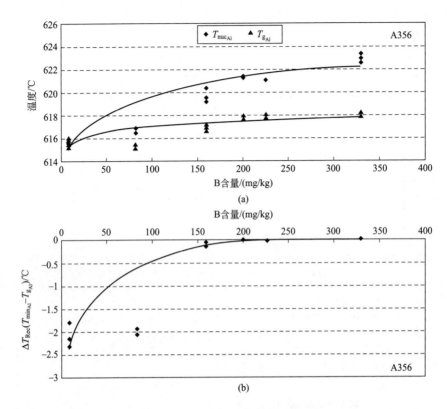

图 6.34　硼添加对下列因素的影响：（a）初生 α-Al 的成核和生长温度，（b）ΔT_{Rec}

始时产生的热量不能完全从模具中转移出去，因此热量平衡会导致再辉的出现。然而，在细化合金中 ［图 6.34(a)］成核温度比处理的合金更高，因而在同一时间间隔内可形成更多的晶核。如 6.2.1.2 节所述，更多晶粒作为冷源的机制也适用于此。

随着硼含量增加到 329mg/kg，成核温度和生长温度分别升高约 7℃ 和约 3℃ ［图 6.34(a)］。成核温度的上升使得之前不能形成的稳定新晶体可以在凝固界面前形成，使铸态结构呈现出细小的等轴晶。成核温度上升的速度（曲线的斜率）高于生长温度（与 Al5Ti1B 结果一致）。这相当于生成更多的晶核和较低的生长量，有利于形成更多的等轴晶结构。然而，随着硼添加量的增加，这两个温度之间的差异会扩大。

在商业应用中，Al-B 中间合金常用于从纯铝中消除微量的过渡元素，如铬、钛、钒、铁和锆，因为这些元素大大降低了电导率。例如，仅 0.014% 的钒可使电导率降低 1%IACS（国际退火铜标准）（例如文献 [33]）。硼与这些过渡元素反应形成保温炉底部的硼化合物沉淀。结果表明，AlB_2 颗粒与过渡元素反应稍快，并且比 AlB_{12} 更小。除了其较小的尺寸之外，单位体积的 AlB_2 颗粒的硼含量较低，有助于降低过渡元素硼化物的沉降速率[34]。

从热力学角度来看，在不同元素之间的反应竞争中，优先级取决于形成热（绝对值），而值更高的化合物具有更大的形成机会。表 6.5 显示了颗粒稳定性的一些例子。用于细化的最重要的硼化物是 TiB_2/AlB_2 颗粒。在不同的硼化物中，TiB_2 具有最高的形成焓值，因此 TiB_2 是最稳定的硼化物。在单独添加硼的情况下，需要考虑到任何残留的 Ti 都会导致 TiB_2 形成，致使硼与铝反应的量减少。

表 6.5　各种化合物的形成焓 ΔH_f [35]　　　　　　　　　　　　　单位：kJ/mol

化合物	ΔH_f	
	298K	1000K
AlB_2	150.996	165.201
AlB_{12}	266.102	288.989
Al_3Ti	146.44	181.020
CrB_2	94.14	94.11
MgB_2	92.048	106.639
MnB_2	94.14	99.16
TiB_2	323.8	326.647
VB_2	203.761	203.823
ZrB_2	322.586	325.42

　　根据以上信息，为了使 Al-B 中间合金细化效果确切，确保熔融合金不含 Ti 是非常重要的，这是由于 Ti 的高 TiB_2 形成力会降低 AlB_2 颗粒作为 α-Al 相优选成核位点的有效性。图 6.35 表明，添加 B 后，合金中的痕量 Ti 与 B 发生反应，从而降低了细化剂的效果。

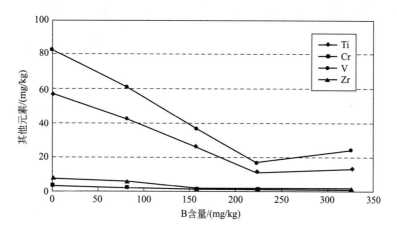

图 6.35　B 的添加对痕量元素量 Ti、Cr、V 和 Zr 的影响

　　② 结构分析。图 6.36 显示了添加硼基细化剂后的显微组织演变。细化样品的显微组织与非细化组织非常不同，初始 α-Al 颗粒尺寸小得多，见图 6.36(c)、(d)。

　　B 处理的合金包含更多的蔷薇晶。B 细化剂的添加促使体系中形成更多的核心，大量的活性 B 基成核质点引入到液体中形成了所谓的"爆发形核"。这种大量的活性成核质点不仅限制了原生 α-Al 晶核的生长，而且还充当冷源以吸收熔体内局部多向热流，结果导致形成小的等轴初生 α-Al 颗粒。因此，在硼处理的合金中，典型的晶粒形态是蔷薇状和球状。

　　铸态结构中成核质点的识别是耗时且乏味的，这与清洁表面上的检测概率以及清洁表面是否与成核质点相交有关。通过添加硼，材料中的大部分成核质点为 AlB_2 颗粒。但是，成核质点的成分取决于熔体中的钛含量。即使在熔体中 Ti 浓度达到的 10^{-6} 浓度以下，由

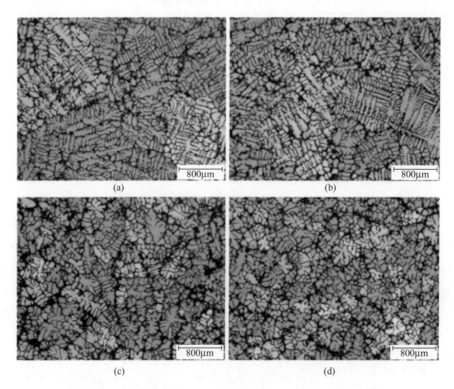

图 6.36　添加硼基细化剂后的显微组织演变：（a）无添加；
（b）82mg/kg；（c）159mg/kg；（d）225mg/kg

于 B 和 Ti 的高亲和力（根据表 6.5 中给出的数据）仍有可能会形成化合物。图 6.37 显示了一个成核质点的背散射电子显微照片和 X 射线图，该成核质点的特征在于颗粒是两相化合物，即 Ti-B 颗粒被硼化铝包围。

观察中所形成的多相成核质点是硼添加导致的，即硼原子（无论是溶解在合金中还是作为 AlB_2 或 AlB_{12} 颗粒）与熔融物中的残留钛原子反应形成稳定的 TiB_2 颗粒或部分转变成复杂的 AlTiB 基颗粒，然后 TiB_2 充当二硼化铝的成核质点，且 AlB_2 包覆在 TiB_2 颗粒上。对于复杂的形核颗粒，Karantzalis 等人[36]认为 Al 与 TiB_2 或 AlB_2 之间的晶格失配相似，在 660℃时约为 4.53%。在冷却时，初生 α-Al 很容易在这些预先存在的颗粒上成核。另外，还有许多未反应的 AlB_2 颗粒会作为潜在的成核质点起作用。图 6.38 为上述假设的示意图，对于 AlB_{12} 颗粒，与合金中的残余 Ti 的反应将破坏 AlB_{12} 的化学计量平衡，并提高其作为 α-Al 潜在成核质点的效率。

硼含量较高的主要缺点是金属间化合物颗粒之间的聚合。随着硼浓度的增加，并非所有硼化物颗粒都可以作为铝的成核位点，由于这些颗粒在 α-Al 中的有限溶解度，可能导致在基体内发生团聚。

图 6.39 显示了热分析数据、晶粒尺寸和 B 浓度之间的关系。添加 82mg/kg 的硼可稍微降低晶粒尺寸，在 159mg/kg B 附近晶粒尺寸急剧变小，达到约 300μm。晶粒尺寸约减小到原来的 1/3~1/4 是硼细化作用的标志性指标。

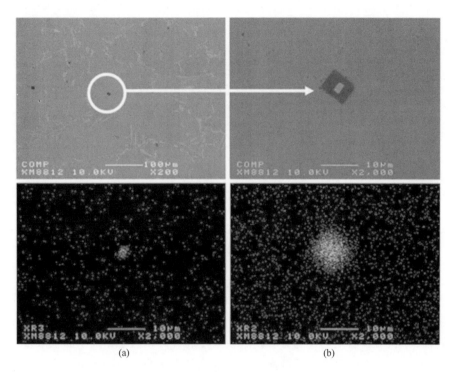

图 6.37 一个成核质点的背散射电子显微照片和 X 射线图
以及（a）Ti 和（b）B 的能谱图[25]

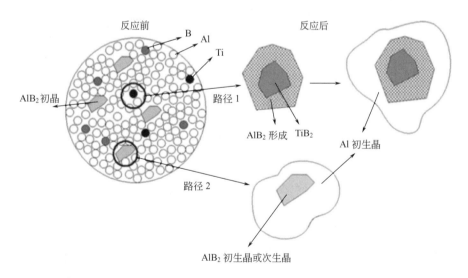

图 6.38 α-Al 初晶颗粒的形成顺序示意图，从 Ti 和 B（路径 1）
化合物形核或直接从 AlB₂（路径 2）形核[25]

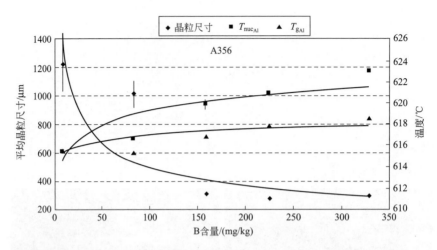

图 6.39　添加 Al5B 中间合金时的晶粒尺寸、T_{nucAl} 和 T_{gAl} 之间的相互关系

初生 α-Al 的成核温度与晶粒尺寸之间有很强的相互关系。图 6.39 表明在细化剂的作用下，成核温度逐渐上升至约 623℃，晶粒尺寸减小至约 300μm，并在进一步添加时保持恒定。晶粒尺寸和形核温度的逆趋势表明成核温度的升高相当于提高了晶核数量，这意味着即使生长速度随着生长温度的上升而增大，但是每个核的增长空间也较小。同时，这进一步说明了凝固过程中合金的晶粒尺寸与其热处理过程之间的直接相互关系。通过比较添加硼（图 6.39）与 Al5Ti1B（图 6.24）的结果可以清楚地看出，硼的添加不仅升高了成核温度，它对晶粒尺寸减小的影响也非常显著。此外，在硼添加下晶粒尺寸的标准偏差要小得多，这是细化剂稳定性的一个指标。

晶粒尺寸、α-Al 的成核温度和再辉时间（t_{Rec}）之间的关系如图 6.40 所示。通过单独添加硼，在添加 159mg/kg（晶粒尺寸约 300μm）后 t_{Rec} 值接近零。在凝固开始时很短

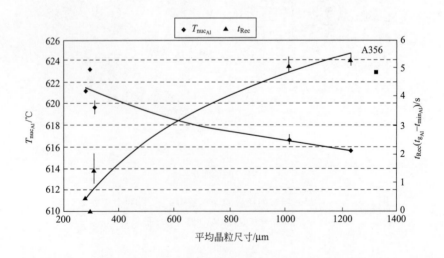

图 6.40　晶粒尺寸 α-Al 成核温度和再辉时间之间的关系（B 细化剂）

的生长时间以及大量形核核心的存在是形成等轴晶组织结构的先决条件。

（2）半固态工艺

① 结构分析。

图 6.41 中的光学显微照片显示了硼对初生 α-Al 相的影响。随着硼百分比的增加，不仅结构发生细化，而且 α-Al 颗粒的球状度增大。

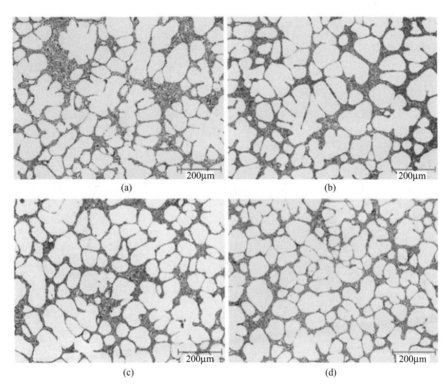

图 6.41　光学显微照片显示 SEED 工艺中添加 B 细化剂的效果：
(a) 无添加；(b) 82mg/kg；(c) 159mg/kg；(d) 225mg/kg

热分析实验证实，通过添加硼，α-Al 颗粒的成核温度显著升高。通过提高成核温度，合金的凝固温度范围也增大。图 6.42 显示了含硼的 A356 合金的初始 α-Al（ΔT_{α}）和共晶（ΔT_{eut}）这两种不同凝固温度范围的变化。当硼添加达到 200mg/kg 时 ΔT_{α} 增大近 8℃，且随着 B 添加量增加保持几乎不变。然而，这种结论并未完全得到图 6.32 和图 6.33 所示的 ThermoCalc 预测的支持。这是因为细化剂已经含有铝和 AlB_2 颗粒，而 ThermoCalc 则是考虑纯硼和铝，然后根据温度的变化进行相平衡计算。由于细化剂颗粒是稳定的并且在铸造温度下几乎不溶解，因此它们仅作为成核质点而不干扰 Al-Si-B 合金的热力学，这是 ThermoCalc 预测的依据。

添加硼的缺点是随着硼含量增加超过 300mg/kg，硼基金属间化合物将发生团聚，如图 6.43 和图 6.44 所示，电子探针分析证实这些颗粒是 AlB_2。在含有 AlB_{12} 颗粒的 Al4B 中间合金的情况下，发现聚集的 AlB_{12} 颗粒且这些聚集体的硼浓度明显超过 230mg/kg

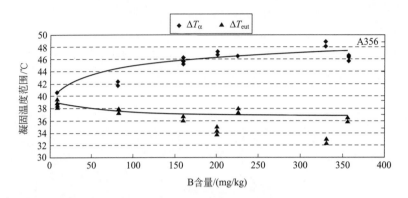

图 6.42 添加硼后初晶 α-Al 和共晶凝固温度范围的变化

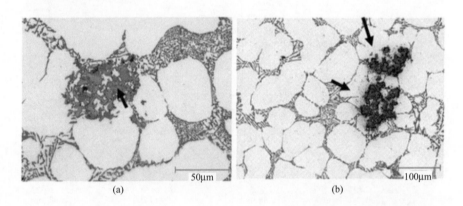

图 6.43 硼化物颗粒团聚的光学显微照片：（a）通过添加 Al5B 中间合金，
含 B 329mg/kg 的样品；（b）添加 Al4B 中间合金，含 B 803mg/kg 的样品

[图 6.43（b）]。

ThermoCalc 计算表明，Al7Si1Mg 合金在 700℃ 和 650℃ 时，硼溶解度极限分别为 0.027% 和 0.014%，在共晶反应时，这个值进一步下降到 0.0018% 以下（图 6.32）。

如前所述，细化剂的关键参数之一是它与基体的错配度，错配度越小，细化效果就越好。实验所得，AlB_{12} 与 α-Al 基体之间的错配度为 151%，因此 AlB_{12} 颗粒不太可能作为系统中的有效成核质点。所以，问题在于为什么以及如何改善这种中间合金在 B 含量为 200mg/kg 左右的细化效率。可从细化效率的以下来源考虑：

- 中间合金中存在 AlB_2 颗粒；
- 硼在合金中溶解；
- AlB_{12} 转化为 AlB_2。

通过仔细观察中间合金结构，可以清楚地看出基体中 AlB_{12} 团聚体中存在 AlB_2 颗粒，如图 6.45（a）所示。在另一种添加中间合金 [棒状 Al5B，图 6.45（b）] 中主要是 AlB_2 颗

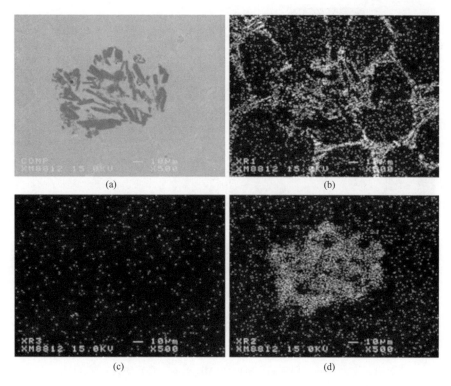

图 6.44　（a）背散射电子显微照片显示硼化物颗粒的聚集和能谱图；

（b）Si；（c）Ti；（d）B（含 329mg/kg B 的样品）

粒。这些颗粒以及光学显微镜无法观察到的更小颗粒对提高中间合金的细化效率起着基础作用（这种中间合金主要是为了消除纯铝合金的过渡元素[33]）。

图 6.46 显示了不同温度下熔体中 B 的溶解度极限。在 700℃ 时，溶液中含有大约 0.05％ 的硼，这个量足够与铝反应并形成成核质点。此外，如图 6.18 所示，该中间合金（Al4B，华夫饼形式）中的大部分硼化物颗粒是 AlB_{12}。ThermoCalc 计算表明，AlB_{12} 在 1289℃ 时部分转化为 AlB_2，而且在 B 浓度超过约 3％ 时才稳定（图中未显示）。因此，可以得出结论，在工艺窗口内 AlB_{12} 几乎不可能转化为 AlB_2（注意，每个预测软件基于不同的模型和数据库，计算结果可能并不一致）。

此外，还有这种中间合金作为有效的细化剂的另一种可能性，即合金中溶解的 Ti 和 B 的高亲和性，使 B 部分地将 AlB_{12}/AlB_2 颗粒转变成 AlBTi 的复合化合物，适合作为初级 α-Al 的成核质点。

如前所述，由于检测取决于抛光表面及其是否与成核质点相交，因此鉴定铸锭中的成核质点具有挑战性。图 6.47 显示了颗粒的背散射电子显微照片和 X 射线图表征的成核质点。根据这个粒子的大小，定量微探针分析是不可能的。然而，成核质点的 X 射线图证实了它的 AlB 化学计量，并且由于已知 AlB_{12} 不能作为成核质点，所以推断该颗粒是 AlB_2。

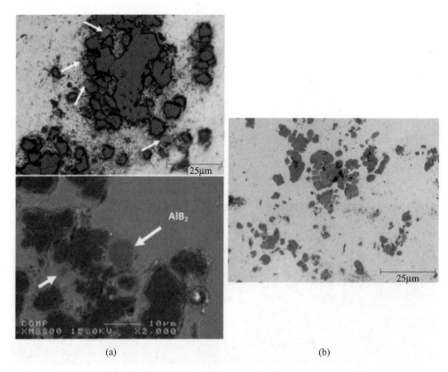

(a)   (b)

图 6.45　添加不同中间合金时的 AlB_2 颗粒：（a）华夫饼状 Al4B

（箭头显示 AlB_2 颗粒）；（b）棒状 Al5B[25]

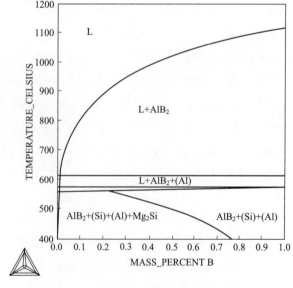

图 6.46　热力学计算 Al7Si1Mg 与 B 的垂直截面

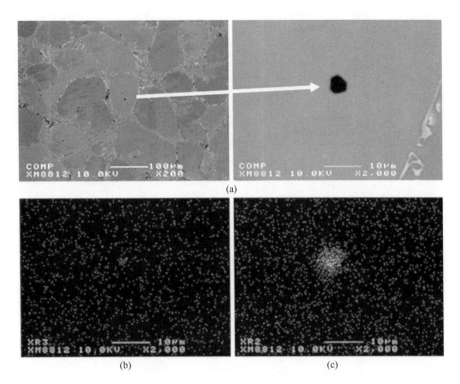

图 6.47 （a）含 803mg/kg B（通过 Al4B 中间合金）的样品中成核质点的背散射
电子显微照片，以及各自的 X 射线图：(b) Ti，(c) B[37]

② 图像分析。

为了充分表征半固态合金的微观结构，有必要量化初生颗粒的百分比、大小和形态。为此，采用图像分析的方法的结果如图 6.48 和图 6.49 所示。

初生 α-Al 百分比的增加是显而易见的，因为不仅许多成核质点被引入到系统中，而且液相线转移到更高的温度。与添加 Al5Ti1B 相反，球形颗粒尺寸的降低和每单位面积的 α-Al 颗粒数量密度的急剧增加证明了 B 是更有效的细化剂，A/P 和长径比＞2 的 α-Al 颗粒百分比的降低也说明确实形成了更小更圆的初晶颗粒。

图 6.49(a) 显示了球形度大于 0.8 的颗粒的百分比。球形度越大，结构中的球状颗粒就越多。图 6.49(b) 比较了球形度的统计显著性。随着细化剂增加，数据更集中于球形度的较大值，即接近 1。在流变学实验中，该图像参数清楚地表明了浆料的流动性。

为了更好地理解细化能力，比较未细化和通过 AlTiB 和 Al4B 中间合金细化的合金之间的背散射电子衍射图像（EBSD）（图 6.50）。显然，未处理的浆料是 SSM 在加工过程中产生的树枝状晶体和小球的混合物。添加 TiB$_2$ 颗粒（通过 AlTiB 中间合金）后，每单位面积的小球数量增加，改善了球体的分布并减小了球体尺寸。但是，还应该考虑一些技术问题，例如，晶粒细化坯料对运动更为敏感（由于黏度较低），这使得从坯料制备单元到压铸机的处理过程变得更加困难。作为补充说明，初生 α-Al 枝晶的聚集有助于铸造过程中的坯料处理。

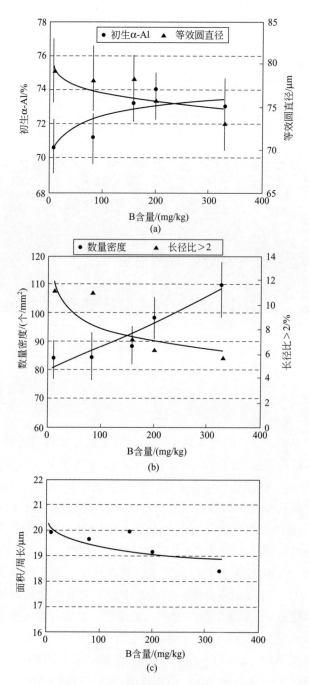

图 6.48　添加了 B 的 A356 的图像分析结果：（a）初生 α-Al 百分比、等效圆直径；
（b）α-Al 颗粒的数量密度，长径比＞2 的 α-Al 颗粒的百分比；（c）面积/周长

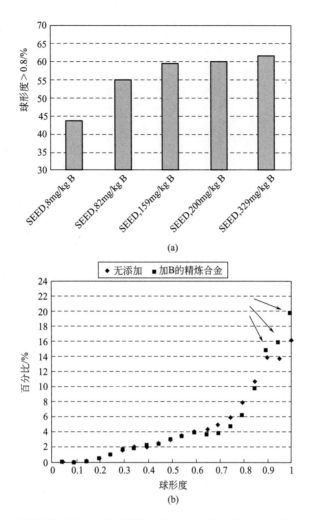

图 6.49 （a）添加硼（Al5B）的球形度变化；（b）无 B 和 225mg/kg B 的数据分类

6.2.1.4 合金化学和晶粒细化：钛在熔体中的作用

熔融合金的化学成分对晶粒细化起着重要作用。少量添加合金元素会在一定程度上降低固态结构的晶粒尺寸，这取决于中间合金的细化效率。事实上，铝合金中的溶质元素对减小铸态产品的晶粒尺寸和改善机械性能是有益的，这可以追溯到 1963 年 Kissling 和 Wallace 的工作[23]。一般认为，通过改变条件来引发更多数量的晶核形成可促进更细晶粒的形成，而少量添加合金元素会抑制凝固过程中的晶粒生长。这些溶质在凝固前沿形成一个富集的边界层，层中实际温度低于凝固温度，即成分过冷[38]。式（6.1）中给出的成分过冷可以用生长限制因子（GRF）来解释，当凝固是由溶质而不是热扩散控制，并且成分过冷 ΔT_s 很小时，即 $\Delta T_s \ll (T_m - T_1)$，这里 T_m 是纯铝的熔点，T_1 是成分为 C_0 的合金的液态温度。这时 $(C_1^* - C_s^*)$ 可以近似于 $C_0(1-k)$[39]。溶质的存在限制了晶粒生长，如 GRF[40,41] 在式（6.2）中定义的。因此，在式（6.3）中用生长限制因子来表示体系过冷度。

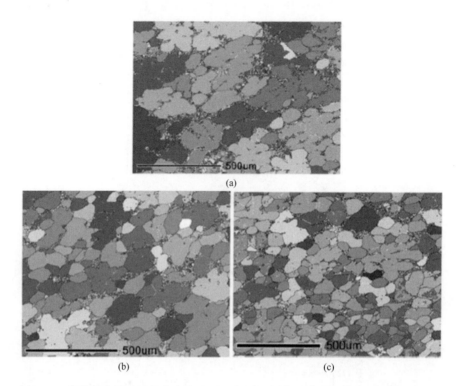

图 6.50　未处理和处理过的合金的 EBSD 图（黑线表示倾角大于 10°的高角度晶界）：
(a) 无添加；(b) 1300mg/kg Ti，210mg/kg B；(c) 226mg/kg B

$$\frac{G_1}{R} = -\frac{m_1 C_0 (1-k)}{D_1 k} \tag{6.1}$$

$$\mathrm{GRF} = m_1 C_0 (k-1) \tag{6.2}$$

$$\frac{G_1}{R} = \frac{\mathrm{GRF}}{D_1 k} \tag{6.3}$$

式中，G_1 为液体中的温度梯度，K/m；R 为增长率，m/s；C_0 为初始合金浓度（质量分数），%；m_1 为液相线斜率（dT_1/dC），K/%；k 为分布或分配系数；C_1^* 和 C_s^* 分别为界面处的液体和固体的平衡溶质浓度（质量分数），%；D_1 为液体中的扩散系数，m^2/s。

因此得出结论，成分过冷度越高，溶质能越有效地限制晶粒生长，因为 GRF 与生长速率成反比。有人提出，合金中的生长限制因子应该是每个合金元素的 GRF 总和（假设溶质之间没有相互作用）[1,42]：

$$\mathrm{GRF}_{\mathrm{total}} = \sum_i m_{1,i} (C_{0,i} - C_{1,i}^*) \tag{6.4}$$

表 6.6 给出了用于计算通常添加到 Al 合金中的五个重要元素的 GRF 数所需的参数值[式(6.2)]。

表 6.6 计算通常添加到 Al 合金中的五个重要元素的 GRF 数所需的参数值[1,41-43]

元素	k	m_1	$m_1(k-1)$	最大成分 C_0（质量分数）/%	体系反应
Ti[1]	7,8,9	33.3,30.7	220,245.6	0.15	包晶
Si	0.11	−6.6	5.9	12.6	共晶
Mg	0.51	−6.2	3.0	34.0	共晶
Fe	0.02	−3	2.9	1.8	共晶
Mn	0.94	−1.6	0.1	1.9	共晶

① 取决于参考文献。

Ti 的 GRF 值最大，因此对铝具有最高的生长限制作用。而 Al 合金通常添加较高浓度的 Si，如亚共晶 Al-Si 铸造合金的总体 GRF 值更高。含 7%Si 和 0.1%Ti 的 Al 合金的 Si 和 Ti 的 GRF 值分别为 41.3 和 22。

• 钛在溶液中的作用

先前对 Ti 作为细化剂的作用进行了研究，在本节中将 Ti 作为溶解合金元素重新进行研究，结果表明，它可以限制常规和半固态铸造中的晶粒和球状颗粒的尺寸，在表 6.7 中列出了常规实践中添加微量钛时细化效果突出的合金化学成分。

表 6.7 熔体的化学分析　　　　单位：%（质量分数）

	Si	Mg	Fe	Mn	Cu	Ti	B	Al
356 无 Ti	6.5~	0.35~	0.07~	0.002~	0.001	≤0.0058	无	余量
356 添加 Ti	7.1	0.4	0.08	0.012		0.1~0.13		

（1）传统铸造

① 热分析。

图 6.51 说明了两种不同 Ti 含量下，356 合金中溶解 Ti 对固溶早期阶段的影响。随着钛添加量的增加，初生颗粒的凝固过程、成核和长大都向高温转变。这也可以通过热力

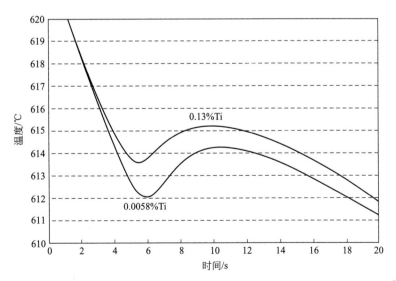

图 6.51 不同 Ti 含量的 356 合金样品（中心热电偶）的典型冷却曲线的初始段[44]

学计算来预测 [图 6.21(b)]，以确认液相线温度随着 Ti 的添加而略微升高。

图 6.52 显示了初生 α-Al 的成核温度（$T_{\mathrm{nuc_{Al}}}$）和再辉值。由于添加 Ti 而明显升高了液相线温度，$T_{\mathrm{nuc_{Al}}}$ 升高 2～3℃至约 617℃。而图 6.21 所示的 ThermoCalc 计算预测的上升幅度较低❶，必须强调的是，预测和实验结果之间的这种差异主要归因于 ThermoCalc 计算处于平衡状态，而当前研究处于非平衡条件下，包括较高的冷却速率和其他合金元素或微量元素的存在。

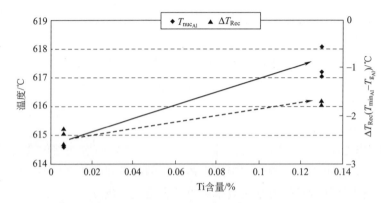

图 6.52　溶解 Ti 对初生 α-Al 颗粒的成核温度和再辉值（ΔT_{Rec}）的影响[44]

工业 356 合金具有较低的再结晶值，这意味着晶核生长较少且再辉不明显。这是热电偶尖端附近的一个局部化区域，如果在液体中扩展这个逻辑，可以假定可以限制晶粒生长并且形成细晶结构。

② 结构分析。

图 6.53 中的偏振光图像显示了 0.0058％和 0.13％的含钛合金在传统铸造中的显微结构差异。含 0.13％Ti 的合金具有更精细的树枝状结构，并且晶粒尺寸看起来显著降低。这种细化是由于更有效的形核作用，而不是钛的抑制生长能力。为了澄清这个问题，定义"晶粒细化"和"晶粒生长抑制"这两个概念是有帮助的。前者主要取决于存在的晶核大小、数量和形态，即单独的 Ti 基化合物；而后者与 α-Al 基体中溶解的 Ti 及其在固液界面上的扩散有关。在此 Ti 浓度下不会有独立的 Ti 基颗粒，因为如图 6.21 所示，Ti 基化

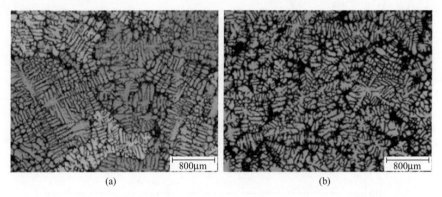

图 6.53　熔体中 Ti 对微观结构的影响：（a）含 0.0058％Ti；（b）含 0.13％Ti

---

❶ 原著如此，疑有误。译者注。

合物（潜在成核质点）的形成仅在 Ti 含量＞0.11％或＞0.17％时，具体取决于化学成分。因此，关键在于 Ti 在凝固界面的扩散及其对初晶 α-Al 生长速率的抑制作用。在凝固的早期阶段，生长抑制机制比形成 Ti 基成核剂更为合理。然而，虽然可以假设 Ti 的这种扩散最终导致在局部体积中形成 Ti 基成核剂，但这应该在凝固开始后很长时间后才发生，即 Ti 扩散是这种机制的先决条件。

图 6.54 显示了 Ti 对 356 合金晶粒尺寸的影响。对于含 0.0058％钛的合金，平均晶粒尺寸约为 1100μm，当 Ti 浓度增加到 0.13％时，平均晶粒尺寸减小到约 850μm，晶粒尺寸减小了近 22％。此外，Ti 含量较低合金的标准偏差值要大得多，这说明该合金中晶粒尺寸分布较宽。对于较高的 Ti 含量，标准偏差较小，表明晶粒尺寸更均匀，因此性能也更均匀。

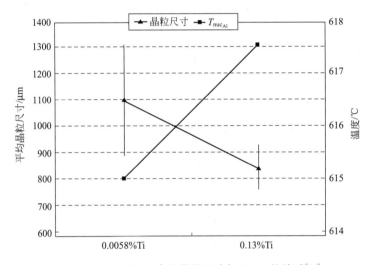

图 6.54 Ti 对 356 合金晶粒尺寸与 $T_{\text{nuc}_{\text{Al}}}$ 的关系[44]

从图 6.54 中可以进一步看出，初晶 α-Al 颗粒的晶粒尺寸和成核温度随着溶液中 Ti 的增加而变化；随着成核温度的升高，α-Al 晶粒平均尺寸减小。成核温度的升高只是延长了成核周期并产生了更多的晶核。

（2）半固态加工

① 结构分析。

图 6.55 中的光学显微照片显示了坯料的典型微观结构。不论 Ti 含量如何，初生 α-Al 颗粒几乎都是完全球状的。虽然看起来含 0.13％钛合金的显微组织略微细化，但仍需要定量表征溶解 Ti 对显微组织的影响。因此，开展了不同钛含量合金的定量金相和流变实验，以分析 Ti 对晶粒生长限制的影响。

固溶 Ti 对结构的细化机理是由于初生 α-Al 枝晶在生长过程中排斥 Ti 进入固液界面时产生的结构过冷。被排斥的 Ti 原子在凝固界面前沿形成富 Ti 边界层，可通过图 6.56 图解说明，边界层的 Ti 浓度由于扩散通量的差异而不同。因为 0.13％ Ti 的 $\frac{\partial C}{\partial x}$ 较大，0.13％ Ti 的扩散通量（J）的值 $J = -DA\frac{\partial C}{\partial x}$，大于 0.0058％ Ti。因此，0.13％ Ti 的

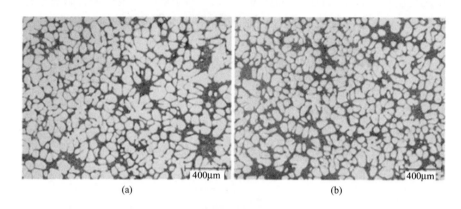

(a)　　　　　　　　　　　　　　　　(b)

图 6.55　SEED 过程中的光学显微照片：（a）0.0058％Ti；（b）0.13％Ti[44]

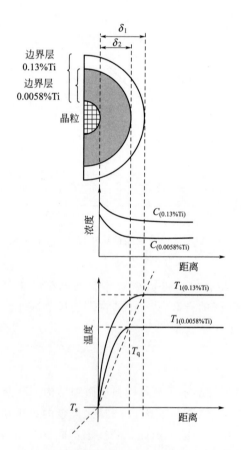

图 6.56　不同溶质积累过程中成分过冷的示意图[44]

δ—边界层的厚度；T_l—液相线温度；T_s—非平衡固相线温度；T_q—施加的温度梯度

成分过冷度比 0.0058％ Ti 大得多。同样，如图 6.56 中所示，高 Ti 含量合金的边界层厚度更大。如 Kurz 和 Fisher[45] 所指出的，对于不同生长速率下凝固的合金而言，等效边界层厚度（δ_C）与生长速率（R）成反比：

$$\delta_C = \frac{2D}{R} \tag{6.5}$$

式中，D 是溶解钛的扩散系数。较高的生长速率意味着溶质元素进入边界层时受到较小的扩散排斥，即较低的 $\frac{\partial C}{\partial t}$，因此可以认为边界层内的溶质元素浓度较高时，边界层生长速度较低或更厚。

此外，随着凝固后期 Ti 在界面的浓度增加，界面层中可能形成 Al_3Ti 的新晶核。这种颗粒的存在促进了界面内新 α-Al 晶核的形成。新形成的 α-Al 颗粒会在生长过程中阻止钛进入新形成的界面。这种机制的重复确保了在 356 合金中添加 0.13% Ti 形成更细、更等轴和球形的颗粒。

定量金相的结果见图 6.57。平均粒径"等效圆直径"随着钛含量的增加而降低。α-Al 颗粒每单位面积数量（数量密度）的增大，以及面积/周长比 A/P 的减小，表明在含 Ti 的坯料中形成更多孤立和较细的颗粒导致微观结构细化。随着生长限制元素（如 Ti）的加入，枝晶生长趋向于沿着与热流相反的方向上减慢。因此，晶粒生长总体更趋向于径向，并且由此产生的结构更接近球状。球形颗粒的形成对本章后面讨论的浆料流变行为是至关重要的，这可以通过初晶 α-Al 颗粒的长径比＞2 的百分比减少来确定。随着 Ti 含量的增加 ［图 6.57(c)］ 可进一步得到更多球形颗粒，且球形度＞0.8 的颗粒的百分比增加。

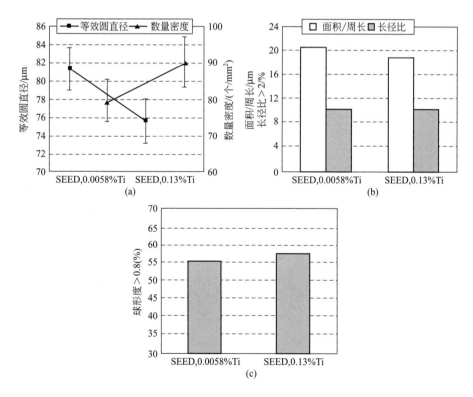

图 6.57 定量金相的结果：（a）α-Al 颗粒的等效圆直径和数量密度；

（b）面积/周长和长径比＞2 的颗粒的百分比；（c）球形度＞0.8 的颗粒的百分比[44]

② 应变-时间图。

图 6.58 中的曲线清楚地显示了由于初晶 α-Al 颗粒尺寸和分布引起的坯料变形性的变化。几乎不含 Ti 的合金表现出较低的应变值，而商用 356 坯料由于已经讨论过的小球尺寸而在更高的范围内变形。如 4.2 节所述，球状、细晶的铸坯具有较大的工程应变和较好的流动性。换言之，具有较高 Ti 含量的合金由于其结构中含有更多的球形细小颗粒而具有优越的流动性。此外，图 6.57 中的参数，特别是 α-Al 颗粒的平均直径和平均密度，也支持具有更多溶解 Ti 的坯料具有更小尺寸的球状晶粒的结论。

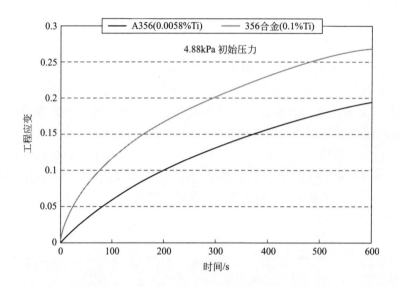

图 6.58　Ti 溶解量不同的合金的应变-时间曲线[44]

6.2.2　变质处理

硅是铝合金中最重要的合金元素之一。它的加入是为了提高浇注性、流动性，减少收缩，并使其具有优异的机械性能。然而，硅的形态对成品的力学性能起着重要的作用。因此，通常的做法是用特殊的热处理或添加某些变质剂来改变铸态薄片状或针状硅的形态，变为增强铸态零件机械性能的纤维状。对于传统的铸造合金，Si 变质已经被许多研究者广泛研究，但是在 SSM 加工中，很少有公开的数据报道，如本章前面所述（例如文献[20-22]）。本研究的目的是明确 Sr 添加作为 A356 铝硅合金变质剂对常规和 SSM 铸造合金的影响。

6.2.2.1　中间合金

- Al10%Sr

光学和背散射电子显微照片连同相关的 X 射线图显示了商业生产的中间合金的显微组织（图 6.59）。Al10Sr 中间合金的组织由块状富锶颗粒组成，分布在 Al 基体中。平均粒径约 $(16\pm8)\mu m$，微探针分析结果表明化学计量比为 Al4Sr。

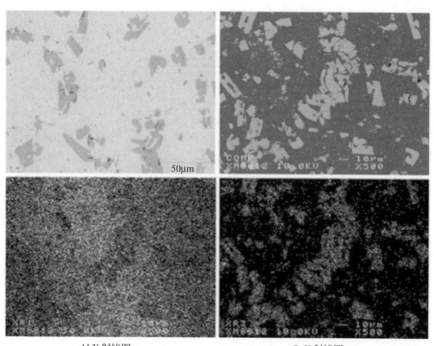

Al X 射线图　　　　　　　　　　Sr X 射线图

图 6.59　Al10Sr 中间合金的典型光学图像和背散射电子显微
照片及 X 射线图（横截面，棒状）[46]

6.2.2.2　Al7%Si 和 A356 合金的变质处理

通过添加 Al10Sr 中间合金棒对 A356 和 Al7Si 合金进行变质处理。基体化学成分列于表 6.8 中。

表 6.8　基体合金的化学分析　　　　　单位：%（质量分数）

	Si	Mg	Fe	Mn	Cu	Ti	B	P	Sr	Al
Al7Si	7.0~7.3	无	≤0.09	无	无	无	无	≤0.0003	无	余量
A356	6.62~6.81	0.36~0.4	≤0.08	≤0.003	无	≤0.0058	无	≤0.0003	无	余量

（1）常规铸造

① 热分析。图 6.60 显示了 Al7Si 和 A356 合金的典型冷却曲线和一阶导数。虽然两种合金都在凝固范围凝固，但如果仔细检查，则存在差异。对于 Al7Si 合金，凝固主要发生两个反应：一次 α-Al 枝晶的形成和随后的共晶相的形成（一阶导数中的第一和第二峰）。

微量添加 Mg 和其他合金元素可导致亚共晶或过共晶反应，并改变临界点或温度，如图 6.60 所示。例如，通过添加 Mg，主共晶反应转移到较低温度且形成较长时间。通常，纯二元 Al-Si 合金的凝固终点是尖锐且明显的，而在本研究中使用的 Al7Si 合金并非如此。这主要是由于本研究中使用的合金含有微量元素 Fe，通过光学荧光光谱（OES）证实含有 0.03%~0.09% 的 Fe。据 Backerud 等人[27]报道，含有微量铁的合金具有平滑的凝固

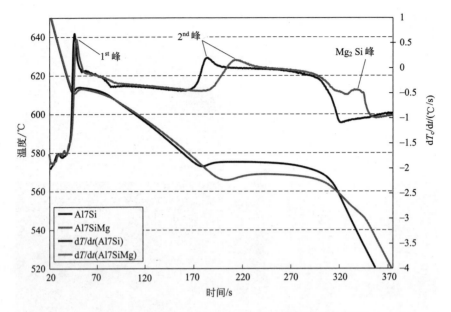

图 6.60　Al7Si 和 Al7Si0.35Mg 合金的冷却曲线对比[47]
（经泰勒和弗朗西斯有限公司许可转载）

终点。

通过添加镁，共晶化合物不会在恒定的温度下形成。使用 FactSage 软件进行热力学计算可以很好地说明这个概念[48]。图 6.61 所示为 Si 添加的伪二元相图。通过在亚共晶 Al-Si 合金中添加 Mg，不仅凝固在较低温度下终止，且共晶反应不再是等温的。

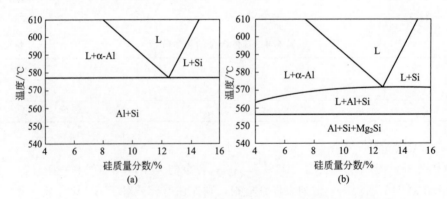

图 6.61　Si 添加的伪二元相图：（a）Al7Si 和（b）Al7Si1Mg 的截面[47]
（泰勒和弗朗西斯有限公司许可转载）

图 6.62 显示了冷却曲线的共晶反应段。对于这两种合金，加入少量的 Sr（约 50mg/kg）使共晶平台降低了 3~6℃，共晶温度在开始急剧下降后，进一步加入 Sr 使其略有上升。

图 6.63 说明了由于 Sr 添加引起的冷却曲线参数的变化。共晶形核温度 $T_{\text{nuc}_{\text{eut}}}$ 在约 $50\sim100\text{mg/kg}$ 锶的添加量时降至最小值，之后稍微增长，在 Sr 浓度为 300mg/kg 以上时

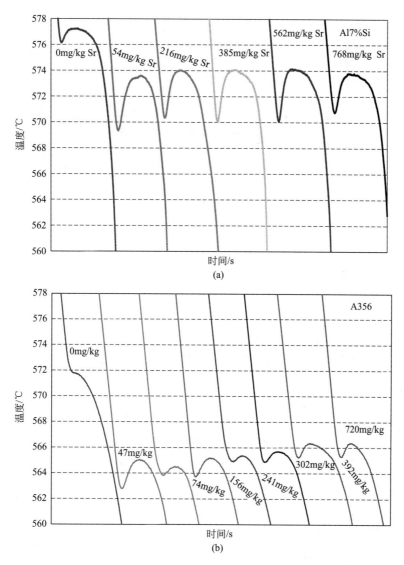

图 6.62　加入 Sr 后石墨坩埚中心处的热电偶所获得的冷却曲线的共晶反应段：（a）Al7Si；（b）A356[46]

趋于稳定。两种合金的最高共晶温度 $T_{max_{eut}}$ 也观察到类似的趋势。Sr 的加入抑制了共晶温度参数 $T_{max_{eut}}$ 和 $T_{nuc_{eut}}$。基本上，在 Sr 添加之前和之后，$T_{max_{eut}}$ 或 $T_{nuc_{eut}}$ 的差异越大，硅变质越强。因此，最佳添加量约为 50～100mg/kg。

共晶再辉［图 6.63（c）］也在约 50～100mg/kg Sr 时增加到其最大值，并随进一步添加略有下降，峰值是由于 Sr 加入所导致的共晶成核受阻。由于共晶温度的降低和合金液相保持不变，原 α-Al 凝固范围增大，从而增加初晶 α-Al 相的百分比，这将在后面讨论。

除了锶之外，合金元素和微量元素也可能对共晶温度产生影响，例如添加到工业合金中的镁。比较 Al7％Si 和 Al7Si0.35Mg（图 6.63）中共晶的成核和最高温度，结果表明 $T_{nuc_{eut}}$ 和 $T_{max_{eut}}$ 均由于 Mg 的加入而降低，同时，向合金中加入 0.35％ Mg 提高了最大抑制值。根据 Joenoes 和 Gruzleski 的报道[49]，在一种变质的 Al-Si 合金中，随着 Mg 含量

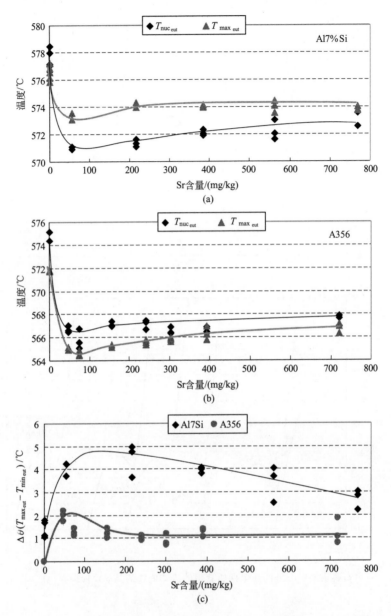

图 6.63　添加 Sr 对各种热分析参数的影响

的增加，共晶温度的下降更大（图 6.64）。

共晶形核温度 ［图 6.63(a)］对熔体中潜在晶核数有直接影响。换言之，随着成核温度的升高，成核的障碍越来越小，因此可以形成更大数量的离异共晶 Si 颗粒，即片状形态的情况。共晶成核温度的最高值可能归因于本研究中使用的合金中的微量磷和铁。如文献 ［50,51］所证实，AlP 颗粒和铁化合物是硅的最适宜成核质点。据报道，在 Ai-Si 共晶合金中加入磷时，液相线和共晶温度都将提高[52]。在变质剂作用下，这种潜在的成核质点失活，成核势垒增加，结果导致成核温度降低。图 6.63(c) 显示，共晶再辉的变化（$\Delta\theta$）表明，较小的 Sr 添加量（47mg/kg）导致 $\Delta\theta$ 增大约 2～4℃。这是一个成核势垒，

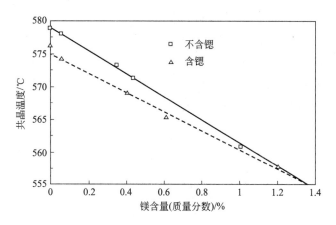

图 6.64　Al7％Si 合金的共晶温度下降与 Mg 含量的函数关系[49]
（由 Taylor&Francis Ltd 许可重印）

相当于减少了有效成核质点的数目，从而迫使 Si 分叉形成三维互连的形态，即纤维状，以跟上铝相的生长。

此外，从生长的角度来看，Sr 会毒化硅晶体中的凹角生长[53,54]，从而钝化 TPRE 生长（孪晶凹角生长）。因此，由于 Si 的有效生长机制的中断，需要高的 $\Delta\theta$ 来驱动纤维硅结构的另一种生长机制，即"杂质诱导孪生 IIT"机制[53]。

总之，Sr 的加入影响了共晶 Si 的成核和生长行为，使硅的形态从片状转变为纤维状。此外，这项研究的热分析总体结果与先前的报告一致[55-57]。

② 结构分析。

初始 α-Al 相的形态与未变质合金的形态有些不同，如图 6.65 所示。就显微照片而言，变质合金中的共晶区似乎嵌入在初始 α-Al 相中，而非变质结构则不是这种情况。换言之，变质合金中的共晶区域是连续的，而对于未变质的合金，共晶区域存在孤立的单个斑块。这种明显的差异可能归因于变质后的 Si 纤维形态是每个 Si 晶核通过分支和三维扩展相连的，而非未变质合金的孤立薄片生长。

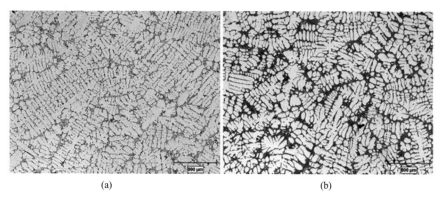

(a)　　　　　　　　　　　　(b)

图 6.65　由于 Sr 的添加 A356 初晶 α-Al 颗粒结构变化的光学显微照片：
（a）没有 Sr；（b）241mg/kg Sr[46]

图 6.66 说明了在变质合金中,共晶混合物中初生 α-Al 的"嵌入"现象,以及与硅形态有关的变化。在未变质样品中,在 Al 基体中存在达 $120\mu m$ 的硅片,其中原始 α-Al 枝晶的边界不清楚。可以说,在未变质的合金中,残余的液体不会以 Al 和 Si 的双组分混合物凝固,由于 Si 的成核困难,初生 α-Al 树枝状晶体会出现过量生长,从而导致共晶混合物中 Al 含量的增加。采用电子背散射衍射(EBSD),Nogita 和 Dahle[58] 报道,在非变质合金中,共晶池附近的初生 α-Al 相与共晶铝之间的晶体取向没有差别。

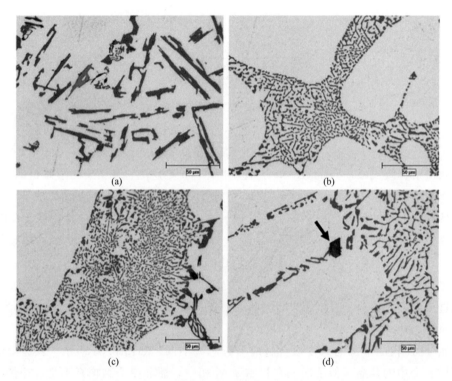

图 6.66　Sr 添加对常规工艺中共晶形态的影响(A356):
(a)没有 Sr;(b)47mg/kg Sr;(c)156mg/kg Sr;(d)392mg/kg Sr(箭头显示 Sr 基金属间化合物)

　　然而,随着变质处理,共晶熔体由于硅形态的变化而按双组分混合物凝固。添加 50mg/kg 的 Sr 足以使片状 Si 转变成纤维形态,并且随着 Sr 的进一步加入,该结构变为完全变质并最终达到过度变质。通过硅颗粒的粗化、颗粒间距变化和 Sr 基化合物偏析的增加,可以容易地观察到过度变质[图 6.66(d)]。电子探针显微分析(EPMA)证实了偏析的 Sr 基化合物的化学计量比是 Al_2Si_2Sr。

　　为了进一步表征 Sr 变质引起的共晶 Si 的形态变化,用 SEM(图 6.67)对深腐蚀石墨模具样品进行了检测。未变质合金的片状硅颗粒即使在低倍率下也很粗糙,如图 6.67(a)所示。随着 Sr 变质,硅的形态变为纤维状,带有海藻状外观,见图 6.67(b)。

　　③ 图像分析。

　　图 6.68 中定量表示了 Sr 变质对 A356 合金显微组织的影响,图中没有提供未变质样品的初始 α-Al 百分比数据,这是由于初始和共晶 α-Al 相难以区分,即不可能单独测量初始相。

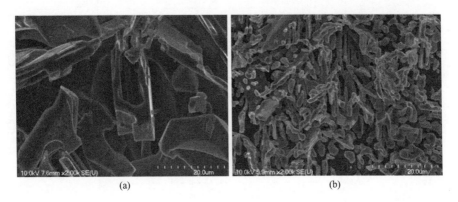

图 6.67　深腐蚀（10% HF）石墨模具样品的 SEM 二次电子（SE）显微照片：
（a）不添加 Sr[46]；（b）156mg/kg Sr

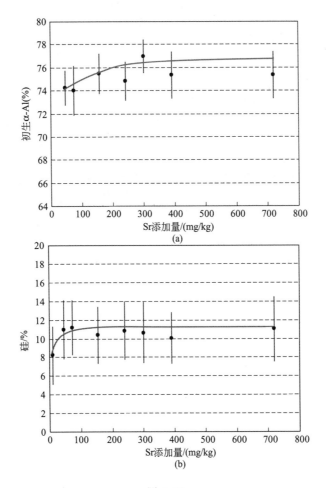

图 6.68

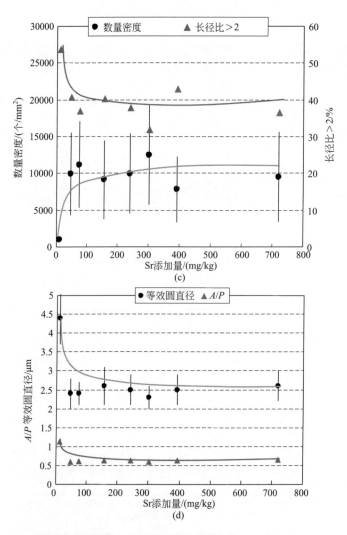

图 6.68　A356 合金的定量金相结果：（a）α-Al 百分比；（b）Si 百分比；（c）Si 数量密度和
长径比大于 2 的 Si 粒子百分比；（d）Si 圆直径和面积/周长比（从文献［46］再现）

　　随着添加 Sr，初晶 α-Al 和共晶硅的百分比略有增加，见图 6.68(a) 和（b），这归因于 Al-Si 相图上的 Sr 效应。正如热分析部分所述，在 Al-Si 合金中添加变质剂会将共晶点转移到更高的硅含量和更低的温度以扩大糊状区。问题在于由于 Sr 变质，如何更大量地生成初始 α-Al 和共晶硅。如果进行简单的杠杆定律计算，可以证实 Sr 添加可以将共晶点降到右下方。

　　共晶硅数量密度（每单位面积硅颗粒数）的趋势见图 6.68(c)，其等效圆直径和面积与周长之比见图 6.68(d)，证实了细化和减小共晶硅尺寸的作用。这也能从具有大于 2 的长径比的硅颗粒的百分比看出，见图 6.68(c)，其百分比随 Sr 添加而降低至 100mg/kg，且其他参数随着 Sr 的添加保持恒定。从定量微观结构观察数据可见，片状硅由于 Sr 添加而转变成纤维形态（如前所述，软件中圆形直径的计算是基于硅颗粒的面积而不是形状，这导致测量不准确。然而，当结构被变质时，数据的误差变小，说明在二维平面中有更多的圆形颗粒）。

（2）半固态加工

① 结构分析。

图 6.69 和图 6.70 中的光学显微照片显示了 Sr 添加对一次 α-Al 颗粒形貌的影响。Sr 处理的结构表现出更多的球状特性，初级 α-Al 颗粒分散在细化的共晶基体中。然而，Si 形态如图 6.70 所示，由于变质处理，完全是纤维状的，但比图 6.66 中变质过的常规空冷铸件更致密和更细小。这主要是由于淬火坯料的较高冷却速率以及 SSM 工艺本身。搅拌不仅导致浆料中球状结构的形成，而且还对剩余液体施加强制对流，从而导致更好的流体流动和更小的硅颗粒（3.3.3 节）。

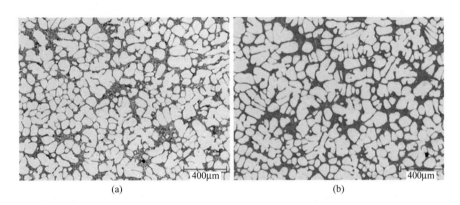

图 6.69　在约 598℃ 淬火的 SEED 坯料的光学显微照片：
（a）未变质的；（b）用 156mg/kg Sr 变质处理的

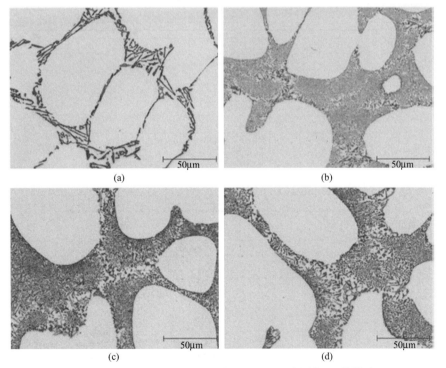

图 6.70　光学显微照片显示了在 SEED 过程中添加 Sr 的影响：
（a）未变质；（b）47mg/kg Sr；（c）156mg/kg Sr；（d）392mg/kg Sr

与压铸件（注射坯）的显微结构相比，Sr 变质合金显示出相似的球状结构尺寸；然而，压铸件中的初生相由于经受外加压力而发生部分变形。图 6.71（b）中的放大区域显示出了一种与淬火坯相当的 Sr 变质结构。

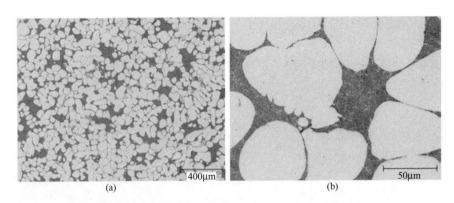

图 6.71　110mg/kg Sr 变质 A356 合金的 HPDC 组织

通过热分析结果来计算不同的凝固区间，可以明显得出，由于主共晶反应的减少，Sr 的添加导致 ΔT_α 增大。图 6.72 显示了 Al7Si 和 A356 合金的凝固区间。初生 α-Al 凝固区间（ΔT_α）是一个关键，因为初生 α-Al 凝固区间的扩大将提高拥有更多球状半固态浆料

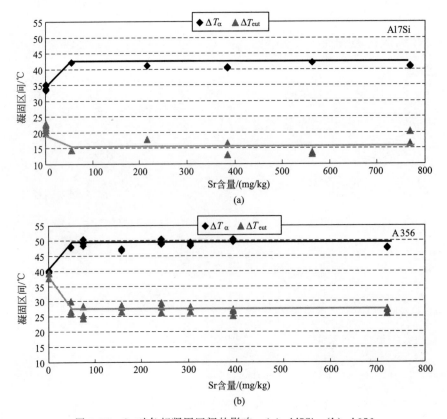

图 6.72　Sr 对各相凝固区间的影响：（a）Al7Si；（b）A356

的可能性，并提供一个更宽的工作温度和对温度变化更低的敏感性。然而，固液共存区越大，铸造产品中热裂和孔隙形成的风险就越大，但是当半固态金属坯在足够的外部压力下成形时这种风险可以得到补偿。

过变质可以通过共晶硅的粗化、硅间隙间距的增大以及在共晶池内 Sr 基金属间相的形成来检测。从图 6.73 中可以明显看出，Sr 化合物可能偏析在立方体和片状/盘状（或针状）两种不同形态中。对 Sr 基化合物的显微探针分析表明 Al_2Si_2Sr 的化学计量（无化学变化）证实了之前报道的结果[27,28]。这些颗粒在添加 Sr 超过 390mg/kg 的铸件中可发现形成。因此，Sr 的最佳浓度在 50～200mg/kg。

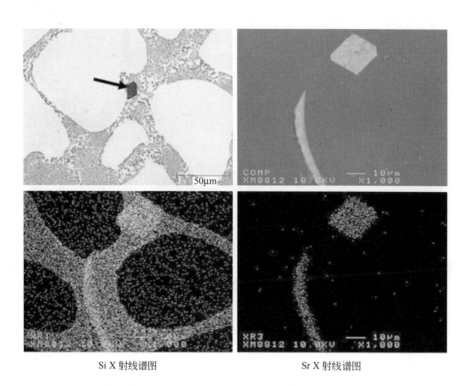

Si X 射线谱图   Sr X 射线谱图

图 6.73　由于添加 Sr（约 700mg/kg Sr）而形成的金属间化合物颗粒的
光学和背散射电子显微照片以及特征 X 射线图[46]

比较涉及 Mg 添加的 Sr 变质传统和 SSM 铸件中显微组织演变的金相结果表明，向合金中添加 Mg 对变质具有负面影响，表现为纤维组织的粗化和由于某种层片状组织出现而导致共晶组织的劣化（图 6.74）。变质作用退化认为是由于形成了 $Mg_2SrAl_4Si_3$ 型金属间相[49,59,60]。总之，无 Mg 熔体的变质较 Al7Si0.35Mg 具有对共晶温度更低的抑制值和更好的组织结构。因此，对于在这些测试范围内的冷却速率而言，Mg 对变质作用具有明显的负面影响，而其并不能通过热分析检测到。

图 6.75(a) 中未变质深蚀样品的 SEM 分析表明，片状硅晶体已经从单个形核点生长出来，而变质组织则由高度分枝的硅纤维组成，但是孤立纤维的数量极少。对比图 6.67 和图 6.75 可发现，流变铸造坯中的层间/棒间间距减小。这种细化的原因一部分是 SSM 浆料从固液共存区的快冷，另一部分是流体流动和 SSM 模具内的热均匀性。这意味着 Si

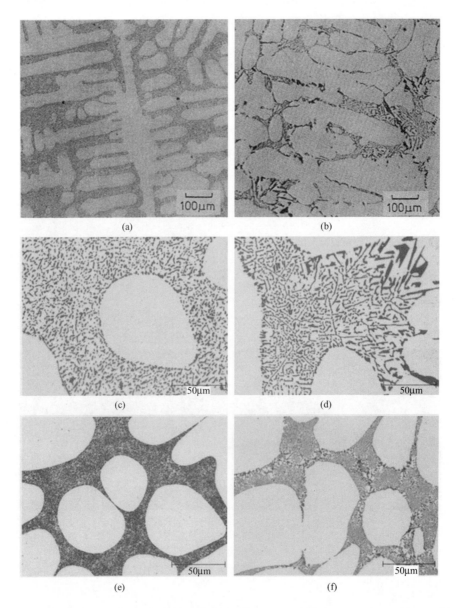

图 6.74 具有不同 Mg 含量的 Sr 变质显微组织比较：(a) 0.0%Mg，300mg/kg Sr，Al7%Si；
(b) 1.21%Mg，250mg/kg Sr，Al7%Si[49]（获得泰勒和弗朗西斯有限公司翻印许可）；
(c) 石墨杯，不含 Mg，54mg/kg Sr；(d) 石墨杯，0.35 Mg，47mg/kg Sr；
(e) 淬火坯，不含 Mg，54mg/kg Sr；(f) 淬火坯，0.35 Mg，47mg/kg Sr

纤维的分支不受阻碍，并且其可以沿任何方向分支，因为模具内没有任何定向热流。从变质机理的角度来看，当变质剂存在时，交织频率和分支角度都随着凝固速率的增大而增大，这两者都会促进变质和细晶组织的形成[53]。

图 6.76 显示了 HPDC 注射铸件内硅相的 SEM 显微照片。Si 的形态和致密度与淬火坯相当 [图 6.75(b)]，这与压铸机凝固过程中的高冷却速率有关。

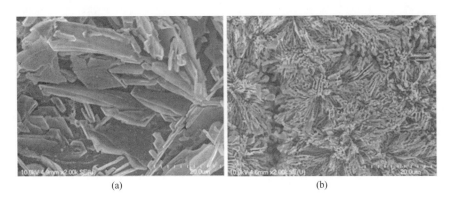

图 6.75　深蚀（10%HF）SEED 坯的扫描电子显微照片，以显示 Sr 添加时共晶 Si 的形态变化：（a）不含 Sr[46]；（b）156mg/kg Sr

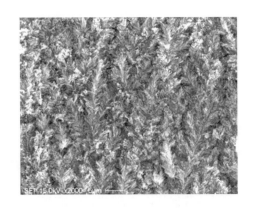

图 6.76　HPDC SSM 件中纤维组织的扫描电子显微照片（含 110mg/kg Sr 的 A356）

② 图像分析。

初生 α-Al 颗粒的百分比随着 Sr 增加而略有增加［图 6.77(a)］。随着 Sr 的加入，共晶线向下移动，其结果是共晶点向右移动，从而扩大了 α-Al 的凝固区间并增加了初生 α-Al 的分数。这对于 SSM 加工至关重要，因为更广的凝固区间为 SSM 加工提供了更大的灵活性，特别是当该工艺用于商业化目的时。

初生 α-Al 平均粒径，即等效圆直径，随着 Sr 的添加而略有增大，而数量密度保持近似恒定［图 6.77(a)、(b)］。这与初生 α-Al 百分比的增加相一致，并且由于数量密度保持不变，α-Al 粒径会预期增大。面积与周长的比值测量结果表明，其随着 Sr 添加量的增加而增大，支持了等效圆直径的发现[46]。为了进一步突出添加 Sr 后的球化效应，测量了长径比＞2 的初生 α-Al 粒子的百分比并示于图 6.77(b) 中。图中整体的下降趋势表明，随着 Sr 添加量的增加，初生 α-Al 颗粒表现出更好的球化作用。

球形度的概念被用于更好地理解变质对初生 α-Al 粒子形态的作用。图 6.77(c) 显示了球形度＞0.8 的 α-Al 粒子的百分比。由于变质作用，球形度接近 1 的颗粒百分比随着 Sr 的增加而增加。

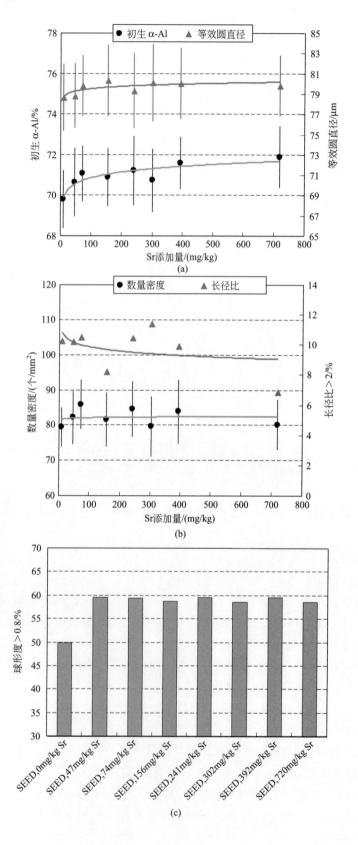

(a)

(b)

(c)

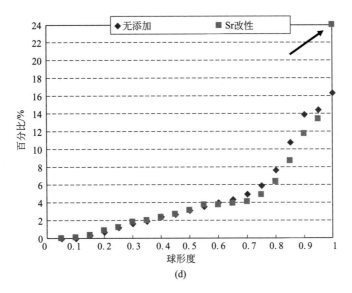

图 6.77　添加 Sr 的 A356 的图像分析结果：（a）初生 α-Al 百分比、等效圆直径；
（b）初生 α-Al 颗粒的数量密度、长径比＞2 的初生 α-Al 颗粒的百分比；（c）球形度＞0.8 的
α-Al 粒子的百分比；（d）具有和不具有 Sr 的数据归类（复制于文献 [46]）

由于变质完全归因于硅形态的改变，那么一个新的疑问是，它是否对初生 α-Al 的形态也有贡献。据信，合金表面张力的任何变化都对 α-Al 颗粒的球化起着重要作用。之前报道，Sr 和 Na 降低了熔体的表面张力[61,62]。通过降低表面张力，改善了残余液相对初生 α-Al 颗粒的润湿性。这相当于剩余液相与初生 α-Al 之间具有更多的接触。降低表面张力使得流体在 α-Al 颗粒周围更容易流动，增强了对这些粒子的修整作用，并因此导致形成更圆的颗粒。

在搅拌过程中由于发生热和溶质的均匀化，并考虑到由于更低的表面张力和更好的润湿性而导致的更好的流动性，这种效应更加明显。可以得出结论：粒子周围的流动可更好地平滑初生 α-Al 粒子，并因此获得更圆的颗粒。

6.2.3　细化剂与变质剂的复合效应

晶粒细化和变质作用为铸造过程提供了实质性的好处。更细的晶粒确保了更好的机械性能、改善的机械加工性和更好的进给性；而由于变质作用，硅片变成了纤维，获得更好的性能，特别是延展性。因此，有理由联合使用细化和变质处理以发挥两者的优势，这已成为过去 30 年的惯例。但是，每种处理都有其自身的特点，当其组合后，初生 α-Al 和共晶 Si 的百分比、形状和尺寸都可能发生相当大的变化。

6.2.3.1　A356 合金中添加 Ti、B 和 Sr

目的是研究在合金中同时添加细化剂和变质剂的影响。为此，将 Al5Ti1B 和 Al10Sr 中间合金添加到熔体中以提高合金中 Ti、B 和 Sr 的含量。根据 6.2.1 节和 6.2.2 节的分析给定了最优添加量，合金最终组成列于表 6.9。

表 6.9　复合处理前、后合金的化学分析　　　单位：%（质量分数）

合金	Si	Mg	Fe	Mn	Cu	Ti	B	P	Sr	Al
基础合金	6.68	0.4	0.07	0.003	0.001	0.0058	0.0001	0.0003	0.000	余量
处理合金	6.68	0.39	0.08	0.003	0.001	0.058	0.0098	0.0003	0.014	余量

（1）传统铸造

① 热分析。

图 6.78 显示了未处理和已处理合金的初生 α-Al 形成和共晶反应的典型冷却曲线的形核和生长阶段。通过复合处理，初生 α-Al 的形核与生长温度向上移动，而共晶反应被抑制到较低的温度。

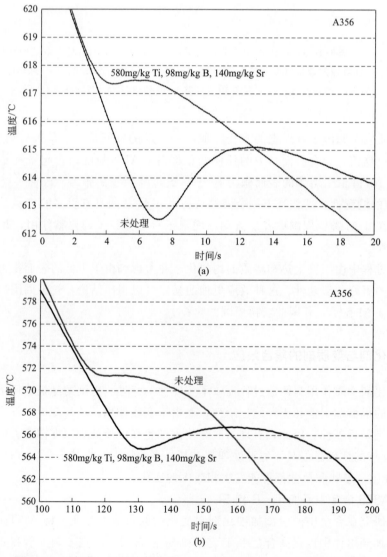

图 6.78　添加前、后的冷却曲线：（a）凝固开始；（b）共晶反应区[63]

少量添加 Al5Ti1B 使曲线向上移动，再辉温度降低。此外，α-Al 颗粒的形核温度和生长温度均升高，但 $T_{\text{nuc}_{\text{Al}}}$ 的升温幅度更大，如图 6.79（a）所示。这意味着在初生相的形核和早期生长过程中，有更多的核心具有较低的生长概率。

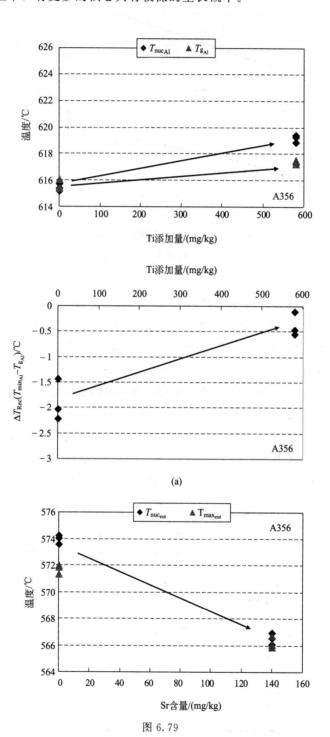

(a)

图 6.79

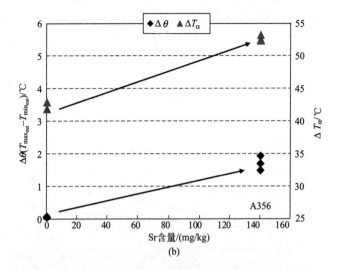

图 6.79　(a) α-Al 颗粒形核与生长温度和 ΔT_{Rec} 的变化；
(b) 形核与最高共晶温度、$\Delta\theta$ 和 ΔT_{α} 的变化[63]

　　图 6.79(b) 显示了复合处理导致的 $T_{nuc_{eut}}$、$T_{max_{eut}}$、$\Delta\theta$ 和 ΔT_{α} 的变化。对于单一和复合处理，共晶热分析参数的变化是相同的，这可以证实在凝固过程中细化剂和变质剂的功能是相互独立的。换言之，B 与 Ti 形成 TiB_2 形核剂的强亲和力阻碍了 Sr 与 B 形成 SrB_6 化合物，因此不会使 Sr 变质剂失活。随 Sr 含量增加，共晶形核温度和最高共晶温度降低［图 6.79(b)］。当添加 140mg/kg Sr 时，共晶再辉温度（$\Delta\theta$）也升高了约 2℃。共晶温度的降低导致更大的 α-Al 凝固区间，并因此形成更多的 α-Al。

　　在之前 6.2.1 节和 6.2.2 节中分别报道了在 A356 铝硅合金中单独添加细化剂和变质剂的影响。单独添加细化剂可将形核温度提高 4～5℃，而单独添加 Sr 基变质剂则会使共晶温度降低约 7～8℃。换言之，如果两种添加剂在复合添加案例中与单独添加案例表现为相同的方式，那么凝固区间应增加 11～13℃。图 6.80 显示了由于复合添加导致的 ΔT_{α}。

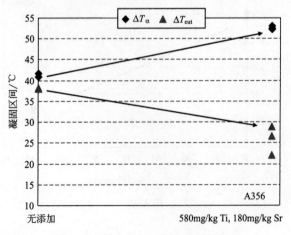

图 6.80　复合添加对凝固区间的影响

和 ΔT_{eut} 的变化。复合添加使 ΔT_{α} 增大了超过 12℃，并将 ΔT_{eut} 降低了几乎相同的量。尽管凝固区间的扩大对于传统铸造来说可能并不重要，甚至是由于其增加了孔隙的发生而成为缺点，但对于 SSM 工艺来说，这确是非常重要的。而且，凝固区间的扩大也减缓了定向凝固，这又是对 SSM 工艺的一个积极效应。

② 组织分析。

图 6.81 中的光学显微照片显示了复合处理引起的显微组织变化。通过添加细化剂，液体中的有效形核剂增多，导致 α-Al 形核温度升高。当系统中存在高密度的形核剂时，核之间的平均自由程变小，因此晶粒生长受到限制。此外，由于高密度形核剂的存在，热流向多方向发展。这种凝固条件最终导致一些球状初生相颗粒的形成。

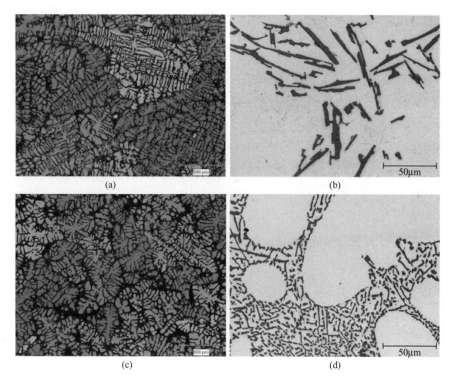

图 6.81　复合处理影响的显微照片：(a)、(b) 不添加；
(c)，(d) 580mg/kg Ti，98mg/kg B，140mg/kg Sr

图 6.82 显示了平均晶粒尺寸、α-Al 形核温度和再辉时间之间的相关性。通过复合添加，晶粒尺寸比单独细化时得到更有效的降低，最终晶粒尺寸约为 520μm（降低了 56%，相比单独细化为 33%）。看起来，复合添加效果相比细化剂单独添加具有更好的细化作用（图 6.25）。这一结论可以通过比较复合处理（-0.5～-0.1）和单一处理（-1.0～-0.5）的再辉值得出。已经确定，再辉量级越小，晶粒细化剂越有效。有趣的是，通过测量液相过冷时间 t_{Rec}，观察到这个时间通过细化剂的添加而降低。小的 t_{Rec} 值表示在凝固开始时晶核没有较长的非稳定生长期。换句话说，较大的 t_{Rec} 值与较大的非稳定生长概率相关，而较大的非稳定生长概率将导致较大枝晶的形成。这与图 6.81 所示的显微照片一致。

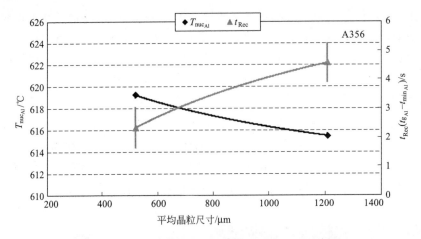

图 6.82　平均晶粒尺寸与热分析参数之间的关系[63]

（2）半固态加工

① 组织分析。

图 6.83 中的光学显微照片显示了复合处理的影响。通过球体尺寸的减小和更多的初生颗粒表明发生了明显的孕育作用，而通过高放大倍数下硅颗粒从层状（片状）到纤维状的形态变化，则表明发生了变质作用。

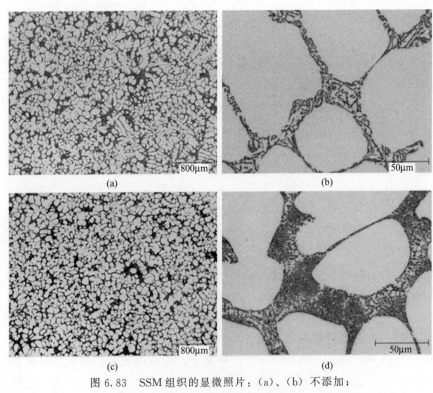

图 6.83　SSM 组织的显微照片：（a）、（b）不添加；
（c）、（d）580mg/kg Ti，98mg/kg B，140mg/kg Sr

通过搅拌和强制流动、对流，初生枝晶被迫通过碎裂或根部重熔机制（3.2.1 节）破碎，或者通过塑性弯曲而最终形成"狭促枝晶"的形状。图 6.84 证实，个别小球其实是一个狭促枝晶的一部分，只不过在金相截面上显示为球体。为了确定球体是独立的晶粒抑或是较大狭促 α-Al 相的片段，偏振光显微镜是一个合适的工具。

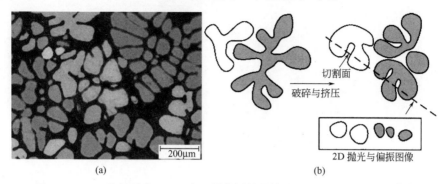

(a)　　　　　　　　　　　(b)

图 6.84　（a）偏振照片；（b）由于搅拌树枝晶转变为狭促枝晶的示意图[63]

② 图像分析。

正如前面章节所讨论的那样，SSM 坯共晶组织的尺度太细小，以致光学定量金相学不适用于共晶硅。因此，图 6.85 所示结果仅集中在初生 α-Al 相上。

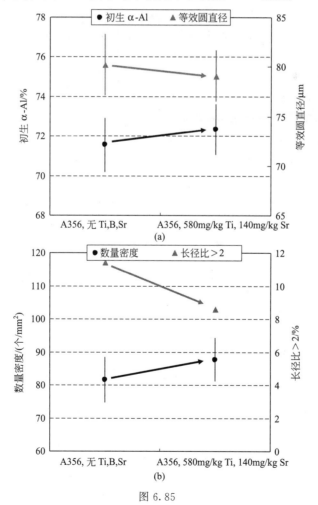

图 6.85

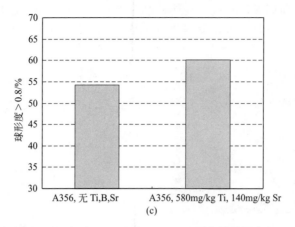

图 6.85　图像分析结果：(a) 初生 α-Al 百分比和 α-Al 颗粒等效圆直径；(b) 长径比>2 的
α-Al 颗粒的数量密度和百分比；(c) 球形度>0.8 的颗粒的百分比（复制于文献 [63]）

由于来自精炼剂的有效形核核心数量较高 [图 6.85(a)]，初生 α-Al 百分比略有增加。
已经表明，复合处理使 α-Al 凝固区间增大了 11~13℃。针对单一变质，初生 α-Al 颗粒的
数量保持不变，但 α-Al 含量升高，因此其等效圆直径有所增大（6.2.2 节）。而复合处理
的情况并非如此，此时等效圆直径稍有减小，但是数量变化却更明显 [图 6.85(b)]。这
归因于晶粒细化效应，使形核温度升高，并使单位体积内形核核心增多。由于这种复合处
理，数量众多的核心弥补了凝固区间的扩大。此外，长径比>2 的 α-Al 颗粒的百分比也
有所降低。这个发现加上图 6.85(c) 所示的球形度的增大表明了球化作用的改善。

6.2.3.2　A356 合金中添加 B 和 Sr

在 6.2.1.3 节和 6.2.2 节中，分别报道了硼和锶的最佳添加量。基于这些发现而选定
了化学成分，并列于表 6.10 中（中间合金为 Al5B 和 Al10Sr）。

表 6.10　处理前、后 A356 合金的化学分析　　　单位：%（质量分数）

合金	Si	Mg	Fe	Mn	Cu	Ti	B	P	Sr	Al
基础合金	6.66	0.4	0.07	0.002	0.001	0.0057	0.0001	0.0003	0.000	余量
处理合金	6.6~6.8	0.38~0.4	≤0.07	≤0.003	≤0.001	≤0.004	0.02	0.0003	0.01~0.014	余量

(1) 传统铸造

① 热分析。

复合添加有效地减少了液体中的再辉，并且由于含有锶而降低了共晶反应温度（图
6.86）。进一步分析冷却曲线而得到的热数据结果绘制于图 6.87 中。在未处理合金中，再
辉温度约为 2℃，初生相的形核和生长温度约为 615~616℃。而在复合处理合金中，形核
和生长温度都升高，而再辉温度降低。在共晶反应区，Sr 变质导致共晶形核温度降低、
共晶再辉温度升高。

将结果与单一 B 添加进行比较表明，初生 α-Al 颗粒的形核和生长温度的升高比 B 处
理合金略高，并且复合处理的再辉时间不能达到零。这是 B-Sr 处理合金中晶粒尺寸较大
的一个指示，这将在后面论述。从变质角度来看，Sr 降低了共晶形核温度和最高共晶温

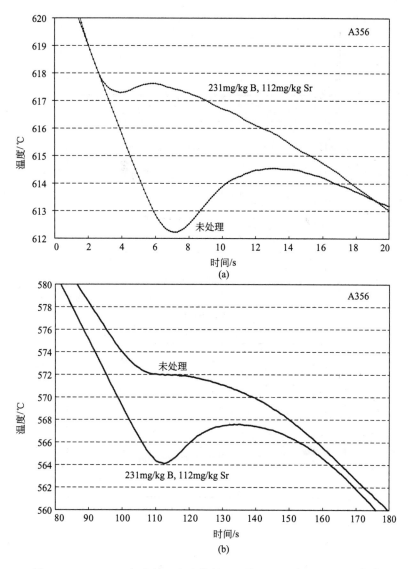

图 6.86　（a）B-Sr 复合处理合金的凝固开始；（b）共晶反应温度[64]

度，从而增大了 α-Al 的凝固区间。

　　图 6.88 显示了复合添加对凝固区间的影响。如 6.2.1.3 节中所印证，硼是最有效的细化剂，可使 $T_{nuc_{Al}}$ 改变高达约 8℃。另一方面，Sr 与 B 发生反应，其结果是作为细化剂/变质剂的 Sr 和 B 的总体百分比降低，因此不如单独添加时有效。Sr 和 B 可发生如下反应生成 SrB_6 化合物：

$$Sr + 6B \longrightarrow SrB_6 \tag{6.6}$$

　　该反应表明每个锶原子可以与六个硼原子反应并形成 SrB_6 化合物。由错配度可判断，SrB_6 和 TiB_2 都可以作为形核剂，然而化合物中的硼消耗量是关键参数之一。这意味着与 SrB_6 相比，AlB_2 消耗更少量的硼，并且考虑到硼的量恒定不变，因此在 AlB_2 的情况下形核剂颗粒的密度要高得多，因为该化合物中复合的硼原子数较少。因此，通过增加有效形核剂的数量，增大了形成细晶粒的可能性。

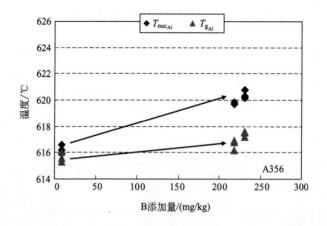

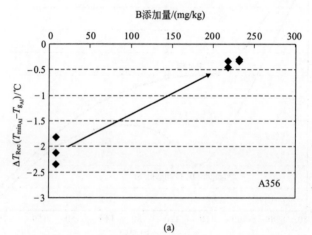

(a)

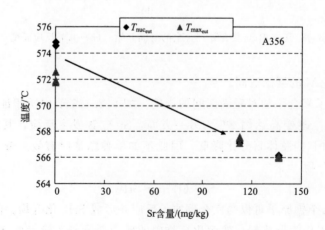

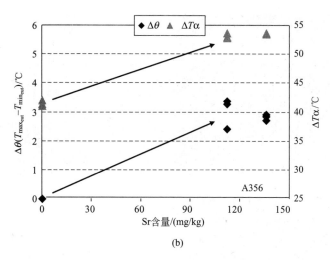

(b)

图 6.87　（a）由细化剂引起的 $T_{nuc_{Al}}$、$T_{g_{Al}}$ 和 ΔT_{Rec} 的变化；
（b）由变质剂引起的 $T_{nuc_{eut}}$、$T_{max_{eut}}$、$\Delta\theta$ 和 ΔT_{α} 的变化[64]

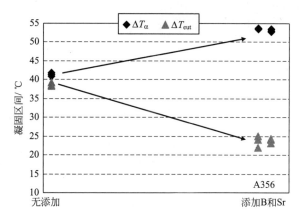

图 6.88　复合添加对凝固区间的影响[64]

② 组织分析。

图 6.89 显示了由于复合添加 B 和 Sr 引起的显微组织转变。显微组织明显细化，形成了较小的等轴晶粒。这归因于分散在液体中的大量形核剂以诱发形核，并且发生多方向生长以最终形成等轴晶组织。通过形成 SrB_6 化合物减少了液体中的游离 Sr 原子，剩余的 Sr 原子不足以将共晶硅的片状形态改变为纤维状，如图 6.89(c)、(d) 所示。

晶粒大小、$T_{nuc_{Al}}$ 和 t_{Rec} 之间的相关性如图 6.90 所示，其中晶粒尺寸从约 $1200\mu m$ 减小到约 $400\mu m$，伴随着 α-Al 颗粒的形核温度升高了 3℃。与添加 Ti 和 B 相比，Sr 和 B 的复合添加导致了更小的晶粒尺寸（图 6.82），但达不到单独添加 B 的程度（图 6.40）。在单独添加 B 的情况下，晶粒尺寸最小值仅约 $300\mu m$。共添加 Sr、B 导致 SrB_6 颗粒的形成，与 AlB_2 颗粒相比消耗了更多的 B 原子；而在单独 B 处理熔体中，AlB_2 颗粒作为形核剂负责晶粒细化。因此，复合添加 Sr、B 导致的晶粒尺寸最小值大于单独 B 添加。参数 t_{Rec} 的降低指示在

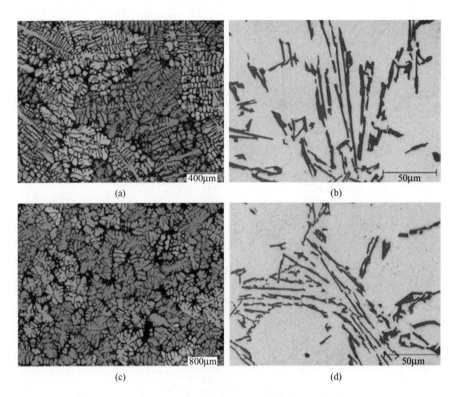

图 6.89 复合熔体处理影响的显微照片：（a）、（b）不添加；
（c）、（d）231mg/kg B，112mg/kg Sr

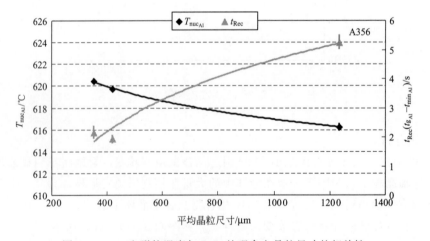

图 6.90 t_{Rec} 和形核温度与 B-Sr 处理合金晶粒尺寸的相关性

初始凝固阶段初生相颗粒的非稳态生长速率较低。然而，比较复合添加 Sr、B 和单独添加 B 的结果证实，对于复合添加而言 t_{Rec} 不能接近零，因此不如单独添加 B 有效。

Sr 和 B 之间有很强的亲和力，因此它们可以立即反应并生成 SrB_6。本该用于细化目的的大部分 B 原子却被消耗掉形成该化合物，结果是细化变得不那么有效。同时，Sr 也从熔体中被移除，因此可用于变质的 Sr 也较少。其结果是部分细化和变质。图 6.91 显示了不同添加水平下共晶区内的硼基金属间化合物。

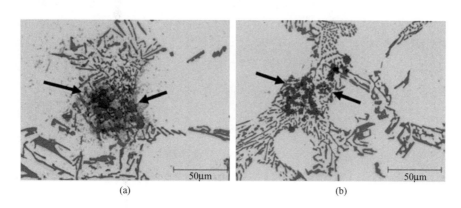

图 6.91　金属间化合物的形成和凝聚：
(a) 231mg/kg B，112mg/kg Sr；(b) 218mg/kg B，136mg/kg Sr[64]

（2）半固态加工

① 组织分析。

图 6.92 光学显微照片显示了用 B 和 Sr 进行复合熔体处理的影响。添加孕育剂意味着在体系中具有更多的形核剂，并且考虑到图 6.87(a) 所示更高的 $T_{\mathrm{nuc_{Al}}}$，α-Al 颗粒的含量预期将会提升。Sr 的添加通过降低共晶温度和扩大凝固区间，可增加初生相的含量。这

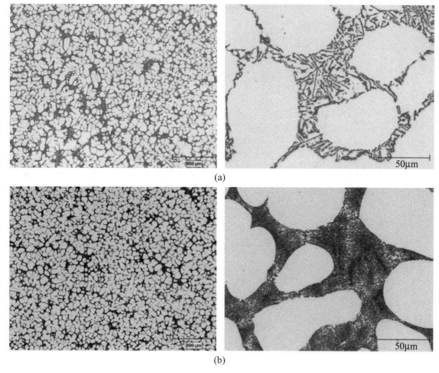

图 6.92　复合处理影响的光学显微照片：(a) 不添加；(b) 218mg/kg B；136mg/kg Sr[64]

种定性评论将会得到之后定量分析的支持。

　　球状晶粒的形成以及硅由片状向纤维状的形貌演变体现了变质的效果（图 6.92）。其中，共晶硅的演变并不均匀，形貌多呈现为片状与纤维状的混合结构。但若将图 6.92 与图 6.89 进行比较，便会发现问题，即为什么 SSM 铸坯中硅的形貌会发生变化。解释这一问题，需要考虑两种不同的影响因素。SSM 坯料淬火过程中较高冷却速率会导致片状硅的尺寸有所减小。从动力学观点来看，该体系中 Sr、B 之间的反应程度依赖于反应时间。常规的空冷样品中，Sr 和 B 在主共晶反应之前有着足够的时间反应生成 SrB_6，剩余的 Sr 并不足以引发片状硅的形貌变化。而当坯料由 598℃ 淬火时，情况则不同。Sr 和 B(SrB_6) 反应的时间缩短，因此体系中未参与反应的 Sr 剩余更多。

　　由于 Sr 和 B 具有较高的亲和力，二者组合添加的缺点在于共晶区域中会有金属间化合物形成。图 6.93 显示了坯料中典型的颗粒团聚情况。通过电子微探针分析可以确认，这些颗粒的化学计量为 SrB_6。

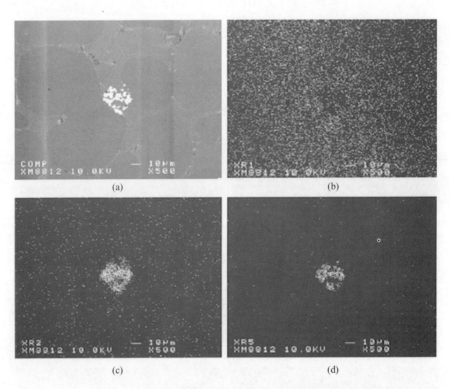

图 6.93　（a）颗粒聚集区域的背散射电子显微图像以及 X 射线图；
（b）Al；（c）B；（d）Sr（含 B 231mg/kg、Sr 112mg/kg 的 SEED 样品）[64]

　　我们在淬火后的坯料中搜索了 α-Al 初晶颗粒的形核质点。图 6.94 中背散射电子显微图像和相应的 X 射线图可以证实，形核剂是由 Sr、B、Ti 元素组成的颗粒。

　　图 6.95 为选定的深度腐蚀样品的 SEM（二次电子）显微照片。与传统的铸造样品相比，复合变质处理样品中有更加明显的细化和纤维状结构。随着变质剂的添加，硅由片状结构向纤维状转变，并且呈现出海藻状结构，但这些结构形貌在样品中的分布并不均匀，一些片状结构依然可见。

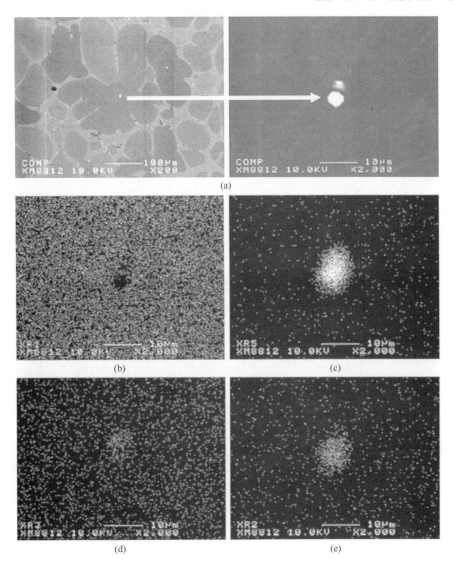

图 6.94　（a）含有 B 231mg/kg 的样品中晶核的背散射显微图像
以及相应的 X 射线图；（b）Al；（c）Sr；（d）Ti；（e）B[64]

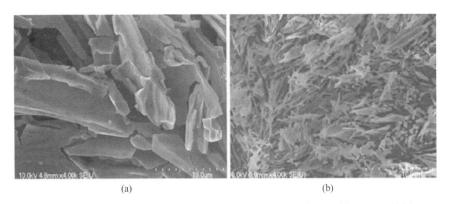

图 6.95　SEM 二次电子（SE）显微照片，在 10％ HF 中深蚀刻：（a）无添加；
（b）添加 B 218mg/kg、Sr 136mg/kg[64]

② 图像分析。

图 6.96 为图像处理的结果。如上所述，随着形核质点的增多，α-Al 初晶的百分含量增加。这得益于以下两个方面的因素，即 B 的添加使凝固温度上升，Sr 的添加使共晶反应减少。通过不同的参数变化，例如球状晶粒直径、长径比＞2 的 α-Al 颗粒百分比、面积/周长比的减小以及颗粒数量密度的增大，可以反映出球状晶粒尺寸的减小。此外，球形度＞0.8 的颗粒百分比增加，这意味着晶粒具有了更高的球形度。

6.2.4　流变特性

6.2.4.1　A356 合金的流变学研究——添加 Ti、B、Sr

我们对 A356 合金开展了一定量的流变实验研究。其中，细化剂和/或变质剂选用 Al5Ti1B 和 Al10Sr 中间合金，添加量则参照了本章前面小节中所提出的最佳配比。最终的化学成分列于表 6.11 中。

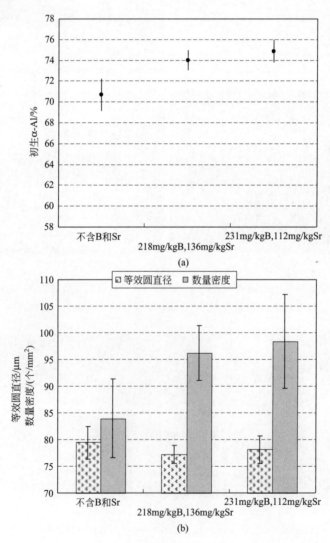

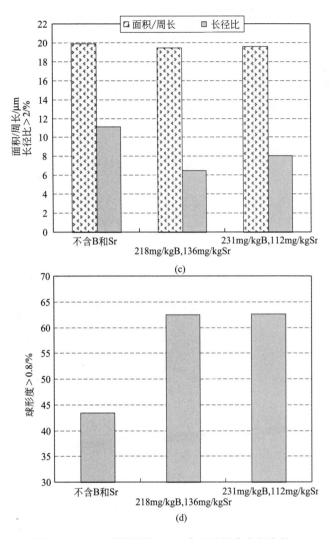

图 6.96 B-Sr 变质处理 A356 合金的图像分析参数：
（a）α-Al 初晶百分比；（b）α-Al 球状晶粒直径与数量密度；
（c）面积/周长比与长径比＞2 的 α-Al 颗粒百分比；
（d）球形度＞0.8 的颗粒百分比[64]

表 6.11 熔体的化学成分分析   单位：% （质量分数）

合金	Si	Mg	Fe	Mn	Cu	Ti	B	Sr	Al
未处理						0.0058	无	无	
细化处理	6.5～ 6.75	0.36～ 0.4	0.07～ 0.08	0.002～ 0.003	0.001	0.06～0.07	0.010～0.014	无	余量
变质处理						0.0058	无	0.017～0.018	
复合处理						0.06～0.07	0.010～0.014	0.015～0.018	

图 6.97 中的光学显微图像显示了变形前、后未处理坯料和处理后坯料的显微组织演变 ［整个试样在水中淬火，淬火温度为（59±2)℃］。第一行的显微图像 ［图 6.97(a)～

（c）] 为铸造结束时和即将进行流变实验之前坯料的结构。第二行 ［图 6.97(d)～(f)］则是同一坯料经过等温加热和抗压实验（598℃，10min）后的结构。其中，保温导致坯料结构发生了一定程度的粗化。这种粗化的现象是可以预期的，原因在于坯料在压力下保持等温状态不仅会促使颗粒之间产生更好的接触，还会改善颗粒与液体之间的润湿性。换言之，保温过程有利于组分发生扩散与输运，这是粗化的先决条件。而变形坯料中细小颗粒的消失则表明奥氏熟化是粗化的主导机制。

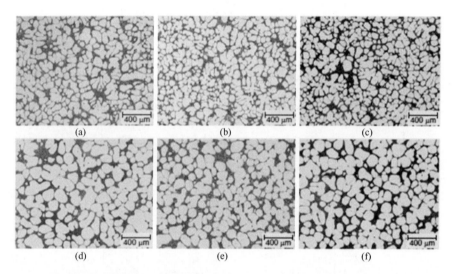

图 6.97　淬火样品的微观组织演变 （a）～（c）：（a） 未处理合金，（b） 晶粒细化处理
（含 Ti 620mg/kg、B 110mg/kg），（c） 复合处理 （含 Ti 610mg/kg、B 100mg/kg、Sr 160mg/kg）；
恒温等压处理后的样品 （d）～（f）：（d） 样品 "（a）"，（e） 样品 "（b）"，（f） 样品 "（c）"[65]

（1） 应变-时间图

应变-时间曲线如图 6.98(a) 所示，该曲线反映出三个典型的形变阶段[65]。

① 阶段Ⅰ，不稳定状态，坯料的流动几乎不受外加压力的影响。该形变行为表明初生 α-Al 的移动相对容易，原因在于残余液体内的初生 α-Al 在移动过程中不会发生明显的碰撞。该阶段区域的范围取决于颗粒尺寸和外加压力。颗粒尺寸越小或外加压力越高时，该阶段区域越大。

② 阶段Ⅱ，不稳定状态，固体颗粒的碰撞和 α-Al 的聚集会使坯料的流动受到一定程度的阻力。其中，由 α-Al 团聚所形成的结块是坯料中的抗流动组分。

阶段Ⅰ和阶段Ⅱ中，α-Al 的聚集导致图中曲线斜率随时间的变化显著。因此也可以认定，阶段Ⅰ和阶段Ⅱ为非稳态。这也是将图 6.98(a) 中前两个区域归类为不稳定状态的原因。

③ 阶段Ⅲ，准稳定状态，曲线的斜率可近似为常数，坯料的形变行为相对稳定。可以认为，该阶段内固液混合物的形变行为呈现出一种单相的状态，即 "糊状物"。"糊状物"中，α-Al 的聚集和解聚过程达到了一种准稳态的平衡。

图 6.98(b) 展示了不同的熔体处理工艺对 SSM 坯料形变行为的影响。由 α-Al 颗粒

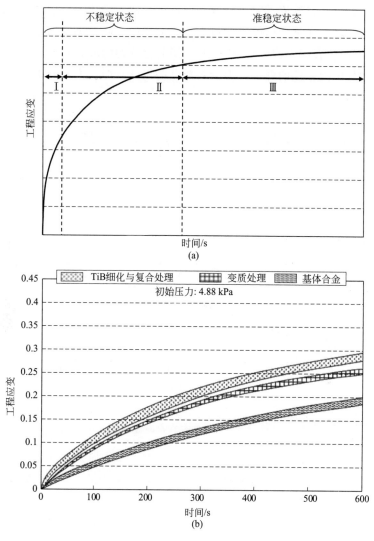

图 6.98　（a）平行板压缩实验中不同形变阶段的应变-时间曲线；
（b）不同熔体处理工艺所对应的应变-时间曲线[65]

尺寸和分布状态所导致的坯料变形能力变化在图中清晰可见。未处理合金（基体合金）具有最低的应变值。如前面章节所述，细化处理和复合处理的合金中球状晶粒的尺寸较小，因而形变范围也更大。需要强调的是，晶粒细化处理和复合处理坯料的流动特性几乎相同，仅有一个形变带出现。

对于成形的工程构件，其机械性能不仅取决于 α-Al 初晶相，还要受到硅形貌的影响。因此，为了获得更好的充型效果与机械性能，对熔体的处理应优先选择复合处理工艺。此外，变质处理合金的相关性能介于细化处理/复合处理合金和基体合金之间。

为了更好地理解形变过程中的颗粒尺寸效应，图 6.99 展示了过度细化处理坯料的应变-时间曲线。过度细化定义为孕育剂的添加量超过了其最佳配比（约 0.06%～0.08% Ti、0.01%～0.02% B）。过量添加的后果是，淬火坯料中 α-Al 初晶颗粒的平均直径减小约 5%，数量密度增大约 20%（6.2.1.2 节）。如图 6.99 所示，由于 α-Al 初晶颗粒的尺寸较小，过度细化处理坯料的流动阻力较低。因此，相比于细化剂添加量符合最佳比例的坯料，过度细化处理坯料在整个压缩实验过程中的形变量更高。过度细化处理的弊端是坯料中会有 Ti 基金属间化合物生成。尽管 Ti 基金属间化合物的形成并未导致过度细化处理坯料在流变实验过程中流动性的降低，但会对成品的机械性能产生不利影响，即可能成为成品中潜在的裂纹源。

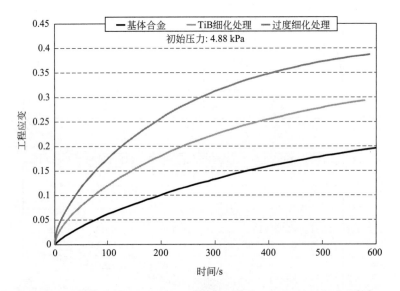

图 6.99　未处理、细化处理和过度细化处理合金的应变-时间曲线[65]

为了确认图 6.99 中应变-时间曲线的可靠性，图 6.100 通过光学显微照片对比了基体合金与细化处理、过度细化处理坯料的变形能力。在测试之前，三种坯料的原始高度和直径相同。高度的减小显示出坯料在恒定外压下的流动性。另一方面，三种坯料的宽度差异很小，这是在对复合处理坯料纵向切割时，切割面偏离了坯料中心造成的。

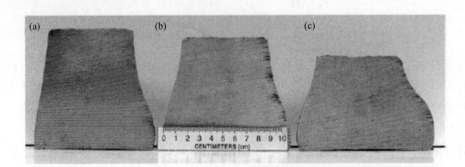

图 6.100　4.88kPa 压力下的变形坯料：（a）基体合金；（b）细化处理合金；（c）过度细化处理合金[65]

细化处理坯料的流动特性更好要归因于 α-Al 初晶颗粒尺寸的减小和较低的枝晶搭接点（DCP）。据报道，传统铸造合金经过细化和变质处理可以将 DCP 降低到较低的温度，并由此减少对液体质量流量的限制[66]。对于 SSM 合金，庞大的且在空间中扩展的枝晶已不能代表其主要的形貌特征，形成三维互连固态网络的趋势也有所削弱。细化处理合金中含有的 α-Al 初晶颗粒更为细小且球形度更高，其固液界面面积也更大。固体颗粒间的液膜对颗粒的相对滑移有促进作用。颗粒越细小，界面面积越大，对颗粒滑移的促进作用越为明显。可以期望，细化处理合金中 α-Al 初晶颗粒更容易产生滑移。从颗粒之间的接触情况来看，较小的颗粒尺寸意味着颗粒间的接触面积更大，外压也可以在颗粒间得到更好的传递，导致颗粒更容易发生移动且流动性更好。另一方面，相比于粗大颗粒，将细小颗粒堆积到一起所需的能量也更小。

对于 Sr 变质的情况，导致 SSM 坯料流动特性得到改善的因素在于残余液体表面张力的降低及其较低的 DCP。据报道，Sr 能够降低熔体的表面张力[61,62]，并进一步降低液体黏度，从而使 SSM 坯料具有更好的流动性。此外，表面张力的降低还可以改善残余液体对 α-Al 初晶颗粒的润湿性，即残余液体与 α-Al 初晶之间接触增多。

（2）黏度

图 6.101 中呈现的结果是基于准稳态形变阶段中坯料高度随时间的变化关系计算得到的。该计算中，选取每次压缩实验开始后约 200~600s 为准稳态形变阶段 [图 6.98(a)]，并将准稳态形变阶段的半固态坯料假设为牛顿流体。

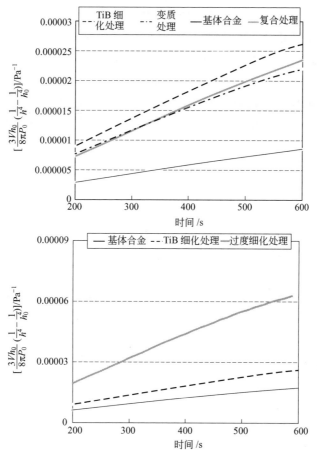

图 6.101　式(4.30)（第 4 章）的准稳态形变阶段计算结果随时间的变化
（以此可计算黏度，准稳态形变阶段选取每次压缩实验开始后的约 200~600s）[65]

根据 4.2 节所列公式并通过拟合图 6.101 中各曲线的反斜率，即可计算得到相应的黏度值，结果列于表 6.12 中。由于球状初晶颗粒的固相分数和剪切速率相差不大（参见图 4.16），表 6.12 中的计算结果与 Sn-15％Pb[67]、A356 半固态合金[68,69] 以及 Al-SiC 复合半固态合金[70] 的黏度相近。该系列实验的工作温度为（598±2）℃。根据热分析和 ThermoCalc 计算结果，固相分数的变化至多为 5％。在 SSM 加工过程中，5％ 的固相分数变化属正常范围之内，不会对黏度测量造成明显的影响。此外，目前对 A356 合金的研究较为成熟。由于其凝固区间广，固相分数对微小温度变化的敏感度较低。本研究中，半固态处理窗口较窄 [（598±2）℃]，这一现象也尤为明显。

表 6.12　不同处理工艺对应的黏度值[65]

合金	基体合金	Ti-B 细化处理	变质处理	复合处理	过度细化处理
$\log[\eta(\text{Pa}\cdot\text{s})]$	8.0～8.1	7.38～7.4	7.39	7.3～7.4	7

之前的研究工作大多采用的是 $h \ll R$（h 为坯料高度，R 为坯料半径）的小型样品。当前结果与基于 $h \ll R$ 小型样品的研究结果接近。这表明当所有的测量结果均取自具有最大径向形变的区域时，测量的样品便无须遵从 $h \ll R$ 这一标准。也就是说，不需要调整坯料大小即可得到相对可靠的测量结果。这对于工业应用有着十分重要的意义。可以进一步建议，在铸造车间的实际生产中，坯料的平行板压缩实验可以用来对流变铸造原料进行在线质量检测[71]。

无论是通过添加细化剂，还是利用 Sr 降低表面张力来减小 α-Al 初晶相尺寸，均会导致黏度值的降低。在初始外压比较低的情况下，未经细化处理的合金黏度要高于细化处理合金。通常在某一特定的合金中，初晶颗粒的百分比越高，黏度值越大，这与较大颗粒之间可作为润滑剂的液体百分比较少有关。经过孕育处理后，作为关键参数的颗粒尺寸减小，球形度则增大。因此，在熔体处理过程中，影响黏度的主要因素是初晶的尺寸和球形度，而不是轻微增加的 α-Al 百分比。

（3）液相偏聚

如 4.2 节所述，坯料被单向压缩。在压缩的初始阶段，顶板沿垂直方向快速下降，并引发坯料中液体的侧向移动。同时，固相颗粒受到挤压，并在坯料中心位置处发生碰撞而形成聚集颗粒。液相偏聚区的大小取决于形变率、形变速率、温度、颗粒尺寸及形貌[70]。

4.88kPa 压力下变形坯料中心、中部及壁部截面的显微照片如图 6.102 所示（选取不同位置拍摄显微照片以供比较）。无论采用何种熔体处理工艺，中心区域的微观结构始终是均匀的。正如预期的那样，由于残余液体在外加压力作用下会发生侧向移动，共晶液体（深色区域）主要堆积在靠近坯料壁部的区域。对于高压铸造，外加压力较大。在注入半固态坯料的过程中，这一现象也将更为显著[72]。由此可以知道，残余液体和 α-Al 初晶颗粒在密度与流动性上的差异导致了液相偏聚区的形成。

在未处理的基体合金以及变质和细化处理的样品中，液相在靠近坯料壁部的外层形成了一定程度的偏聚。而在复合处理和过度细化处理的样品中，液相的偏聚行为并不明显。这可能是因为在后两种样品中，更为细化且球形度更高的 α-Al 初晶颗粒具有更好的分布状态。具体来讲，细化的 α-Al 固相颗粒在随液体的移动过程中不会发生过多的碰撞，同时颗粒的细化也使 α-Al 初晶相的分布呈现出均匀的状态。如图 6.102 所示，复合处理坯料中几乎不存在液相偏聚的现象，这证实了以上的推测。

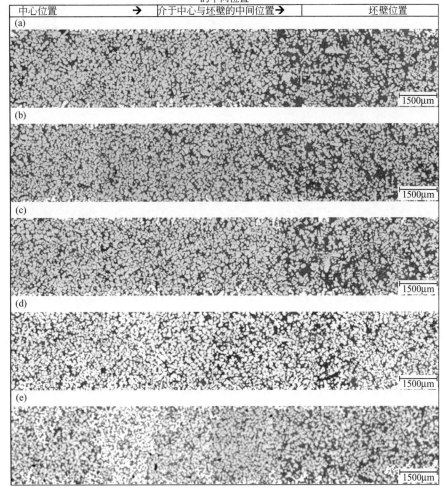

图 6.102　变形 SSM 坯料中心到壁部的微观组织：（a）未处理合金；（b）细化处理合金；
（c）变质处理合金；（d）复合处理合金；（e）过度细化处理合金[65]

6.2.4.2　A356 合金的流变学研究——添加 B、Sr

最佳添加配比如 6.2.3.2 节所述，最终的化学成分列于表 6.13 中。

表 6.13　A356 合金的化学成分分析　　　　　单位：%（质量分数）

合金	Si	Mg	Fe	Mn	Cu	Ti	B	Sr	Al
未处理	6.5~6.75	0.36~0.4	≤0.08	≤0.003	≤0.001	≤0.0058	无	无	余量
细化处理							0.02~0.03	无	
复合处理							0.02~0.03	0.012~0.016	

图 6.103 显示了未处理、B 处理、B-Sr 处理合金的结构演变。6.2.1.3 节中曾提到，B 是一种高效的细化剂（增强性能）。B 的加入导致初晶颗粒的平均直径减小约 5％，数量密度增大约 18％～23％。如图 6.103(b) 所示，结构中尺寸较小且球形度更高的 α-Al 初晶颗粒总量较多。

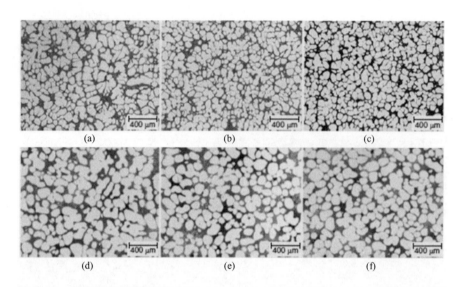

图 6.103　淬火样品的微观组织演变 (a)～(c)：(a) 未处理合金，(b) 晶粒细化处理（含 B 225mg/kg），(c) 复合处理（含 B 230mg/kg、Sr 112mg/kg）；恒温等压处理后的样品 (d)～(f)：(d) 样品"(a)"，(e)样品"(b)"，(f)样品"(c)"[64]

可以预期，经过 B-Sr 处理后，共晶硅的形貌将演变为纤维状。但就像 6.2.3.2 节中讨论的一样，这种演变在整个坯料中并不是均匀且连续发生的。这意味着坯料中同时存在着完全变质与未完全变质的部分，如图 6.104(b) 所示。

通过保温，坯料中出现了明显的液体（共晶）滞留现象，这在触变成形中很常见。也就是说，α-Al 颗粒的粗化与尺寸的增大，以及 α-Al 初晶颗粒的聚集（即赝烧结初晶颗粒），导致液体被封装起来并最终形成滞留区域（该液体在随后的淬火过程中转变为共晶混合物）。而外力作用下颗粒的聚集也可能促使液体滞留过程发生，如图 6.105 所示。

(1) 应变-时间图

图 6.106 中的结果可反映细化和复合处理浆料的成形性。B 是一种高效的细化剂。对应于 B 细化处理浆料，B 处理合金的形变较大，而且在应变-时间图中的任意时刻下，其应变均为三者中的最大值。正如在 6.2.1.3 节所讨论的，由于 AlB_2 颗粒的出现以及 B 在 Al 基体中的溶解，含 B 中间合金能够起到有效细化的作用。未处理合金的整体形变与应变速率均为最低。由此也可以知道，B 处理合金形变最大且应变速率最高要归因于 B 的孕育作用。复合处理合金所对应的曲线则位于二者之间，说明 SrB_6 的形成导致了 B 的损失。剩余的 B 并不足以有效地减小颗粒尺寸，因此复合处理合金的形变较小。复合处理的另一缺点在于，共晶硅的结构是不均匀的，且这种不均匀结构不利于机械性能的均一性。此外，图 6.107(b) 也很清楚地展现了 B 处理坯料较好的变形能力。

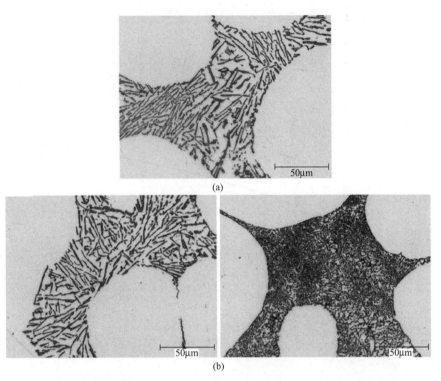

图 6.104　Sr 的添加对变形坯料的影响：
（a）含 B 288mg/kg；（b）含 B 313mg/kg、Sr 160mg/kg[64]

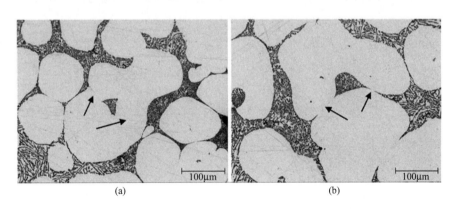

图 6.105　光学显微图像中的滞留液体：（a）含 B 288mg/kg 的细化处理坯料；
（b）含 B 313mg/kg、Sr 160mg/kg 的细化处理坯料（箭头指向烧结点）[64]

（2）黏度

如 6.2.4 节所述，SSM 坯料的黏度是基于图 6.106 中的准稳态区域（约 200～600s）计算得到的（图 6.108）。计算的黏度值在表 6.14 中给出。B 细化处理样品对应了黏度对数的最小值。在半固态铸造过程中，黏度值越小，随后的注射充型效果也越好。

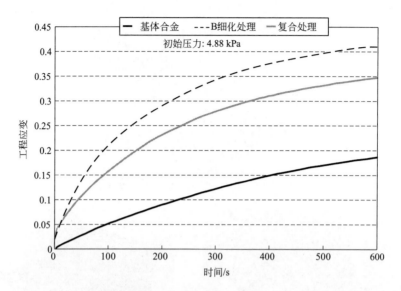

图 6.106　B 处理和 B-Sr 处理合金的应变-时间曲线[64]

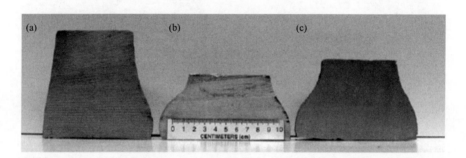

图 6.107　4.88kPa 压力下的变形坯料：（a）基体合金；（b）B 细化处理合金；（c）复合处理合金[64]

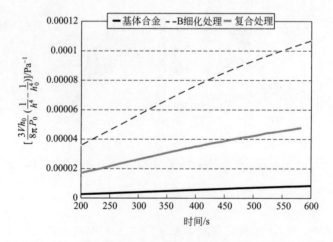

图 6.108　式（4.30）（第 4 章）的准稳态阶段计算结果随时间的变化（以此可计算黏度）

表 6.14　细化和复合处理对应的黏度值

合金	基体合金	B 细化处理	复合处理
$\log[\eta(\text{Pa} \cdot \text{s})]$	8.0~8.1	6.6~6.7	7.1~7.3

（3）液相偏聚

伴随形变过程，液体发生侧向移动并出现了偏聚的现象。这是一种组合效应，根源在于由外压引发的液体逸出以及液体自发向坯料低端的迁移，即"象足缺陷"[73]。将图 6.109(b) 与图 6.102(b)（Ti-B 中间合金的添加量达到最佳配比）作对比，可以得出结论，B 细化处理后颗粒的尺寸更小，初晶颗粒分布状态得到改善且坯料的流动性增强，液相偏聚的现象也因此而消失。

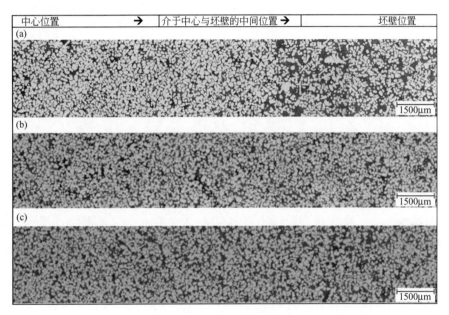

图 6.109　变形 SSM 坯料中心到壁部的微观组织：（a）未处理合金；
（b）细化处理合金；（c）复合处理合金[64]

6.2.4.3　商用 356 合金的流变学研究——添加 Ti、B 和 Sr

寻找合金结构演变与形变能力之间的相关性是本章主要关注的问题。本节对商用合金进行了比较，参与比较的商用合金原始铸锭中均含 Ti。最佳添加配比如 6.2.1.4 节所述，最终的化学成分列于表 6.15 中。

表 6.15　商用 356 合金的化学成分分析　　　单位：%（质量分数）

合金	Si	Mg	Fe	Mn	Cu	Ti	B	Sr	Al
未处理						0.09~0.1	无	无	
细化处理	7.0~	0.35~	0.07~			0.12~0.13	0.006	无	
变质处理	7.2	0.36	0.08	0.012	0.002	0.09~0.1	无	0.015~0.017	余量
复合处理						0.12~0.13	0.006	0.011~0.012	

由于合金中预先含有 Ti，熔体生长限制因子（GRF，6.2.1.4 节）较高，从而在一定程度上限制了枝晶的生长。图 6.110 显示了由细化处理和复合处理引发的微观组织演变。

细化处理使 α-Al 初晶百分比和数量密度均略有增大。但由于商用合金中原有 Ti 的含量可能会导致细化剂效果的弱化,因此与实验室制备的 A356 合金(Ti 仅为痕量元素)相比,商用 356 合金中这些量的增加并不显著。图 6.110(d)~(f) 则显示了等温压缩实验中的粗化效应。可以清楚地看到,通过在(598±2)℃下保温,颗粒不仅生长变大,且 α-Al 初晶颗粒之间的接触增多。较高温度下的压缩载荷和扩散是接触面积增大的原因。

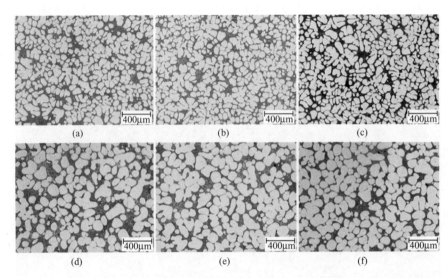

图 6.110　356 合金淬火样品的微观组织演变 (a)~(c):(a) 基体合金,(b) 晶粒细化处理(含 B 225mg/kg),(c) 复合处理(含 B 230mg/kg、Sr 112mg/kg);恒温等压处理后的样品 (d)~(f):(d) 样品"(a)",(e) 样品"(b)",(f) 样品"(c)"[64]

通过变质与复合处理,不仅初晶相的百分比增加,共晶硅的形貌也发生了改变。如图 6.111 所示,Sr 的添加导致共晶硅的形貌由层状向纤维状结构演变。此外,α-Al 初晶颗粒似乎被封闭在了共晶区域之内。

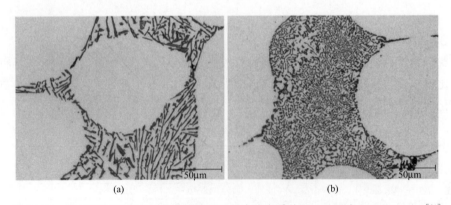

图 6.111　Sr 的添加对变形坯料的影响:(a) 未经变质处理;(b) 含 Sr 164mg/kg[64]

(1) 应变-时间图

图 6.112 反映了不同处理工艺对坯料成形性的影响。与经过 Al5Ti1B 中间合金处理

有关，细化处理合金的应变更大或者说流动性更好。变质处理同样也起到了增大曲线斜率的作用，主要原因在于 Sr 的添加可以降低液体的表面张力[61,62]。而复合处理所对应的曲线则可以看作是细化处理合金应变-时间曲线的下限。

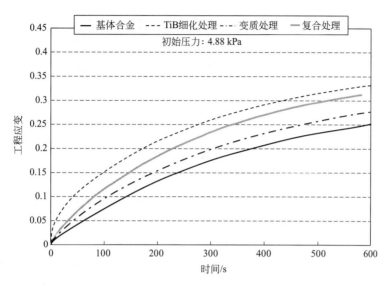

图 6.112　不同处理工艺对应的应变-时间曲线[64]

将此处结果与 A356 合金（图 6.98）比较后可以发现，熔体处理前、后，两种合金体系的应变值随时间的变化趋势几乎一致。然而需要强调的是，单纯就未处理合金而言，商用 356 合金的应变值较高。这与商用 356 合金中预先溶解的 Ti 有关，Ti 具有提高 GRF 值的作用，这一点在 6.2.1.4 节中讨论过。

图 6.113 为 4.88kPa 压力下被压缩坯料的纵向截面。通过对比该压力下各样品的形变程度可以发现，各样品形变程度的变化关系与图 6.112 中应变-时间曲线相符。

图 6.113　4.88kPa 压力下变形坯料纵向截面图（从左到右依次为基体合金、
细化处理合金、变质处理合金、复合处理合金）[64]

（2）黏度

图 6.114 和表 6.16 展示了黏度的测定结果。就同种处理工艺而言，商用 356 合金的黏度低于 A356 合金。这与 Ti 对球状晶粒生长的限制效果直接相关，即通过降低 α-Al 初晶颗粒的生长速率，颗粒变得更小且更容易流动。

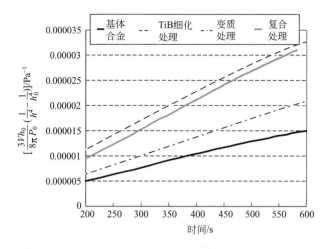

图 6.114　式(4.30)(第 4 章)的准稳态阶段计算结果随时间的变化
(以此可计算黏度,准稳态形变阶段选取每次压缩实验开始后的约 200～600s)

表 6.16　各处理工艺对应的黏度值

合金	基体合金	TiB 细化处理	变质处理	复合处理
$\lg[\eta(\mathrm{Pa \cdot s})]$	7.5～7.55	7.3～7.32	7.39～7.4	7.15～7.22

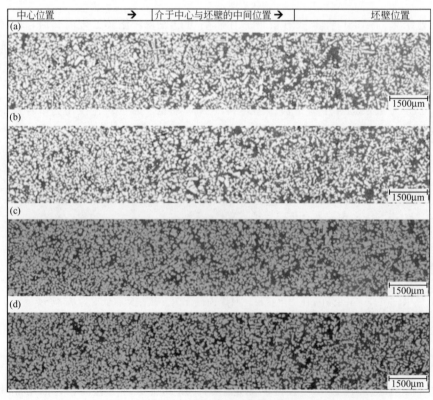

图 6.115　变形 SSM 坯料中心到壁部的微观组织:(a) 基体合金;
(b) 细化处理合金;(c) 变质处理合金;(d) 复合处理合金[64]

（3）液相偏聚

坯料形变区由中心到壁部的微观组织变化如图 6.115 所示。无关于处理工艺，各坯料中心部分的微观组织均几乎未发生变化。通常在变形坯料中，垂直方向上力的施加会导致液体在壁部形成偏聚。对于 A356 与商用 356 基体合金，液相偏聚的产生是不可避免的。经过细化处理后，由于商用 356 合金熔体中预先溶解的 Ti 会弱化细化剂效果，其样品中液体在壁部发生偏聚的现象依然存在。但相比于基体合金，细化处理样品中偏聚液体分布的均一性稍有提升。同样的现象也出现在了变质处理样品中。而在复合处理样品中，液相偏聚现象则有了一定程度的消失。

◆ 参考文献 ◆

1. D.G. McCartney, Grain refining of Aluminum and its alloys using inoculants. Int. Mater. Rev. **34**(5), 247–260 (1989)
2. J.P. Gabathuler, D. Barras, Y. Krahenbuhl, Evaluation of various processes for the production of Billet with thixotropic properties. in *2nd International Conference on Semi-Solid Processing of Alloys and Composites* (MIT, Cambridge, 1992), 33–46
3. G. Wan, T. Witulski, G. Hirt, Thixoforming of Al alloys using modified chemical grain refinement for Billet production. La Metallurgia Italiana **86**, 29–36 (1994)
4. G. Wan, T. Witulski, G. Hirt, Thixoforming of Al alloys using modified chemical grain refinement for Billet production. in *Conference on Aluminum Alloys: New Process Technologies* (Italy, June 1993), 129–141
5. H.P. Mertens, R. Kopp, T. Bremer, D. Neudenberger, G. Hirt, T. Witulski, P. Ward, D.H. Kirkwood, Comparison of different feedstock materials for thixocasting, EUROMAT 97. in *Proceedings of the 5th European Conference on Advanced Materials and Processes and Applications* (1997), 439–444
6. S.C. Bergsma, M.C. Tolle, M.E. Kassner, X. Li, E. Evangelista, Semi-solid thermal transformations of Al-Si alloys and the resulting mechanical properties. Mater. Sci. Eng. **A237**, 24–34 (1997)
7. S.C. Bergsma, Casting, thermal transforming and semi-solid forming aluminum alloys. U.S. Patent 5571346, 5 Nov 1996
8. K. Tahara, H. Tezuka, T. Sato, A. Kamio, Semi-solid solidification in grain refined Al-7%Si-3%Cu alloy. in *6th International Conference on Aluminum Alloys* (1998), 303–308
9. H. Wang, C.J. Davidson, J.A. Taylor, D.H. St. John, Semisolid casting of AlSi7Mg0.35 alloy produced by low-temperature pouring. Mater. Sci. Forum **396–402**, 143–148 (2002)
10. H. Wang, C.J. Davidson, D.H. St. John, Semisolid microstructural evolution of AlSi7Mg alloy during partial remelting. Mater. Sci. Eng. **A368**, 159–167 (2004)
11. H. Wang, Semisolid processing of aluminium alloys. Ph.D. Thesis, The University of Queensland, Australia, Sep 2001
12. Q.Y. Pan, M. Arsenault, D. Apelian, M.M. Makhlouf, SSM processing of AlB2 grain refined Al-Si alloys. AFS Trans. (2004), Paper 04-053
13. Q.Y. Pan, D. Apelian, M.M. Makhlouf, AlB$_2$ grain refined Al-Si alloys: rheocasting/thixocasting applications. in *8th International Conference on Semi-Solid Processing of Alloys and Composites* (Limassol, Cyprus, 2004)
14. R.S. Rachmat, H. Takano, N. Ikeya, S. Kamado, Y. Kojima, Application of semi-solid forming to 2024 and 7075 wrought Aluminum Billets fabricated by the EMC process. Mater. Sci. Forum **329–330**, 487–492 (2000)
15. T. Grimmig, J. Aguilar, M. Fehlbier, A. Bührig-Polaczek, Optimization of the rheocasting process under consideration of the main influence parameters on the microstructure. in *8th International Conference on Semi-Solid Processing of Alloys and Composites* (Limassol, Cyprus, 2004)
16. R. Shibata, T. Kaneuchi, T. Souda, H. Yamane, Formation of spherical solid phase in die

casting shot sleeve without any agitation. in *5th International Conference on Semi-Solid Processing of Alloys and Composites* (Golden, 1998), 465–469

17. K. Sukumaran, B.C. Pai, M. Chakraborty, The effect of isothermal stirring on an Al-Si alloy in the semisolid condition. Mater. Sci. Eng. **A369**, 275–283 (2004)

18. L. Yu, X. Liu, The relationship between viscosity and refinement efficiency of pure aluminum by AlTiB refiner. J. Alloys Compd. **425**, 245–250 (2006)

19. R. Elliot, *Eutectic Solidification Process* (Butterworth, London, 1983)

20. N. Fat-Halla, Microstructure and mechanical properties of modified and nonmodified stir-cast Al-Si hypoeutectic alloys. J. Mater. Sci. **23**, 2419–2423 (1988)

21. W.R. Loué, M. Suéry, Microstructural evolution during partial remelting of Al-Si7Mg alloys. Mater. Sci. Eng. **A203**, 1–13 (1995)

22. B.I. Jung, C.H. Jung, T.K. Han, Y.H. Kim, Electromagnetic stirring and Sr modification in A356 alloy. J. Mater. Proc. Tech. **111**, 69–73 (2001)

23. R.J. Kissling, J.F. Wallace, Grain refinement of Aluminum castings. Foundry (June 1963), 78–82

24. S. Nafisi, R. Ghomashchi, Grain refining of conventional and semi-solid A356 Al-Si alloy. J. Mater. Proc. Tech. **174**, 371–383 (2006)

25. S. Nafisi, R. Ghomashchi, Boron-based refiners: implications in conventional casting of Al-Si alloys. Mater. Sci. Eng. **A452–453**, 445–453 (2007)

26. ASTM International Standard Worldwide, Volume 02.02, Aluminum & Magnesium Alloys (2004), 78–92

27. L. Backerud, G. Chai, J. Tamminen, *Solidification Characteristics of Aluminum Alloys, Volume 2, Foundry Alloys* (American Foundry Society, Des Plaines, 1990)

28. D. Apelian, G.K. Sigworth, K.R. Whaler, Assessment of grain refinement and modification of Al-Si foundry alloys by thermal analysis. AFS Trans. **92**, 297–307 (1984)

29. P.A. Tøndel, G. Halvorsen, L. Arnberg, Grain refinement of hypoeutectic Al-Si foundry alloys by addition of Boron containing silicon metal, in *Light Metals*, ed. by S.K. Das (TMS, Denver, 1993), 783–790

30. J.A. Marcantonio, L.F. Mondolfo, Grain refinement in Aluminum alloyed with titanium and Boron. Metal. Trans. B **2**, 465–471 (1971)

31. P.S. Mohanty, J.E. Gruzleski, Mechanism of grain refinement in Aluminum. Acta Mater. **43** (5), 2001–2012 (1995)

32. D. Apelian, Semi-solid processing routes and microstructure evolution. in *7th International Conference on Semi-Solid Processing of Alloys and Composites* (Tsukuba, Japan, 2002), 25–30

33. BORAL, Aluminum Boron Master Alloy, Information sheet, KBAlloys, Inc. (www.kballoys.com)

34. W.C. Setzer, G.W. Boone, The use of Aluminum/Boron master alloys to improve electrical conductivity, in *Light Metals*, ed. by E.R. Cutshall (TMS, San Diego, 1992), 837–844

35. I. Barin, F. Sauert, E.S. Rhonhof, W.S. Sheng, *Thermochemical Data for Pure Substances* (VCH Verlagsgesellschaft mbH, Germany, 1993)

36. A.E. Karantzalis, A.R. Kennedy, Nucleation behavior of TiB2 particles in pure Al and effect of elemental additions. J. Mater. Sci. Tech. **14**, 1092–1096 (1998)

37. S. Nafisi, R. Ghomashchi, Boron-based refiners: advantages in semi-solid-metal casting of Al-Si alloys. Mater. Sci. Eng. **A452–453**, 437–444 (2007)

38. B. Chalmers, *Principles of Solidification* (Wiley, New York, 1964)

39. T.E. Quested, A.T. Dinsdale, A.L. Greer, Thermodynamic modeling of growth restriction effects in Aluminum alloys. Acta Mater. **53**, 1323–1334 (2005)

40. I. Maxwell, A. Hellawell, A simple model for grain refinement during solidification. ACTA Metal **23**, 229–237 (1975)

41. M. Johnsson, L. Backerud, Z. Metallkde. **87**, 216–220 (1996)

42. L. Backerud, M. Johnsson, The relative importance of nucleation and growth mechanisms to control grain size in various aluminum alloys. TMS Light Metals (1996), 679–685

43. M.A. Easton, D.H. St. John, A model of grain refinement incorporating alloy constitution and potency of heterogeneous nucleant particles. Acta Mater. **49**, 1867–1878 (2001)

44. S. Nafisi, R. Ghomashchi, The effect of dissolved Ti on the primary α-Al grain and globule size in the conventional and semi-solid casting of 356 Al-Si alloy. J. Mater. Sci. **41**, 7954–7963

(2006)

45. W. Kurz, D.J. Fisher, *Fundamental of Solidification* (Trans Tech, Switzerland, 1989)

46. S. Nafisi, R. Ghomashchi, Effects of modification during conventional and semi-solid metal processing of A356 Al-Si alloy. Mater. Sci. Eng. A **415**, 273–285 (2006)

47. S. Nafisi, D. Emadi, R. Ghomashchi, Impact of Mg addition on solidification behaviour of Al-7%Si alloy. J. Mater. Sci. Technol. **24**(6), 718–724 (2008)

48. FactSage. http://www.crct.polymtl.ca/factsage

49. A. Joenoes, J. Gruzleski, Magnesium effects on the microstructure of unmodified and modified Al-Si alloys. Cast Metals **4**, 62–71 (1991)

50. A.P. Bates, D.S. Calvert, Refinement and foundry characteristics of hypereutectic aluminum-silicon alloys. Br. Foundry Man **59**, 113–119 (1966)

51. S. Shankar, Y.W. Riddle, M.M. Makhlouf, Nucleation mechanism of the eutectic phases in Aluminum-Silicon hypoeutectic alloys. Acta Mater. **52**, 4447–4460 (2004)

52. S. Nafisi, R. Ghomashchi, S.M.A. Boutorabi, J. Hedjazi, New approaches to melt treatment of Al-Si alloys: application of thermal analysis technique. AFS Trans. **112** (2004), Paper 04-018

53. S.-Z. Lu, A. Hellawell, The mechanism of silicon modification in Aluminum-Silicon alloys: impurity induced twinning. Metal. Trans. A **18A**, 1721–1733 (1987)

54. L.M. Hogan, M. Shamsuzzoha, Crystallography of the flake-fiber transition in the Al-Si eutectic. Mater. Forum **10**, 270–277 (1987)

55. S. Argyropoulos, B. Closset, J.E. Gruzleski, H. Oger, The quantitative control of modification of Al-Si foundry alloys using a thermal analysis technique. AFS Trans. **91**, 351–357 (1983)

56. R. DasGupta, C.G. Brown, S. Marek, Analysis of overmodified 356 Aluminum alloy. AFS Trans. **92**, 297–310 (1984)

57. J. Charbonnier, Microprocessor assisted thermal analysis of Aluminum alloys structure. AFS Trans. **92**, 907–922 (1984)

58. K. Nogita, A.K. Dahle, Eutectic solidification in hypoeutectic Al–Si alloys: electron backscatter diffraction analysis. Mater. Charact. **46**, 305–310 (2001)

59. G.K. Sigworth, Theoretical and practical aspects of the modification of Al-Si alloys. AFS Trans. **91**, 7–16 (1983)

60. L. Heusler, W. Schneider, Influence of alloying elements on the thermal analysis results of Al-Si cast alloys. J. Light Metals **2**, 17–26 (2002)

61. J.P. Anson, J.E. Gruzleski, M. Stucky, Effect of strontium concentration on microporosity in A356 Aluminum alloy. AFS Trans. **108**, 01-009 (2001)

62. D. Emadi, J.E. Gruzleski, M. Toguri, The effect of Na and Sr modification on surface tension and volumetric shrinkage of A356 alloy and their influence on porosity formation. Metal. Trans. B **24B**, 1055–1063 (1993)

63. S. Nafisi, R. Ghomashchi, Combined grain refining and modification of conventional & Rheo-Cast A356 Al-Si alloy. Mater. Charact. **57**, 371–385 (2006)

64. S. Nafisi, Effects of grain refining and modification on the microstructural evolution of semi-solid 356 alloy. Ph.D. Thesis, University of Quebec, 2006

65. S. Nafisi, O. Lashkari, R. Ghomashchi, F. Ajersch, A. Charette, Microstructure and rheological behavior of grain refined and modified semi-solid A356 Al-Si slurries. Acta Mater. **54**, 3503–3511 (2006)

66. G. Chai, T. Roland, L. Arnberg, L. Backerud, Studies of dendrite coherency in solidifying aluminum alloy melts by rheological measurements. in *2nd International Conference, Semi-Solid Processing of Alloys and Composites* (Cambridge, 1992), 193–201

67. V. Laxmanan, M.C. Flemings, Deformation of semi-solid Sn-15%Pb alloy. Metal. Trans. A **11A**, 1927–1937 (1980)

68. J.A. Yurko, M.C. Flemings, Rheology and microstructure of semi solid aluminum alloys compressed in drop forge viscometer. Metal. Trans. A **33A**, 2737–2746 (2002)

69. L. Azzi, F. Ajersch, Development of aluminum-base alloys for forming in semi solid state. in *TransAl Conference* (Lyon, France, June 2002), 23–33

70. A. Beaulieu, L. Azzi, F. Ajersch, S. Turenne, Numerical modeling and experimental analysis of die cast semi-solid A356 alloy. in *Proceeding of M. C. Flemings* (TMS, 2001), 261–265

71. O. Lashkari, R. Ghomashchi, F. Ajersch, Deformation behavior of semi-solid A356 Al-Si alloy at low shear rates: the effect of sample size. Mater. Sci. Eng. **A444**, 198–205 (2007)

72. S. Nafisi, O. Lashkari, R. Ghomashchi, J. Langlais, B. Kulunk, The SEED technology: a new generation in rheocasting. Light Metals, CIM (2005), 359–371
73. A. Figueredo, *Science and Technology of Semi-Solid Metal Processing* (North American Die Casting Association, Rosemont, 2001)

第 7 章

触变铸造

摘要：在对流变铸造进行了非常详细的分析之后，本章集中讨论了可进行 SSM 加工的另一种可选路线——触变铸造。本章详细研究了重新加热参数对 SSM 坯料微观组织的影响，并重点介绍了晶粒细化对触变铸造合金最终组织的影响。本章同时也对晶粒细化过程晶内液池问题进行了讨论。

7.1 概述

前面的章节已经讨论了直接从熔体开始 SSM 铸造的过程，即流变铸造。该过程所用浆料是通过在过热熔融合金冷却到糊状区时，对其搅拌而制成的。本章节描述了触变铸造过程——将合金再加热至固相线以上，并在糊状区进行保温，得到所需的 SSM 铸造结构。

选用哪种 SSM 制造路线取决于原料的供应。术语按需浆料（slurry on demand，SoD）是指一种可为铸造成形提供稳定浆料供应的浆料制备方法。具体来说就是，传统铸造或流变铸造的坯料（浆料），经过再加热至糊状区的存储、使用过程。实际上，SoD 流程是流变铸造和触变铸造的一种结合。这一流程有助于在有严格环境法规要求的区域建厂，而所需原料可在专门的场所制造并运送至工厂，从而满足 SoD 要求。这与小型钢厂供料、大型钢厂重新加热并轧制成板材的过程类似。因此，有必要讨论一下触变铸造工艺，并作为后续比较的基础。

7.2 精炼传统铸造样品的流变铸造

在 4.1 节，对再加热的热分析样品进行了少量的系列测试。测试的主要目的是证实再加热阶段的变质作用。在本节实验中，根据 6.2.1 节获得的结果来选取样品。整个实验过程中，研究了三个关键参数：部分重熔时间的作用、凝固冷却速率和细化剂类型。实验具体包括 5min 和 10min 的再加热时间，凝固过程两种不同的冷却速率，以及通过 Al5B 和 Al5Ti1B 中间合金分别添加单一的 B 和 Ti-B。

7.2.1　再加热时间对 SSM 结构的影响

图 7.1 为铸态凝固样品在（583±3）℃下石墨坩埚中部分重熔的微观组织演变结果（4.1.1.4 节）。根据 Thermocalc 计算结果，在此温度下，大约存在 38%～40%的固相。在部分重熔及随后的保温过程中，有以下几种主要机制。

- 低熔点组分、共晶混合物的重熔

在此阶段，共晶相的 α-Al 部分逐渐沉淀在 α-Al 初生相上，从而导致其生长。本章将提供许多实例（重要的是要考虑到共晶相中 α-Al 占绝大多数）。

- 晶粒粗化和熟化

枝晶破碎和聚结可能同时发生。一些枝晶臂的根部可能变窄、分离，形成单个的颗粒。此外，聚结也可能导致晶内液池。

- 球化和颗粒进一步粗化

从具有较高曲率半径的区域向具有较低曲率半径的区域扩散，以降低固-液之间的界面能。

如图 7.1(a) 所示，未经任何处理的铸态样品微观结构呈现枝晶形貌。除了粗化的枝晶之外，再加热 5min 后，样品似乎没有发生大的结构变化。保温 10min 后，初始枝晶结构变得更厚、更圆，但仍未形成球状结构。实际上，最终的微观结构主要取决于原始的铸态结构。然而，在保温初始阶段，主要进行的是共晶区域的重熔，这将导致凝固过程最终区域的形成。在枝晶凝固过程中，共晶组织已经通过再加热过程在二次或三次枝晶臂之间形成，这种共晶液体很可能被截留在枝晶臂内。与此同时，其他机制也在发生。晶粒粗化导致了较厚的二次枝晶臂。通过熟化过程，较小的颗粒发生了重熔，而较大的颗粒则继续生长。二次枝晶臂的熟化非常明显，这是由于在再加热时间和温度的作用下，枝晶结构趋向于向更低能量水平发展，特别像是更圆的颗粒。

在 6.2 节，添加了各种细化剂并评估它们的细化效果，结果发现加入单一的 B 可导致最小的平均晶粒尺寸。

因此，可确认 B 是一种优异的细化剂，即使在高的过热度铸造工艺中，B 也可以很好地细化枝晶结构。在 583℃保温 5min 后，该结构已经失去了初始的枝晶结构，并演变成更多的块状、孤立的颗粒，颗粒类似于玫瑰花结或球体形态。经过 583℃保温 10min 后，结构近似完全球状，粒径几乎一致。处在 α-Al 颗粒内的晶内液池相应减少，且大部分液体在 α-Al 颗粒之间均匀分布（图 7.1）。

球化演化的驱动力是共晶-初级颗粒界面面积的减小。这可以采用枝晶和球状结构的 A/P 比（面积与周长之间的比值）来解释。经过较长的时间保温，液体与初级颗粒之间的界面面积减小，这是初级颗粒形貌要发生改变的一个标志。该结论在图 7.2 中得到了很好的解释。铸态结构对演化动力学有巨大的影响，如图所示，枝晶结构的演化速率更快。高度分权的枝晶结构具有大的固液界面，这意味着该结构界面面积减小的驱动力更大，因而反应动力学也更大。

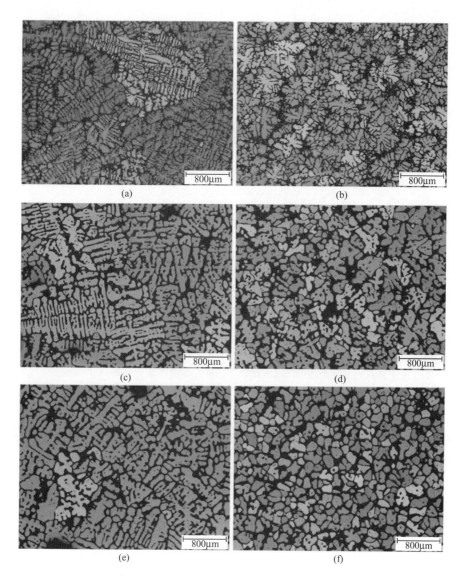

图 7.1　偏振光微观形貌图：(a)、(c)、(e) 为未经处理的 A356 合金，(b)、(d)、(f) 为掺入 226mg/kg 硼的 A356 合金 [(a) 和 (b) 为没有再加热的铸态样品，(c) 和 (d) 为再加热至 583℃ 并保温 5min 的样品，(e) 和 (f) 为再加热至 583℃ 并保温 10min 的样品]

据其他研究人员[1-3]报道，流变铸造 SSM 结构直接受到铸态组织的影响。这就是说，完全的枝晶结构不太可能向球形转变，因为这也需要非常长的再加热时间。图 7.3 给出了添加 B 样品的糊状区保温时间对球化的影响。此外，受诸如"奥斯特瓦尔德熟化"等机制影响，初级颗粒有增厚的趋势，以此来减小它们的界面面积，也就是发生了熟化和球化的组合过程。该结果可用球形度测量（图像分析）来表示，其中保温 10min 会形成更圆的小球颗粒。

再加热会导致晶粒的生长，在此过程中部分液体可能会被截留在粗晶内部。这种截留的液体会对材料成形性产生不利影响，这是因为截留的液体使得可连通的液相减少。实际

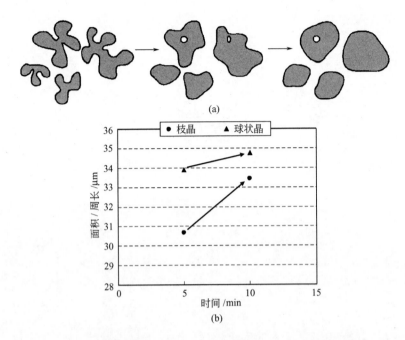

图 7.2 （a）枝晶球化过程示意图；（b）固液界面演化随保温时间的变化关系图
（图中圆点为未经处理的 A356 合金，三角为添加 B 细化剂的 A356 合金）

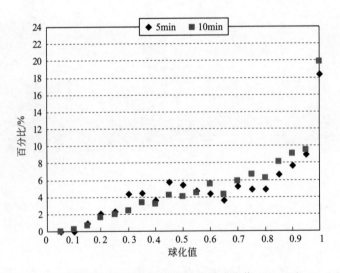

图 7.3 在不同保温时间下 B 细化剂样品的球化值（5min 和 10min）

上，残余液体的百分比对浆料的流变行为具有重要影响。它可以作为初级颗粒之间的润滑剂，使得颗粒的移动更加顺畅。例如，添加 Sr 后，液体的表面张力降低，初级颗粒更容易滑动，因而浆料的流动性更好（见 6.2.2 节）。

需要指出的是，随着再加热时间的延长，截留液体的百分比会减少（图 7.4）。这种现象可以解释为铝进一步偏析到已经存在的铝颗粒上。截留液体的形成可能会导致三维液体池内液体水平的降低，但考虑到所见到的二维图像与三维图像中的真实情况存在差异，

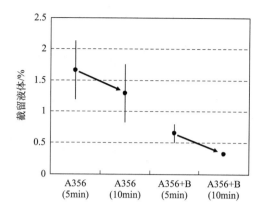

图 7.4　截留液体百分比与部分重熔时间的关系

因此无法最终确定。

7.2.2　凝固冷却速率对 SSM 结构的影响

正如 4.1 节所述，整个热分析杯样在 1.5～2℃/s 的冷却速率下凝固。因此，为研究凝固冷却速率对 SSM 结构的影响，新样品通过压缩空气冷却得到更快的凝固冷却速率，约为 11℃/s。铸态结构如图 7.5(a)、(b) 所示，较高的冷却速率会导致更为紧密的枝晶

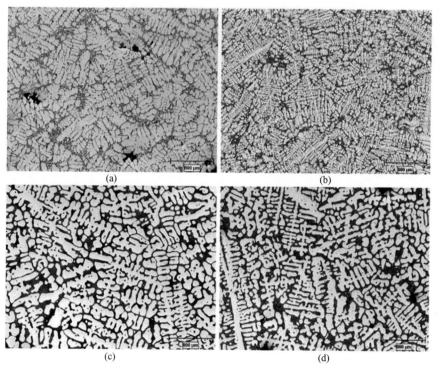

图 7.5　A356 合金半固态结构在不同冷却速率下的演化结果：(a) 在 1.5℃/s 冷却速率的铸态样品；
(b) 在 11℃/s 冷却速率的铸态样品；(c)(a) 样品在 583℃下再加热 10min 后的结果；
(d)(b) 样品在 583℃下再加热 10min 后的结果

结构，在图中也观察到了明显的更小的枝晶臂间距（DAS）。图 7.5(c)、(d) 显示了在约 583℃下保温 10min 后的结构演变结果。这两种样品均显示出了枝晶结构，并且没有发现球化的现象。虽然细小的结构具有较大的表面积，从而得到更高的驱动力，但我们还无法确定，更细的铸态坯料结构是否会对形态变化的动力学产生影响。确认该结论需要进行全面的定量分析，这超出了本章的讨论范围。截留液体的测量面积如图 7.6 所示。从图中可以发现，较高的冷却速率会导致较高的截留液体百分比。这可能归因于，在特定的再加热时间/温度下，细小的枝晶结构具有较大的界面面积，从而导致冷却较快的样品具有数量更多的液池。

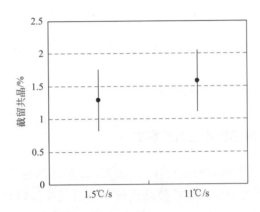

图 7.6　在不同冷却速率下截留液体百分比（在 583℃下再加热 10min）

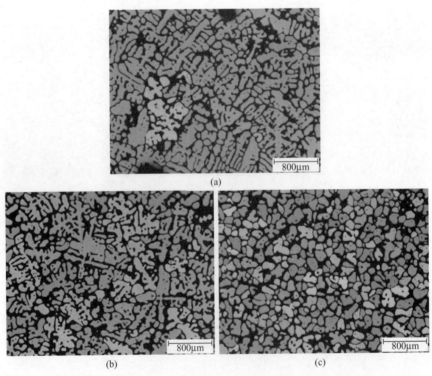

图 7.7　偏振光显微图像显示了细化剂的细化效果（在 583℃下再加热 10min）：
（a）未经细化处理的 A356 合金；（b）添加 622mg/kg Ti 和 110mg/kg B 的 A356 合金；
（c）添加 226mg/kg B 的 A356 合金

7.2.3　添加不同的细化剂

图 7.7 给出了未经细化处理的和已进行细化处理的样品的组织。经 B 细化处理的合金部分重熔会导致球状 α-Al 的形成，同时还会引起共晶混合物的均匀分布。偏振光显微图像显示，在未经细化处理的样品和经 TiB 处理到一定程度的样品中，这些单独的颗粒从不同的形核点开始生长的过程是相互影响的，因此球体尺寸测量的概念是不合理的。基于上述原因，本章节晶粒尺寸的测量是在整个实验过程中进行的，测量结果如图 7.8 所示。

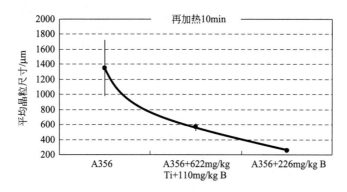

图 7.8　经不同细化处理的合金晶粒尺寸变化曲线

从图 7.8 中可以看出，未经细化处理的合金具有最大的晶粒尺寸，图中标准差条的跨度也表明该样品晶粒尺寸分布非常不均匀。经 B 细化处理的合金的标准差最小，呈现出单一的尺寸分布。从经济角度考虑，较长的再加热时间具有更高的能耗，还会导致坯料内液体分布不均匀（重力作用引起）等缺点。从微观结构上看，增加部分重熔的持续时间会导致初生 α-Al 球的粗化，如图 7.9 所示，图中小球的等效圆直径增大。然而，可以看出在本实验条件下，增大球形度和球化率比颗粒尺寸的轻微增大更为重要。如 4.2 节所述，拥有了更多的球形初级颗粒，颗粒流动性会提高，黏度会降低。

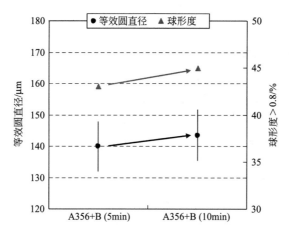

图 7.9　球形度＞0.8 颗粒的百分比和平均等效圆直径

　　图 7.10 比较了经 Ti-B 细化处理和经单一 B 细化处理样品的典型小球形貌。通过定量金相学比较发现，单一 B 细化处理的样品中截留液体含量减少至其他样品的 1/5～1/6（图 7.11）。

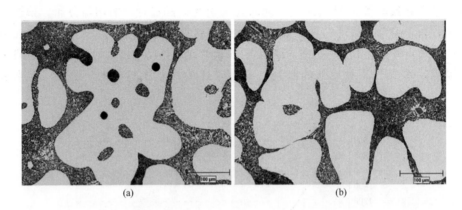

(a)　　　　　　　　　　　　　(b)

图 7.10　经不同细化处理的样品中截留的共晶组织（再加热时间 10min）：
(a) 添加 622mg/kg Ti 和 110mg/kg B 的 A356 合金；(b) 添加 226mg/kg B 的
A356 合金（水冷导致共晶组织中出现了非常细的 Si）

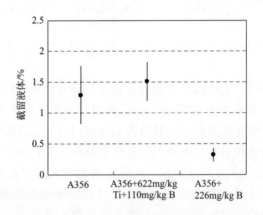

图 7.11　截留液体百分比（再加热时间 10min）

7.3　EMS 坯料的触变铸造

　　通过将熔融金属分别浇注到铜模和砂模中得到两种不同冷却速度，本节制备了不同浇注温度下的二元 Al-7％Si 合金（6.7％～6.9％Si 和 0.8％～0.81％Fe）。经过 EMS（电磁搅拌）之后，样品冷却至室温。对于没有进行搅拌的实验，将液体浇注到相同的模具中进行空冷。对于触变铸造（再加热到半固态温度区间），样品从坯料中心和表面之间的区域，沿横截面切取（距离 EMS 坯料底部 200mm 位置），并在感应炉中再加热。再加热热循环包括：2～3min 内加热到（583±3）℃，在此温度保温 10min，随后进行水冷（根据 ThermoCalc 的计算，大约有 38％～40％体积分数的固体）。实验过程中，通过附着在坯料中心和表面的热电偶对温度变化进行监测。更详细的内容参见 4.1.1.3 节和 5.4 节。

7.3.1　砂模

图 7.12 通过偏振光显微照片展示了不同浇注温度、搅拌的应用以及再加热对触变铸造显微组织的影响（这些样品的铸态显微组织参见第 5 章图 5.31）。在等温保温过程中共晶相重熔，同时初生 α-Al 相熟化。在适宜的条件下，液相和初生 α-Al 颗粒之间的界面面积减小，会产生驱动力促使颗粒球化。

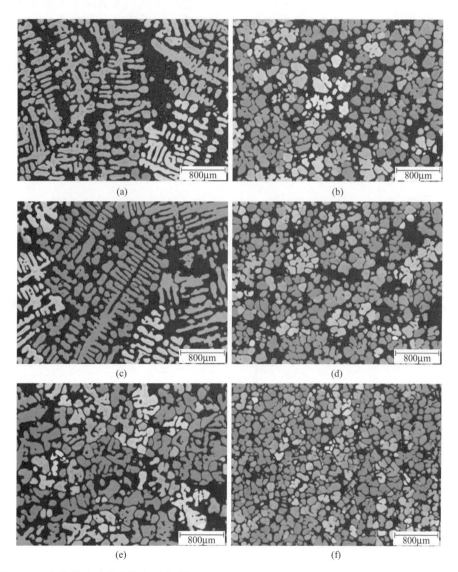

图 7.12　砂模铸造过程中浇注温度 [（a）、（b）690℃，（c）、（d）660℃ 和（e）、（f）630℃]
和搅拌的应用对晶粒和球体尺寸的影响（试样在 583℃ 再加热 10min）：
（a）、（c）和（e）常规铸造；（b）、（d）和（f）EMS 搅拌

即使经过 10min 的再加热时间，高浇注温度的常规样品仍然保持其粗大的树枝晶结构。这种非常粗大的结构似乎形成了具有完整三维互连和相对高比例的晶内液体比例的牢

固网络。如 5.4 节所阐述的那样，减小过热将导致 α-Al 相颗粒向玫瑰花结/等轴状演变。通过 EMS 随之引起的初生枝晶破碎方式，在再加热过程和大多数液相封装到晶内的过程中，铸态结构非常适合其他的形貌转变（球化）。高过热样品中的球体尺寸略大，但可以通过降低过热度来减小尺寸，这与更多优先形核点数量、热和溶质的对流及初生树枝晶碎裂有关。

如 4.3 节所述，球体与晶粒之间的尺寸不同。球体是初级颗粒，然而通过施加偏振光后彼此明显地分离；显而易见的是，相邻的单个颗粒可能在抛光表面下方有连接，因此，相似颜色的相邻颗粒表明是一个特定晶粒。利用这种方法，晶粒和球体可以区分开。

图 7.13 为测量的常规铸造与 EMS 再加热样品的颗粒尺寸（借助图像分析的手段测量颗粒尺寸，排除了包晶区域）。需要注意的是，常规铸造样品中球体尺寸测量方法并不完全有效，因为 4.3 节所描述的枝晶分支切片法存在误差。

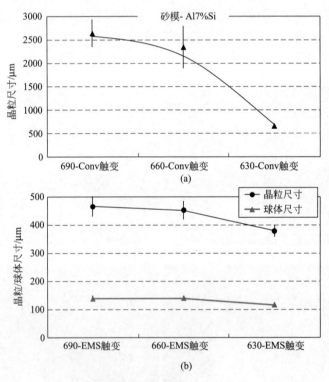

图 7.13　砂模触变铸造的晶粒/球体尺寸：（a）常规铸造试样；
（b）EMS 搅拌试样 （x 轴的数字是坯料浇注温度）

常规触变铸造试样初生 α-Al 的形貌与常规铸造试样相同，仅在再加热过程中发生长大（图 5.31 和图 7.12）。通过比较可以看出它们的平均晶粒尺寸相差不大（图 5.34 和图 7.13）。图 7.13（b）呈现了 EMS 触变铸造中晶粒和球体尺寸。与常规样品相比，晶粒尺寸没有明显减小，但球体尺寸与晶粒尺寸有相当大的差异。

在更高放大倍数下观察微观组织（图 7.14），可以明显看到初生颗粒的团聚。很显然，颗粒通过固体颈部相互连接，并通过材料流动（特别是在负曲率半径的颈部区域）发

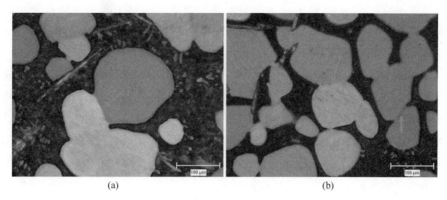

(a)　　　　　　　　　　　　　　　　(b)

图 7.14　EMS 坯料的烧结球体（砂模，样品在 583℃再加热 10min）：(a) 690℃；(b) 630℃

生球化。团聚体的形成是由于长时间保温激活了烧结过程而导致的（称为聚结熟化）。更长的保温时间及其团聚过程可以把共晶混合物包裹起来，形成截留液体。

图 7.15 为图像处理后的结果。将浇注温度从 660℃降至 630℃，平均球体尺寸减小了约 15%。初生 α-Al 数量密度在 630℃突然增加，这可证明减小过热会增加更多的形核点，从而促进等轴颗粒的形成［图 7.15(a)］。

浇注温度影响着铸态组织，过热度越大，树枝状晶结构越突出。在以百分数形式统计

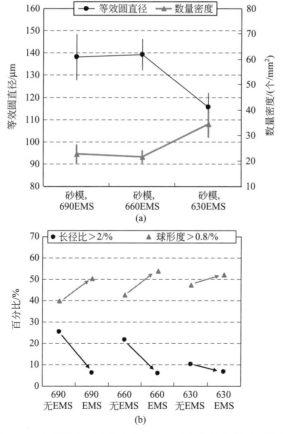

图 7.15　各种浇注温度和应用 EMS 后砂模触变铸造的结果

具有一定长径比的初生 α-Al 粒子时，这种规律就很明显。对于常规试样来说，降低浇注温度，内部长径比＞2 的颗粒浓度会降低 ［图 7.15(b)］；而在 EMS 坯料中，长径比＞2 的初生颗粒比例最低。

　　降低浇注温度，会使颗粒更加球化，进而增加球形度＞0.8 颗粒的比例。比较常规样品和 EMS 处理的样品，可以明显看到 EMS 样品中球度＞0.8 颗粒的比例更高。在流变学研究中，更多的球形颗粒会导致较低的黏度（见 4.2 节），这使浆料在高压压铸过程中具有更好的流动性和充型能力。

　　截留液体对半固态浆料黏度具有明显影响，截留液体越少，浆料流动性越好[5-7]。在传统铸造样品的树枝状结构中间更容易出现截留液体。高过热度浇注坯料时会产生大量复杂的树枝状结构，这使再加热过程形成一定量的截留液体。而通过降低过热，该结构倾向于形成玫瑰花状/等轴状的初生 α-Al 颗粒，其截留液体的可能性更小。如图 7.16 所示，在 EMS 样品中，该结构不仅转变成球状，而且包含最少量的截留液体。

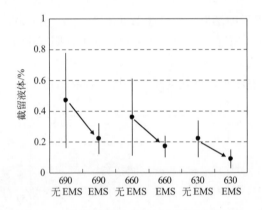

图 7.16　砂模触变铸造截留液体的测量结果

　　据观察，EMS 样品中的大部分截留液体源于周围球粒包裹液体，而对于常规样品而言，主要是二次或三次枝晶臂之间的液体。图 7.17 为 690℃浇注的坯料，此图描绘了上述现象。这种现象可能会对截留液体的均匀性有一定影响，在 EMS 触变铸坯截留液体中

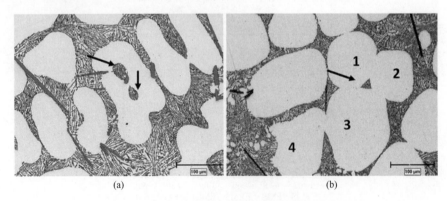

图 7.17　在 690℃浇注的坯料中的截留液体：（a）常规；
（b）EMS（数字显示小球，箭头显示液体区域）

的成分可能更均匀，而常规铸造触变坯料中的截留液体具有枝晶间偏析的特点。

7.3.2　铜模

图 7.18 显示了铜模铸造试样 583℃再加热的组织转变。常规触变铸造组织具有连续固态网络和液囊为特征的树枝晶形貌，与砂模浇注的坯料相比，铜模中浇注会导致更细的树枝分支和更小的枝晶臂间距（DAS）。降低浇注温度会产生更多、更圆的孤立颗粒，这些颗粒中的包裹液体很少 ［图 7.18(a)、(c)、(e)］。但是，再加热的 EMS 试样结构基本全部由平均尺寸约为 $100\mu m$ 的球体组成，即使在更高的过热度下，也是如此。球体均匀地分布于共晶相网络中，几乎所有的共晶液池都在晶粒间 ［图 7.18(b)、(d)、(f)］。

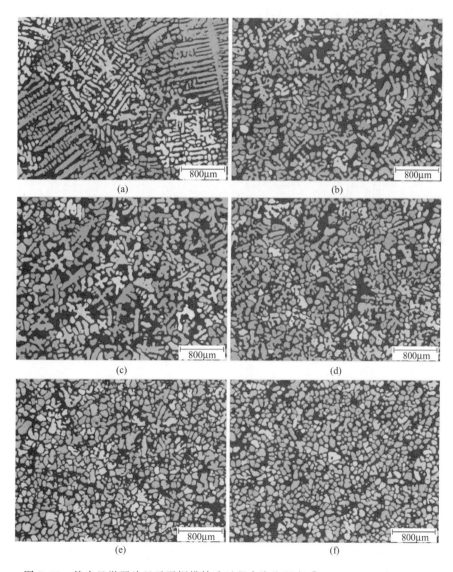

图 7.18　偏光显微照片显示了铜模铸造过程中浇注温度 ［(a)、(b) 690℃，(c)、(d) 660℃ 和 (e)、(f) 630℃］和搅拌对晶粒和球体尺寸变化的影响（在 583℃再加热10min 的试样）：(a)、(c)、(e) 常规试样；(b)、(d)、(f) EMS 试样

再加热常规样品的晶粒尺寸变化趋势与铸态组织（图 5.40）的晶粒尺寸变化趋势相似，包括其与浇注温度的关系［图 7.19(a)］。比较砂模和铜模坯料的晶粒/球体尺寸值可以发现，经过搅拌后晶粒/球体尺寸值更加接近。这表明，晶粒/球体尺寸与铸造条件基本无关。换言之，EMS 的应用降低了冷却速度和浇注温度的影响（常规铸造是用上述两个因素来控制再加热期间的球体和晶粒尺寸）。

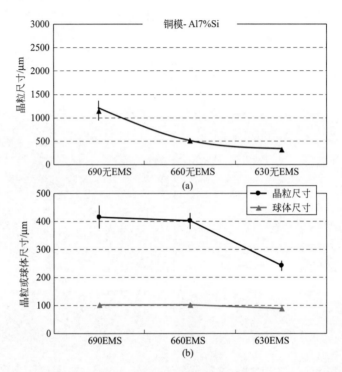

图 7.19　铜模触变铸造晶粒/球体尺寸：（a）常规试样；（b）EMS 搅拌试样
（x 轴数字代表坯料浇注温度）[4]

如 4.3.1 节所述，烧结和聚结是等温保温的一部分。图 7.20 显示了铜模浇注试样中典型的烧结现象。

图 7.21 显示了初生 α-Al 颗粒的球化、细化过程。在 EMS 试样中，球体平均尺寸随着浇注温度降低而减小。有趣的是，球体尺寸减小的速率低于砂模铸造试样，但数量密度的增加率更高，这表明了铸态结构的重要性。

对于常规和 EMS 试样，长径比呈现出与砂模浇注样品相同的变化趋势，即长径比＞2的颗粒百分比随着浇注温度的降低而降低；但常规样品的减小率更高。事实上，在再加热过程中，铜模更高的初始冷却速率导致坯料具有更大的微观组织演变潜能，即更大的界面面积，通过比较图 7.15 和图 7.21 的结果，这是显而易见的。通过降低过热度，球形度＞0.8 的颗粒百分比增加，最大值出现在较低过热度的 EMS 试样中。此外，其球形度比砂模浇注试样更大。

根据 Loué 和 Suéry 的文献[1]，在部分重熔过程中，首先，粗化主要通过枝晶臂的聚结来进行，由于同一晶粒的枝晶臂具有完全匹配的晶体取向，这导致出现大量依赖于冷却

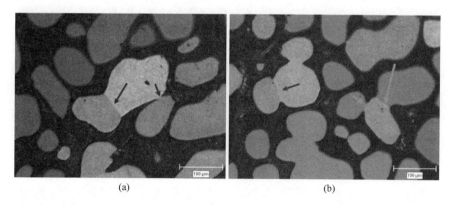

(a)　　　　　　　　　　　　　　　(b)

图 7.20　在 (a) 690℃ 和 (b) 630℃ 浇注的 EMS 坯料
（铜模，在 583℃ 再加热 10min）球体的烧结

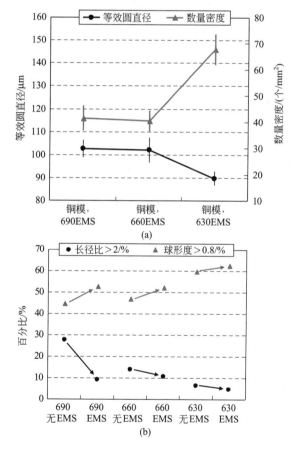

图 7.21　不同浇注温度和 EMS 对铜模触变铸造的影响

速率而产生的晶内液体。在 EMS 样品中，短枝晶臂的聚结产生了具有较少量液囊的、几乎呈球状的组织结构。降低浇注温度可辅助球状颗粒的形成，并因此增大等轴晶粒形成的可能性。图 7.22 中高过热值的铜模浇注组织可以解释这一观点。

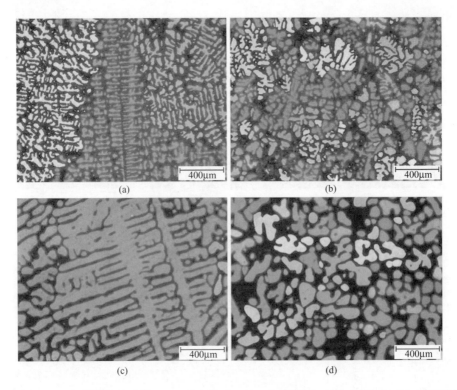

图 7.22　690℃铜模浇注的试样：（a）常规铸态；（b）EMS铸态；（c）试样"（a）"触变铸造；
（d）试样"（b）"触变铸造[4]

通过上述照片与砂模浇注照片的对比，可以发现，常规铸件中液体截留的百分比也取决于冷却速率，即低冷却速率的百分比更高。定量结果也表明了冷却速率对液体截留起着关键的作用，较低的冷却速率下其百分比较高。一般而言，凝固期间高冷却速率导致整个样品中的液体截留更均匀（更小的标准偏差）。值得注意的是，凝固过程中冷却速率较低时，EMS细化结构的效果变得更加明显（图7.16和图7.23）。

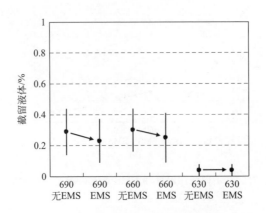

图 7.23　铜模触变铸造截留液体的测量结果[4]

凝固时间对部分重熔过程有影响。基本上，糊状区内微观组织结构演变的驱动力是降低液固界面面积，这可以通过面积与周长的比来估算。事实上，如 4.3 节所述，该因子与颗粒单位体积的比表面积（S_v）成反比关系。在树枝晶凝固过程中，更高的 P 值（总固液界面长度）相当于一种具有更多枝晶分枝的结构，固液界面长度主要取决于合金的凝固过程。例如，铜模样品较高的冷却速率导致更小的枝晶臂间距和较细的二次、三次枝晶分支，因此，共晶-初生颗粒的界面边界会增加。

图 7.24 给出了在不同的冷却速率和 EMS 应用的条件下触变铸造（在 583℃加热 10min）的 A/P（注：A 为面积）比值结果，A/P 比值用于表征铸态结构形貌转变。在传统的铸造方法中，铜模浇注的样品具有更短的凝固时间，这会产生更细且分枝更多的树枝晶结构，因此其 A/P 比值更小。在相同的条件下，降低过热度会产生等轴结构，在等温保温过程中，等轴结构转变成球状/玫瑰花状结构。同样，更高的冷却速率会产生更细小的颗粒、更小的 A/P 值 [图 7.24(a)]。

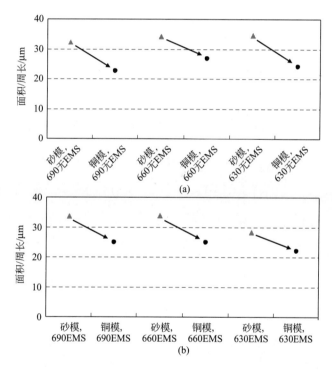

图 7.24　浇注温度和搅拌的应用对 A/P 比值的影响
（三角形和圆形分别对应于砂模和铜模铸造样品）[4]

电磁搅拌坯料表现类似的变化趋势。铜模具有较高的冷却速率会产生较小的枝晶尺寸，加上搅拌作用，会导致更多的破碎枝晶均匀地分布于浇注液中。更短的凝固时间将限制最终组织结构中球状晶粒的生长，其尺寸比砂模铸造更小 [图 7.24(b)]。值得注意的是，在较高浇注温度（660℃和 690℃）条件下，砂模和铜模铸造中应用 EMS 对 A/P 比值影响不大；但当浇注温度下降时，EMS 的应用会显著影响 A/P 比值大小，即应用 EMS 后，颗粒尺寸明显变小。

晶粒/球体尺寸与宏观/微观结构演变有直接关系。变化趋势如图 7.25 所示，晶粒越

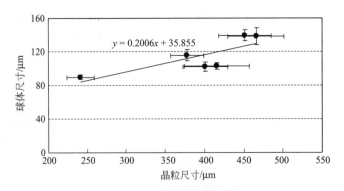

图 7.25　EMS 样品中晶粒和球体尺寸之间的相关性[4]

小，球体尺寸则越小。如果不能区分 4.3 节所述的球体和晶粒之间的差异，这个概念就变得复杂了。

7.3.3　晶粒细化/EMS：最优选择

在 5.4 节中，我们提出电磁搅拌会导致初生相破碎，并随后使坯料中的 α-Al 颗粒均匀分布。这就会产生一个问题：EMS 剧烈搅拌能否促进细化剂对组织的细化作用？为了

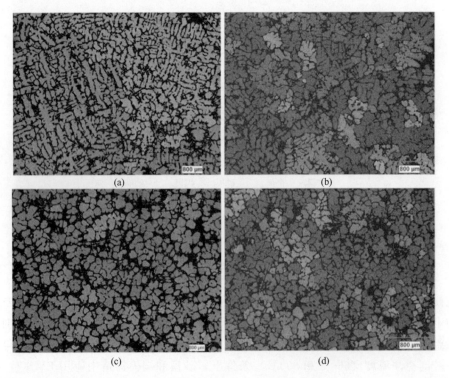

图 7.26　添加 B 元素/搅拌对初始粒子形成的影响（砂模铸造，在 660℃浇注）：（a）不搅拌，
不加细化剂；（b）不搅拌，添加约 220mg/kg 的 B 细化；（c）EMS，不加细化剂；
（d）EMS，添加约 220mg/kg 的 B 细化

检验 EMS 的作用，我们选择 B 元素作为细化剂，在砂模中进行两组实验：一组应用 EMS，一组不应用 EMS，如 4.1.1.3 节所示。在 660℃ 和 630℃ 下进行浇注实验，以 Al-5%B 中间合金的形式添加约 220mg/kg 的 B，最终合金成分为 6.87% Si、0.84% Fe、0.022% B，其余为 Al。

图 7.26 和图 7.27 比较了添加 B 和 EMS 的组织形貌演变结果。在未处理的样品中，初生 α-Al 相具有完全树枝状结构，加入硼后其转变为等轴状形貌。这一现象在较高过热度浇注样品中更加明显 [图 7.26(a)、(b)]。然而，当浇注温度降低时，结构转变为等轴状，并且通过细化的过程可以获得更细小、更球化的颗粒 [图 7.27(a)、(b)]。从偏振光显微照片可以看出：增加搅拌后，细化作用得到增强——EMS 试样组织中的初生相更小、更紧密 [图 7.26(d) 和图 7.27(d)]。

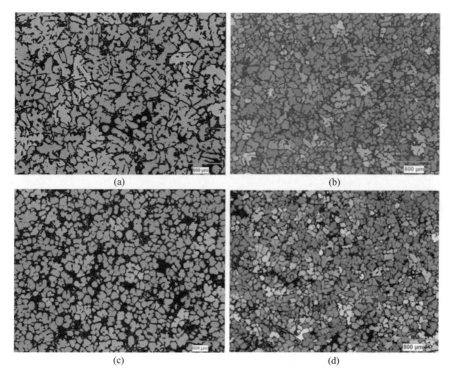

图 7.27　添加 B 元素/搅拌对初始粒子形成的影响（砂模铸造，在 630℃ 浇注）：
(a) 不搅拌，不加细化剂；(b) 不搅拌，添加约 220mg/kg 的 B 细化；
(c) EMS，不加细化剂；(d) EMS，添加约 220mg/kg 的 B 细化

随着浇注温度的降低，模壁的散热速率降低，因而型腔中液体的温度梯度较为平缓（5.2 节）。此温度梯度促进生成更细小的颗粒，并且分布更均匀，进而形成更多等轴颗粒。图 7.28(a) 的结果证实了这一点。将浇注温度由 660℃ 降低到 630℃ 时，平均晶粒尺寸降低到原来的 1/3。另一方面，通过 B 的细化，形核点急剧增加，即所谓的爆发形核机制，导致形成的颗粒更小、更等轴化。

需要指出的是，在高过热的情况下细化剂更为明显；而当降低过热度时，平缓的温度梯度起主要作用，这样，细化颗粒的一个因素掩盖另一个因素的影响（浇注温度从 660℃

降低到 630℃ 时，试样颗粒尺寸分别约减小 72% 和 56%）。

如第 5.4 节所述，剧烈的搅动导致初生相碎裂，最终形成完全等轴状的结构。颗粒尺寸的测量结果 ［图 7.28(b)］ 表明：在搅拌作用下，与常规浇注方式相比，添加细化剂的作用不明显，即搅拌掩盖了细化剂的作用。

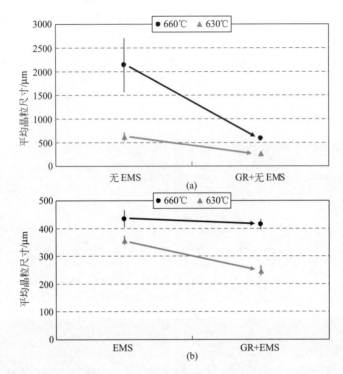

图 7.28　晶粒尺寸变化与工艺参数之间的关系（晶粒细化/搅拌）：(a) 不搅拌；(b) EMS

- EMS 细化坯料的触变铸造

图 7.29 和图 7.30 展示了等温处理对上述样品的影响（7.3.3 节）。以下几点需要注意。

- 一般情况下，浇注温度越低，触变成形工艺效果越好。在等温处理之前的组织中，（孤立颗粒）分布越均匀或者等轴晶越多，则处理后颗粒就越圆、越细小。这可通过对比图 7.29 和图 7.30 清楚地看到。

- 细化工艺将导致更均匀等轴颗粒的形成。在等温处理过程中，这些颗粒转变为球形颗粒的能量势垒就更低。在触变铸造过程中，颗粒通过转变为最合适的形式（形态）——球形（球体），来降低它们的表面积，以此降低自身能量水平。

- 添加细化剂会在形核过程中形成更多的有效形核位置，这会导致单位体积内产生大量的颗粒（初生颗粒数量密度增大）。这种现象在未搅拌和搅拌的样品中都明显存在，且在较低过热度条件下更明显。

图 7.31 展示了在整个触变铸造实验中晶粒尺寸的演化过程。结果与传统铸造及搅拌试样的结果一致。较低的过热度和剧烈搅拌导致生成更小、更孤立的颗粒，而后在等温处理过程中，这些颗粒转变为球体（在等温处理过程中典型的初生颗粒粗化现象是很明显的）。

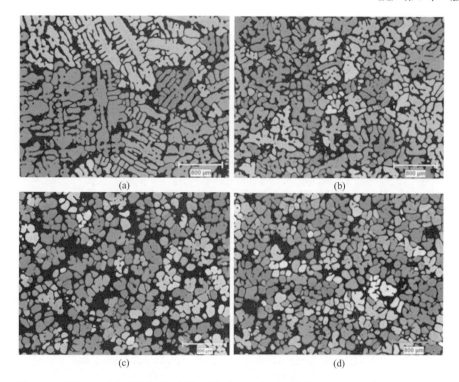

图 7.29 添加 B 元素/搅拌对初始粒子形成的影响（砂模铸造，660℃浇注，在 583℃ 再加热 10min）：（a）不搅拌，不加细化剂；（b）不搅拌，添加大约 220mg/kg 的 B 细化；（c）EMS，不加细化剂；（d）EMS，添加大约 220mg/kg 的 B 细化

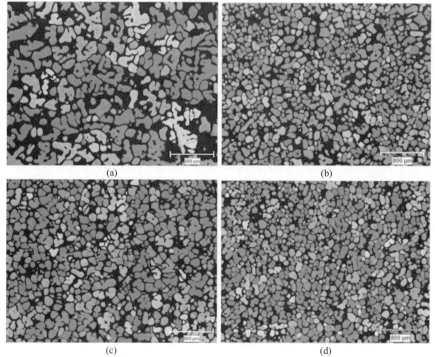

图 7.30 添加 B 元素/搅拌对初始粒子形成的影响（砂模铸造，630℃浇注，在 583℃ 再加热 10min）：（a）不搅拌，不加细化剂；（b）不搅拌，添加大约 220mg/kg 的 B 细化；（c）EMS，不加细化剂；（d）EMS，添加大约 220mg/kg 的 B 细化

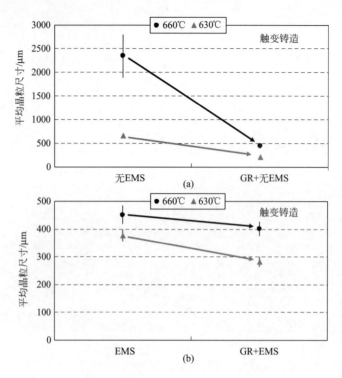

图 7.31 触变铸造中晶粒尺寸变化与工艺参数之间的关系
（砂模铸造，583℃再加热 10min）：（a）不搅拌；（b）EMS

◆ 参考文献 ◆

1. W.R. Loue, M. Suery, Microstructural evolution during partial remelting of Al-Si7Mg alloys. Mater. Sci. Eng. A **A203**, 1–13 (1995)
2. Q.Y. Pan, M. Arsenault, D. Apelian, M.M. Makhlouf, SSM processing of AlB2 grain refined Al-Si alloys. AFS Trans. **112**, (2004), Paper 04-053
3. H. Wang, C.J. Davidson, D.H. St John, Semisolid microstructural evolution of AlSi7Mg alloy during partial remelting. Mater. Sci. Eng. **A368**, 159–167 (2004)
4. S. Nafisi, R. Ghomashchi, Microstructural evolution of electromagnetically stirred feedstock SSM billets during reheating process. J. Metallogr. Microstruct. Anal. **2**(2), 96–106 (2013)
5. D.H. Kirkwood, Semi-solid metal processing. Int. Mater. Rev. **39**(5), 173–189 (1994)
6. Z. Fan, Semisolid metal processing. Int. Mater. Rev. **47**(2), 49–85 (2002)
7. M.C. Flemings, Behavior of metal alloys in the semi-solid state. Metal. Trans. A **22A**, 952–981 (1991)

第 8 章
半固态金属加工的商业应用

Stephen P. Midson 著

　　摘要：本章详细地介绍了 SSM 成形工艺的商业应用。SSM 成形工艺能耗越低，其模具寿命越长、成本也越低，因而对制造业的吸引力就越大。在本章中，不是通过工程部件的应用去强调 SSM 过程的实用性和成本效益，而是用触变成形的研究结果来证明了 SSM 成形工艺适合轻金属，如铝、镁合金。

8.1 概述

　　半固态铸造的商业吸引力在于它既具有传统高压铸造的优势（生产率高、成本低、薄壁、优异的表面光洁度和紧密的尺寸公差），又具有优异的力学性能和良好的气密性。这使得半固态铸件可应用于安全性要求较高或压力敏感的领域。在这本书的前几章介绍了半固态铸造采用黏性半固体浆料，可以实现模具充型过程的高精准控制，并且充填压力较大（＞15000psi，超过 100MPa，1psi＝6894.76Pa），这对减少（或消除）铸件凝固缺陷非常有效。在过去 20 年间，半固态铸件在世界范围内得到了广泛的商业应用，包括汽车、航空航天、摩托车、自行车、电子、国防和体育用品等领域。这些半固态铸件的应用一般可分为以下几类：

　　① 优质铝铸件；

　　② 改进优质铝合金压铸件；

　　③ 镁合金铸件。

　　虽然目前对高熔点的金属，如铜合金和钢，已经有了广泛的研究，但其商业应用还较少，主要是由于这类合金的模具寿命较短。

　　本章的目的是简要回顾半固态铸件的商业应用范围，并且列出典型铝合金和镁合金的力学性能，给出一些商业半固态铸件的实例。与所有的制造工艺相似，半固态铸造生产的零件随着制造商不断修改，其产品适用范围也相应地有所变化和调整。另外，受制造商和终端用户的专利保护所限，本文无法展示目前正在生产的半固态铸造部件。因此，本章主要介绍 20 年前已经生产出的典型零件。

8.2 优质铸件

这些高质量的半固态铸件通常是用铝合金制造的，比如 A356、A357、319S。它们通常利用固相分数大约为 50％的高固相体积分数的半固态浆料生产。表 8.1 列出了这三种合金的名义化学成分。表 8.2 和表 8.3 给出了三种合金在 T5 和 T6 处理后的力学性能[1]。T5 热处理是压铸后立即水淬，然后低温时效处理。事实上，与其他铸造产品不同，很多半固态铸件在 T5 处理后已经可以使用，因为半固态铸件 T5 处理可以得到良好的强度和延展性，并且这种热处理方式成本低、操作简便。近年来更多的半固态铸件通过 T6 热处理（固溶处理、水淬、低温时效），进一步提高其力学性能（表 8.3）。然而，T6 热处理面临的一个突出问题就是铸件在高温固溶处理过程中可能产生表面气泡，因此，必须进一步优化半固态工艺，以尽量减少充模过程中的卷气，并且利用套筒和模具润滑剂，减少起泡的可能[2]。图 8.1 展示了几个高质量半固态铸件的实例。

表 8.1　半固态铸件常用铝合金的名义化学成分[1]　单位：％（质量分数）

元素	A356	357	319S
Si	6.5～7.5	6.5～7.5	5.5～6.5
Fe	0.20	0.15	0.15
Cu	0.20	0.05	2.5～3.5
Mn	0.10	0.03	0.03
Mg	0.25～0.45	0.45～0.60	0.30～0.40
Ti	0.20	0.20	0.20
Sr	0.01～0.05	0.01～0.05	0.01～0.05
其他(每种元素)	0.03	0.03	0.03
其他(总量)	0.10	0.10	0.10

表 8.2　两种半固态铸造合金 T5 处理后的力学性能[1]

合金	0.2％YS/MPa(ksi)	UTS/MPa(ksi)	延伸率/％
357	200(29)	283(41)	8
A356	179(26)	248～269(36～39)	7～10

注：319s 半固态合金铸件通常不需要 T5 处理。

表 8.3　三种半固态铸件合金 T6 处理后的力学性能[1]

合金	0.2％YS/MPa(ksi)	UTS/MPa(ksi)	延伸率/％
357	283～290(41～42)	345(50)	7～9
A356	228～234(33～34)	303～310(44～45)	12～13
319S	317(46)	400(58)	5

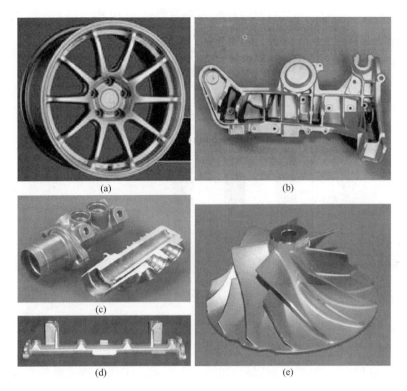

图 8.1　高质量半固态铸件的实例：(a) SSR 技术生产汽车车轮[3]；
(b) 阿尔法·罗密欧公司生产的悬挂部件[3]；(c) 制动主缸[3]；
(d) 燃油轨[4]；(e) 由 ACC 康明斯涡轮增压技术生产的涡轮增压器叶轮[5]

图 8.1(e) 展示了用 319s 合金生产的半固态铸造叶轮[5]。涡轮增压器叶轮疲劳性能是特别重要的，$50\mu m$ 的气孔就可以降低疲劳寿命[6]，因此要确保叶轮没有气孔。无气孔测试流程包括：剖切叶轮和用 $600\sharp$ 砂纸研磨加工表面，然后宏观腐蚀该表面，并对腐蚀后的表面进行浸渗实验，以确保 $50\mu m$ 以下的气孔不存在。图 8.2(a) 显示的是叶轮剖切面，而图 8.2(b) 为浸渗探伤表面在紫外线下的照片，从图中可以看出半固态铸造叶轮没有气孔或其他缺陷。

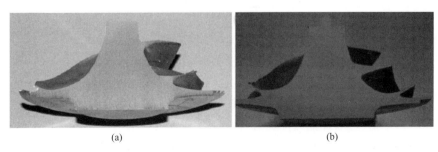

图 8.2　叶轮截面显示没有气孔：(a) 叶轮剖切面；
(b) 经过机械加工和浸渗测试（在紫外线下观察）

文献［5］比较了半固态铸造 319S 合金和其他常规铸件以及锻件铝合金叶轮的疲劳寿命。如图 8.3 所示，半固态铸件材料的疲劳寿命与锻件 2618 铝合金相当，明显高于常规铸件（包括高强度合金 206）。

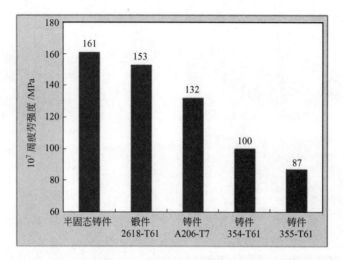

图 8.3　常规铸件、锻件和半固态铸件的疲劳数据

文献［7］也报道了功能测试结果。如图 8.4 所示，半固态铸造叶轮疲劳寿命与锻造 2618 合金相当，明显高于常规铸造。

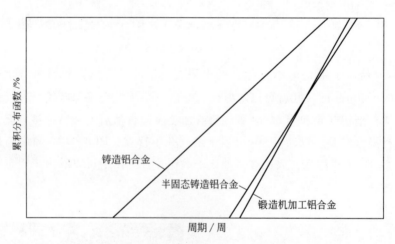

图 8.4　通过铸造、SSM、锻造加工生产的叶轮疲劳寿命曲线[7]
（由泰勒和弗朗西斯有限公司许可转载）

生产高质量半固态铸件的另一种方法是使用无硅铸造合金（2xx）和锻造合金（2xxx、6xxx），因为这些合金比传统的铸造合金具有更好的力学性能。由于这些合金耐热性差，很少通过传统铸造生产，而半固态铸造可以显著降低热裂倾向[5]，所以一些商业半固态铸件已经开始使用这些合金。图 8.5（a）展示了半固态铸造加工的 6262 锻造合金电连接器[8]；图 8.5（b）展示了 6061 锻造合金的摩托车刹车卡钳，分别是铸态、T6 处

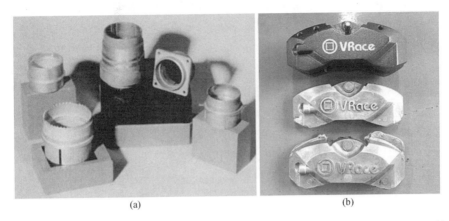

图 8.5　(a) 6262 锻造合金生产的电连接器；(b) 6061 锻造合金的摩托车刹车上钳——铸态、T6 处理态和阳极氧化处理后的照片 (由泰国 GISSCO 有限公司提供)

理态和阳极氧化处理的样件，低硅锻造合金铸造产品的一个优点是通过阳极氧化处理会得到鲜艳的色彩。

8.3　改进优质压铸件

半固态铸造工艺也可改善优质压铸件的质量。这些产品通常使用 20%～30% 的固相

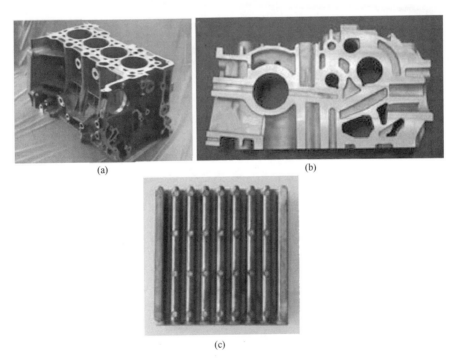

图 8.6　用于代替传统压铸件的半固态铸件的例子：(a) 本田汽车生产的柴油机机体[9]；(b) 油泵滤清器壳体[10]；(c) AMAX 公司生产的散热器[3]

分数（70％～80％液相分数）的浆料生产。常规的压铸件中含有气孔，而使用低固相分数流变铸造的铸件中气孔数量明显减少（但不能完全消除）[3]。通常这种低固相分数的半固态铸件与传统的压铸件可以使用相同的工艺条件，因而在工业化过程中需要优先强调的，不是高质量半固态浆料的制备，而是半固态铸造工艺的选择。浆料制备需考虑工艺简便和设备投入少。图 8.6 展示了低固体分半固态铸件代替传统压铸件的实例。

图 8.6（b）展示的油泵滤清器壳体最初设计是重力铸造，由于厚壁的原因被转换成压铸。厚壁在常规压铸时容易产生气孔，机加工铸件时需要浸渗实验。使用低固相分数的半固态铸造工艺（半固态流变成形 SSR）后，气孔数量显著降低（但未消除），铸件无须做浸渗实验。表 8.4 比较了压铸和半固态铸造生产的油泵滤清器壳体的工艺数据。

表 8.4　压铸和半固态铸造生产的油泵滤清器壳体的工艺数据

参数	单位	压力铸造	SSR
铸造射出量	kg	6.5	6.5
炉温	℃	720	640
浇注温度	℃	720	588
周期时间	s	120	86～90
凝固时间	s	30	28
第一相速度	ms^{-1}	0.25～0.30	0.36
第二相速度	ms^{-1}	2.03～2.54	N/A
最终金属压力(强化)	bar(MPa)	1000(100)	800(80)

注：1bar＝10^{5}Pa。

8.4　触变成形

触变注射成形是 Thixomat 公司[11]开发的专门生产镁合金半固态铸件的成形工艺[1]。它已经成为近 20 年来半固态工艺商业化应用的典范。表 8.5 展示了触变成形零件生产中常用的三种镁合金，它们一般不需要热处理。表 8.6 展示了这三种镁合金通过触变成形生产的零件的力学性能。

触变成形已经有了大量的市场应用，包括汽车、电子产品和硬件等（如汽车换挡凸轮、笔记本电脑、数码相机机身、链锯壳）。图 8.7 展示了其中的商用实例，其中许多例子是电子行业中的薄壁件产品。

下面列出了另外一些镁合金零件的应用。图 8.8（a）展示了驱动齿轮的实例。图 8.8（b）展示了触变成形投影仪的六个独立的组成部分零件图，其中三个组成了外壳，另外三个组成了内部结构。触变成形常常用来控制关键尺寸、尺寸稳定性，并调整各种零件的配合。图 8.8（c）展示了美国通过触变成形制造的摩托车零件。图 8.8（d）展示了一个触变成形的镁合金零件，它取代了一组冲压件。

表 8.5　触变成形生产中镁合金的名义成分　　单位：％（质量分数）

元素	AZ91D	AM-50	AM-60
Al	8.3～9.7	4.4～5.4	5.5～6.5
Zn	0.35～1.0	≤0.22	≤0.22
Mn	0.15～0.50[①]	0.26～0.6[①]	0.24～0.6[①]
Si	≤0.10	≤0.10	≤0.10
Fe	0.005[①]	0.004[①]	0.005[①]
Cu(最大)	0.030	0.010	0.010
Ni(最大)	0.002	0.002	0.002
其他(总量)	0.02	0.02	0.02
Mg	余量	余量	余量

① 如果最低锰限或最高铁限不满足限值，则铁锰比不得超过：AZ91D 为 0.032，AM-50 为 0.015，AM-60 为 0.021。

表 8.6　铸态触变成形镁合金的手册数据

合金	0.2%YS/MPa(ksi)	UTS/MPa(ksi)	延伸率/%
AZ91D	159(23)	234(34)	3～6
AM-60	124(18)	221(32)	6～13
AM-50	131(19)	221(32)	6～9

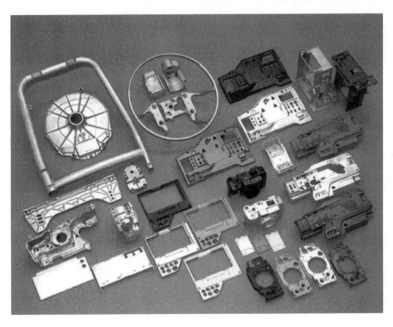

图 8.7　镁合金触变成形实例（Thixomat 公司和日本钢铁厂）

图 8.8　触变成形生产的各种零件：（a）驱动齿轮；（b）微型投影仪；（c）AM6 触变成形摩托车组件（Thixomat 公司和日本钢铁厂）；（d）触变成形板取代冲压件（菲利普斯 Medisize 公司）

◆ 参考文献 ◆

1. NADCA, *Product Specification Standards for Die Castings Produced by the Semi Solid and Squeeze Casting Processes*, 5th edn. (NADCA, Wheeling, 2009)

2. Y.F. He, X.J. Xu, F. Zhang, D.Q. Li, S.P. Midson, Q. Zhu, Impact of die and plunger lubricants on blistering during T6 heat treatment of semi solid castings. in *Trans 2013 NADCA Die Casting Congress and Tabletop*, paper number T13-012

3. S.P. Midson, Industrial applications for aluminum semi solid castings. in *13th International Conference on Semi solid Processing of Alloys and Composites* (Muscat, Oman, 2014) (published in Solid State Phenomena, vol. 217–218, 2015, 487–495)

4. C.S. Rice, P.F. Mendez, Slurry based semi solid diecasting. Adv. Mater. Process. **159**(10), 49–53 (2001)

5. G. Wallace, A.P. Jackson, S.P. Midson, Q. Zhu, High-quality aluminum turbocharger impellers produced by thixocasting. Trans. Nonferrous Met. Soc. China **20**, 1786–1791 (2010)

6. F.J. Major, Porosity control and fatigue behavior in A356-T61 Aluminum Alloy, AFS 1997 Transactions, paper no. 97–94

7. G. Wallace, A.P. Jackson, S.P. Midson, Novel method for casting high quality aluminum turbocharger impellers SAE paper number 2010-01-0655. SAE Int. Mater. Manuf. **3**, 405–412 (2010)

8. M.P. Kenny, J.A. Courtois, R.D. Evans, G.M. Farrior, C.P. Kyonka, A.A. Koch, K.P. Young,

Semisolid metal casting and forging, ASM Handbook, vol. 15, Casting (1992)

9. K. Kuroki, T. Suenaga, H. Tanikawa, T. Masaki, A. Suzuki, T. Umemoto, M. Yamazaki, Establishment of a manufacturing technology for the high strength aluminum cylinder block in diesel engines applying a rheocasting process. in *Eighth International Conference on Semi Solid Processing of Alloys and Composites* (Limassol, Cyprus, 2004)

10. J. Yurko, R. Boni, SSR™ semi solid rheocasting. La Metallurgia Italiana (March 2006), 35–41

11. L. Pasternak, R. Carnahan, R. Decker, R. Kilbert, Semi-solid production processing of magnesium alloys by thixomolding. in Second International Conference on Semi-Solid Processing of Alloys and Composites (MIT, Cambridge, 1992), 159–169